西藏农牧学院林学学科创新团队建设项目（藏财预指 2020-001）

# 高原林业生态工程学

## Forestry Ecological Engineering of Plateau

主　编　王贞红
副主编　赵德军
主　审　邢　震

西南交通大学出版社
·成　都·

图书在版编目（CIP）数据

高原林业生态工程学 / 王贞红主编. —成都：西南交通大学出版社，2021.9

ISBN 978-7-5643-8256-8

Ⅰ. ①高… Ⅱ. ①王… Ⅲ. ①高原 - 林业 - 生态工程 - 高等学校 - 教材 Ⅳ. ①S718.5

中国版本图书馆 CIP 数据核字（2021）第 190461 号

Gaoyuan Linye Shengtai Gongchengxue

**高原林业生态工程学**

主编　王贞红

责任编辑　何明飞
封面设计　何东琳设计工作室

出版发行　西南交通大学出版社
（四川省成都市金牛区二环路北一段 111 号
西南交通大学创新大厦 21 楼）
邮政编码　610031
发行部电话　028-87600564　028-87600533
网址　http://www.xnjdcbs.com
印刷　四川森林印务有限责任公司

成品尺寸　185 mm × 260 mm
印张　13.25
字数　292 千
版次　2021 年 9 月第 1 版
印次　2021 年 9 月第 1 次
定价　38.00 元
书号　ISBN 978-7-5643-8256-8

课件咨询电话：028-81435775
图书如有印装质量问题　本社负责退换

# 前 | 言



随着经济和社会的不断发展，人口、资源、环境三者之间的矛盾日益突出和尖锐，特别是环境问题已成为矛盾的焦点，水土流失和荒漠化对人类生存和发展的威胁日益加剧。我国政府一直十分重视水土流失的治理工作，投入了巨大的人力、物力和财力进行大规模的防治工作。尽管如此，我国的生态环境仍然十分脆弱，严重的水土流失成为头号生态环境问题和社会经济可持续发展的重要障碍。水土保持和荒漠化防治已成为我国一项十分重要的战略任务，它不仅是经济建设的重要基础、社会经济可持续发展的重要保障，也是保护和拓展中华民族生存与发展空间的长远大计，是调整产业结构、合理开发资源、发展高效生态农业的重要举措，是进一步巩固拓展脱贫攻坚成果，持续推动脱贫地区发展和乡村全面振兴的重要措施。

水土保持与荒漠化防治专业于 1958 年在北京林业大学（原北京林学院）创立，至今已经历了 60 余年，全国已有 20 多所高等学校设立了水土保持与荒漠化防治专业，已形成完备的教学体系。作为为水土保持事业培养人才的学科与专业，如何更好地为生态建设事业的发展培养所需的各类人才，是每一个水土保持教育工作者思考的问题。其中，方法之一就是要搞好教材建设。教材是体现教学内容和教学方法的重要载体，是进行教学的基本工具，也是深化教育教学改革，全面推进素质教育，培养创新人才的重要保证。

目前，国内还没有关于高原林业生态工程学方面的专业教材。鉴于此，我们遴选了本领域高水平或具有丰富教学经验的教师，紧密结合教学与实践经验，在对教材的体系结构、主要内容进行充分讨论和对现有《林业生态工程学》教材进行分析和整理的基础上，吸收国内外最新科研成果与技术，编写了《高原林业生态工程学》，试图弥补这方面的空缺。

从教材的体系结构上看，考虑到水土保持与荒漠化防治专业一般不开设森林培育学课程，本教材保留了人工造林知识，从生态理论、森林培育知识、防护林构建技术到工程的综合效益评价，形成一个完整的林业生态工程理论与技术体系。本教材采用了模块化的课程结构体系，包括基本概念与基础理论模块（第 1 章和第 2 章）、人工造林模块（第 3 章和第 4 章）、防护林工程模块（第 5 章至第 8 章）、综合效益评价与工程设计模块（第 9 章）。不同的学校可以依据修前学生所学课程的内容，选择不同的模块作为教学的重点内容。通过对本门课程的学习，学生能较全面地掌握林业生态工程的理论与技术知识。

在教材的内容选取上，除增加了人工造林基本知识图示外，结合高原林业生态工程发展趋势，补充了高原水土保持林工程和天然林保护工程等部分内容，以反映当前我国高原林业生态工程建设的现实需求。在自学辅助上，每一章都配有小结及思考题，以帮助学生掌握重点与深入思考。

在教材的应用性上，除了必要的理论阐述之外，注重林业生态工程规划、设计、施工、管理的技术操作和基本技能的培养，强调实践性，建议本教材的使用与教学实习、课程设计环节相配合。本教材除满足教学需要外，还可供有关生产、科研及管理单位人员参考。

本教材由西藏农牧学院王贞红副教授担任主编，赵德军副教授担任副主编，邢震教授担任主审，王小兰、叶彦辉副教授、魏丽萍、陈彦芹副教授、杨小林教授、张博副教授、李永霞参与编写。具体编写分工如下：第 1、3 章由王贞红编写，第 2 章由叶彦辉编写，第 4 章由林玲、王小兰编写，第 5 章由魏丽萍编写，第 6 章由李永霞编写，第 7 章由陈彦芹编写，第 8 章由张博编写，第 9 章由杨小林编写。全书由王贞红统稿。

本教材在编写过程中，引用了大量文献中的研究成果、数据与图表，在此谨向文献作者们致以深切的谢意。

本教材的编写人员力图将国内外林业生态工程建设领域的新经验、新成果、新理论编入教材之中，但是，由于《高原林业生态工程学》教材的编写在国内尚属首次，加之限于我们知识水平与实践经验，疏漏和不足在所难免，衷心期望专家和读者对本教材提出批评、指正。

**编　者**

2021 年 7 月

# 目 录

高原林业生态工程学

# 第1章 绪 论

## 1.1 高原林业生态工程的作用与地位

由于高原地理位置的特殊性，其生态环境也呈现出严酷性。西藏高原林地面积 $1.949\,39\times10^7$ hm²，约占全区土地总面积的16%，在高原当中的高原灌丛以及原始森林，能够较大程度上保护地壳表面，因此高原森林植被也会影响周边地区的水土保持和水源涵养。生态系统健康发展能够显著改善该地区环境。比如，森林植被能够对毒害气体起到净化作用，对二氧化碳起到吸收作用，还能够对风速、温度起到调节和控制作用。随着经济社会的持续发展，人们逐渐提升了对环境质量的重视程度，采取各项有效措施全面确保生物链平衡，维持生态系统平衡。为了实现以上保护效果，需要社会各界贡献自身力量，该地区高原林业的健康发展不仅依靠当地林业部门重视，还需要加强注重社会生态环境的健康发展，合理规划高原林业的生态系统发展，才能从根本上确保该地区实现可持续发展。我国林业发展战略报告指出："林业是经济和社会可持续发展的重要基础，是生态建设最根本、最长期的措施。在可持续发展中，应该赋予林业以重要地位；在生态建设中，应该赋予林业以首要地位"。

### 1.1.1 高原林业生态工程建设是生态环境问题的需要

生态环境的长久健康发展会显著提升人类的生活质量，并且对社会可持续发展起到良好的促进作用。从生态保护方面进行论述，深入分析高原林业状况，在此基础之上提出了改善高原林业生态质量的各项措施，主要表现在：优化林分结构，建立多元化生物链；推广使用无公害林业防治技术，全面维持生态平衡；优化林木布局，加强生态系统免疫力以及建立高原林业资源绩效评估体系等，希望借此措施能够从根本上发挥出高原林木的作用，全面起到生态保护作用。

中国是世界上水土流失最严重的国家之一。1999年全国第二次水土流失遥感调查成果显示：全国水土流失面积为 $3.56\times10^6$ km²，占国土面积的37%，每年新增水土流失面积达 $1\times10^4$ km²。其中，水蚀面积 $1.65\times10^6$ km²；风蚀面积 $1.91\times10^6$ km²；水蚀、风蚀交错区水土流失面积 $2.6\times10^5$ km²。为了遏制日趋严重的水土流失对国土生态安全的威胁与经济社会发展的制约，需要进行大面积的、以水土保持为主要功能的林草植被建设。到2010年，对急需退耕的 $1.467\times10^7$ hm² 坡耕地和沙化耕地实施退耕还林，宜林荒山造林 $1.733\times10^7$ hm²，将使30%的沙化耕地得到治理。到2020年，需要退耕的坡耕地和沙化耕地基本实现退耕还林，明显改善长江流域、黄河流域、黄土高原及西部水土流失区的生态环境状况，促进农业和农村经济结构调整，大幅度增加农民收入。

荒漠化是全球共同面临的一个重大环境及社会问题。中国是世界上荒漠化最严重的国家之一，据第三次荒漠化和沙化监测（2003—2005 年），中国荒漠化土地面积为 $2.636\,2\times10^6\ km^2$，占国土总面积的 27.46%。全国有近 4 亿人口生活在受荒漠化影响的地区。因此，以京津风沙源治理工程和“三北”防护林体系建设工程为重点，在天然草场实行休牧轮牧、舍饲圈养、退耕减牧、封育飞播，制止滥牧、滥垦、滥采、滥樵、滥用水资源，尽快恢复林草植被的任务十分艰巨。

我国生物多样性正面临着严重威胁，全国有 15% ~ 20% 的动植物物种濒临灭绝，高于世界 10% ~ 15% 的水平。近些年，环境污染和生境破坏，特别是许多生态脆弱区域、重要湿地和珍稀濒危野生动植物栖息地没有得到有效保护，导致我国野生动植物栖息地破坏、湿地干涸及污染、自然保护区被蚕食等现象十分严重。中国的生物多样性在世界生物多样性中占有重要地位，保护好中国的生物多样性不仅对中国社会经济持续发展、对子孙后代具有重要意义，而且对全球的环境保护和促进人类社会进步具有深远的影响。为此，在全国实施野生动植物保护、湿地保护和自然保护区建设工程，到 2050 年，力争使全国自然保护区总数达到 2 500 个左右，其中国家级自然保护区 350 个左右，自然保护区面积达到 $1.728\times10^8\ hm^2$，占国土总面积的 18%，使我国 85% 的国家重点保护野生动植物种群得以恢复，数量逐年增加。

### 1.1.2 高原林业生态工程建设是解决高原社会问题的需要

农业、农民和农村问题，是关系我国改革开放和现代化建设全局的重大问题。而“三农”问题的解决、新农村建设与林业的发展息息相关。在生态环境保护与建设的同时，如何通过林业建设增加农民收入、解决农村人口就业、促进农村经济社会发展，是林业生态建设重要任务。通过多年的努力，我国经济林产业迅速发展，各类经济林种植面积已超过 $2\times10^7\ hm^2$，经济林产品产量已突破 $6.9\times10^7\ t$，正在向优化品种、提高质量和精深加工转变。在全面建设小康社会的新时期，坚持把林业建设与改善生态环境、发展地方经济、调整农业结构和农民脱贫致富奔小康紧密结合，在缺乏农村能源的地区，适当调整林种结构，扩大营造薪炭林的面积，实行林草、林药、林牧合理配置，乔、灌、草科学种植，造、育、管并举，是调整产业结构、增加农民收入赋予中国林业的长期的重要任务。

改善高原生态环境，促进人与自然的协调与和谐，努力开创生产发展、生活富裕和生态良好的文明发展道路，既是中国实现可持续发展的重大使命，也是新时期林业建设的重大使命。在这个重要历史进程中，林业的地位和作用发生了根本性的变化，正处在一个十分关键的转折时期。无论是加速改变农村自然面貌，提供更可靠的国土生态屏障，确保粮食与牧业安全，还是为农村寻求新的致富门路和就业渠道，增加农民收入，或为乡镇企业提供充足的原料和新的加工领域，为农村开辟新的财源等方面，都需要保护好现有森林植被，扩大森林资源，提高森林资源质量。林业生态工程作为生态建设的重点，肩负着生态植被恢复和环境条件改善的重大使命，备受世人瞩目。从“三北”防护林建设，到十大林业生态工程整体布局，再到六大重点林业工程全面展开，林业生态工程建设已经进入快速发展的新时期。1998 年国务院制定的《全国生态环境建设规划》明确了我国林业生态工程建设的目标：总体目标是用大约 50 年的时间，建立起比较完善的生态环境预防监测和保护体系，大部分地区生态环境明显改善，基本实现中华大地山川秀美；近期目标是到 2010 年坚决控制住人为因素产生新的水土流失，遏制荒漠化的发展，生态环境特别恶劣的黄河、长江上中游水土流失重点地区以及严重荒漠化地区的治理初见成效；中期目标是从 2011—2030 年，在遏制生态环境恶化的势头之后，用大约 20 年的时间，力争使全国生态环境明显改观；远期目标是从 2031—2050 年，全国建立起基本适应可持续发展的良性生态系统，全国可治理的水土流失地区基本得到整治，宜林地全部绿化，林种、树种结构合理，森林覆盖率达到并稳定在 26% 以上；坡耕地基本实现梯田化，“三化”（退化、沙化、盐碱化）草地得到全面恢复。

## 1.2　高原林业生态工程学的特点及与其他学科的关系

林业生态工程学是在继承、交叉、融合相关学科的基础上发展起来的一门新兴学科。它以生态学理论和系统工程理论为基础，主要吸收了防护林学、水土保持学、森林培育学、生态经济学等相关内容，以木本植物为主体、以区域或流域为对象，建设与管理以生态环境改善与维持为目标的复合生态系统，追求较高的生态效益、经济效益和社会效益。

### 1. 植物学

植物学是生物学的分支学科，主要研究植物的形态、分类、生理、生态、分布、发生、遗传、进化等，目的是开发、利用、改造和保护植物资源，让植物为人类提供更多的食物、纤维、药物、建筑材料等。在林业生态工程实施过程中，对于植物种的选择包括草本、灌木、乔木，要对每个种的生物学特性要有一个全面的了解，如对立地条件的要求、物种之间的胁迫作用。

### 2. 森林生态学

森林生态学是研究森林生物之间及其与森林环境之间相互作用和相互依存关系的学科，是生态学的一个重要分支。它的研究内容包括森林环境（气候、水文、土壤和生物因子）、森林生物群落（植物、动物和微生物）和森林生态系统。目的是阐明森林的结构、功能及其调节、控制的原理，为不断扩大森林资源、提高其生物产量，充分发挥森林的多种效能和维护自然界的生态平衡提供理论基础。运用系统的观点和思维认识森林的形成、发展、演变、分布、林木的生长发育与其环境的相互关系和规律，掌握森林生态系统的基本特征和基本功能，认识森林生态系统在生物圈中的地位与作用机制。

3．防护林学

所谓防护林是指为了利用森林的防风固沙、保持水土、涵养水源、保护农田、改造自然以及维护生态平衡等各种有益性能而栽培的人工林以及起到相似作用的天然林。根据防护对象的不同，防护林又可分为水土保持林、水源涵养林、农田防护林、防风固沙林、护路护岸林等。防护林体系建设就是要以现有林为基础，动员全社会的力量，在统一规划下，建立一个符合自然规律和经济规律，集生态效益、经济效益和社会效益于一体的自然与人工相结合、以木本植物为主体的生物群体。这个整体的结构，其外延包括农、林、牧各产业之间的相互地位、相互关系，即相互协调与合理布局；其内涵包括防护林体系内部各组成要素的相互连接和相互作用，即体系自身的格局、结构和效益。建成各林种因地制宜布设，乔、灌、草相结合，带、片、网相结合，封育保护天然林与人工造林相结合，种、养、产、供、销一体化的综合防护林体系。防护林学是研究防护林及其防护林体系营造的一门学科。一个较完整的防护林体系要求各个林种在配置上错落有序，在防护功能上各显其能，在经济效益上相互补充、相得益彰，从整体上形成一个因害设防、因地制宜的绿色综合体。

4．水土保持学

水土保持学是研究水土流失规律和水土保持综合措施，防治水土流失，保护、改良与合理利用山丘区和风沙区水土资源，维护和提高山地生产力以利于充分发挥水土资源生态效益、经济效益和社会效益的一门学科。从这个定义中可以看出：① 水土保持是山丘区和风沙区及土地两种自然资源的保护、改良与合理利用，不仅限于土地资源，水土保持不等同于土壤保持。② 保持的含义不仅限于保护，而是保护、改良与合理利用。水土保持不能单纯地理解为水土保护、土壤保护，更不能等同于土壤侵蚀控制。③ 水土保持的目的在于充分发挥山丘区和风沙区水土资源的生态效益、经济效益和社会效益，改善当地农业生态环境，为发展山丘区、风沙区的生产和建设，整治国土、治理江河，减少水、旱、风沙灾害等服务。④ 水土保持学是近年来才形成的一门综合性很强的应用科学技术，虽然水土流失规律具有基础理论研究的性质，但它也是应用性的基础理论研究，具有保护、改良与合理利用水土资源的明确目的。

5．森林培育学

森林培育学是研究森林培育的理论和实践的一门学科。森林培育是按既定培育目标和客观自然规律，涵盖林木种子、苗木、造林到林木成林、成熟整个培育过程的综合培育活动。森林培育学的内容包括培育全过程的理论问题，如森林立地和树种选择、森林结构及其培育、森林生长发育及其调控等基本理论问题；也包括全培育过程各个工序的技术问题，如林木种子生产和经营、苗木培育、森林营造、森林抚育及改造、森林主伐更新等。森林培育可按林种区别不同的培育目标，技术体系应与培育目标相适应。由于森林培育是把以树木为主体的生物群落作为生产经营对象，其培育措施是以生物群落与其生态环境辩证的统一为基础，即所谓的适地适树。因此，对以树木为主的植物及其构成的群落所具有的生物与生态特性有本质和系统的认识，对其生长的生态环境所具有的本质和系统的认识，就成为森林培育必需的基础知识。

6．生态经济学

生态经济学是以生态经济为研究对象的一门学科。生态经济学可分为部门生态经济学、专业生态经济学、区域和地域生态经济学等三个部分。生态经济是一种相对传统的工业、农业经济而言的经济形态或经济发展模式，它是在当代人类对经济与生态环境的辩证关系深刻认识的基础上，注重在经济活动中节约资源和保护环境，追求生态环境保护下的经济效率。生态经济学的研究内容除了经济发展与生态环境保护之间的关系外，还有环境污染、生态退化、资源浪费的产生原因和控制方法，环境治理的经济评价，经济活动的环境效应等。它还以人类经济活动为中心，研究生态系统和经济系统相互作用而形成的复合系统及其矛盾运动过程中发生的种种问题，从而揭示生态经济发展和运动的规律，寻求人类经济发展和自然生态发展相互适应、保持平衡的对策和途径。

7．林业生态工程学

林业生态工程学是随着林业发展战略转移、国家生态环境工程建设需求继承、交叉形成的一门新的专业课程，不仅是从单一的水土保持林草措施来研究水土保持的生物措施，而且是从生态、环境与区域经济社会可持续发展的角度研究林业发展的理论与技术措施。其核心是，在充分理解生态理论的基础之上，通过工程措施进行以生态环境改善为目标的林业生态建设，根据生态理论进行系统规划、设计和调控人工生态系统的结构要素、工艺流程、信息反馈关系及控制机构，以在系统内获得较高的生态与经济效益。林业生态工程学是水土保持、林学、生态、环境规划等相关专业学生必修或选修的重要课程。

## 1.3 高原林业生态工程基本理论

工程化是现代社会科学技术进步的一个主要标志，也是应用科学走向成熟的具体表现。同时，工程也是把众多成熟的应用技术或应用科学，组合成为综合工艺体系的主要手段。当今社会的各项产业建设基本都离不开工程，基本都是由一个个工程项目实现建设目标的，如土木建筑工程、机械工程、水利工程、道路工程等。所有的工程必须根据建设目的和建设条件进行总体规划设计、分项设计、材料选择与准备、分项工程的施工、效益监测与评估等过程和环节来完成工程项目，实现建设目标。林业生态工程本身与其他工程一样，也有自己的一整套完整的工艺体系和科学而严密的技术路线，但同时林业生态工程又与自然环境、生物、人类社会紧密结合在一起，是包含有自然、技术、社会的复合工程，具有与一般工程不同的含义。林业生态工程是建立在自己相应理论基础之上的，既涉及工程的内涵，又涉及生物的内涵，其主要理论基础包括：植被恢复理论、生态学理论、系统科学理论、可持续发展理论、水土保持学原理等。其中，通过人工促进植被恢复是林业生态工程建设的核心思想。

### 1.3.1 生态学理论

1．生态系统理论

生态平衡是生态系统在一定时间内结构与功能的相对稳定状态，其物质和能量的输入、输出接近相等。在外来干扰下，能通过自我调节（或人为控制）恢复到原初稳定状态。当外来干扰超越自我调节能力，而不能恢复到原初的状态谓之生态失调或生态平衡破坏。生态平衡是动态的，维护生态平衡不只是保持其原初状态。生态系统在人为有益的影响下，可以建立新的平衡，达到更合理的结构，更高效的功能和更好的效益。生态稳态是一种动态平衡的概念，生态系统由稳态不断变为亚稳态，进一步又跃为新稳态。生态稳态是在生态系统发育演变到一定状态后才会出现的，它表现为一种振荡的涨落效应，系统以耗散结构维持着振荡，能够使系统从环境中不断吸收能量和物质（负熵流）。所谓的生态平衡，只不过是非平衡中的一种稳态，是不平衡中的静止状态，平衡是相对的，不平衡是绝对的。生态平衡在受到自然因素（如火灾、地震、气候异常）和人为因素（如物种改变、环境改变等）的干扰，生态平衡就会被破坏。当这种干扰超越系统的自我调节能力时，系统结构就会出现缺损，能量流和物质流就会受阻，系统初级生产力和能量转化率就会下降，即出现生态失调。生态平衡的调节主要是通过系统的反馈能力、抵抗力和恢复力实现的。反馈分正反馈和负反馈。正反馈使系统更加偏离位置点，因此不能维持系统平衡，如生物种群数量的增长；负反馈是反偏离反馈，系统通过负反馈减缓系统内的压力以维持系统的稳定，如密度制约种群增长。抵抗力是生态系统抵抗外界干扰并维持系统结构和功能原状的能力。恢复力是系统遭受破坏后，恢复到原状的能力。抵抗力和恢复力是系统稳定性的两个方面，系统稳定性与系统的复杂性有很大关系。普遍认为，系统越复杂，生物多样性越丰富，系统就越稳定。生态系统对外界干扰具有调节能力，能保持相对稳定，但是这种调节机制不是无限的。生态平衡失调就是外界干扰大于生态系统自身调节能力的结果和标志。

### 2. 循环再生原理

由于生态系统内的小循环和地球上生物地理化学大循环，保障了存在于地球上的物质供给，通过迁移转化和循环，使可再生资源取之不尽、用之不竭。通过不同植物种的搭配组合，形成不同元素的生物小循环，使得退化土地的养分得到改善，先锋植物往往是养分积累的开始。物质再生循环和分层多级利用，不仅意味着在系统中通过物质、能量的迁移转化，通过合理的规划与设计，对生态系统的物质循环进行加环，在一个区域内形成更多层次的物质与能量利用，提高初级产品的利用效率，减少对植被的破坏，为植被恢复创造条件。

### 3. 景观生态学理论

景观生态学是近年来兴起的一个生态学分支理论，景观是指以类似方式出现的若干相互作用的生态系统的聚合。R.F.Fomnan 和 M.Godron 合著的《景观生态学》一书指出：景观生态学主要研究大区域范围（中尺度）内异质生态系统，如林地、草地、灌丛、走廊（道路、林带等）、村庄的组合及其结构、功能和变化，以及景观的规划管理。景观内容包括景观要素、景观总体结构、景观形成因素、景观功能、景观动态、景观管理等。景观生态学是用生态学的理论和方法去研究景观。景观是景观生态学的研究对象，它不仅包含自然景观，还包含人文景观，从大区域内生物种的保护与管理，环境资源的经营和管理，到人类对景观及其组分的影响，涉及城市景观、农业景观、森林景观等。景观生态学原理主要包括景观系统的整体性与异质性原理、格局过程关系原理、尺度分析原理、景观结构镶嵌性原理、景观生态流域空间再分配原理、景观演化的人类主导性原理、景观多重价值与文化关联原理。

## 1.3.2 植被恢复基本理论

植被恢复受多种因素的制约，不同区域植被的恢复速度、程度及其生长发育状况有着明显的差异，这主要取决于建设区内水热资源状况、立地条件以及现有植被的破坏程度，同时也和与技术水平、生产力发展水平相适应的社会经济技术条件有关。植被恢复基本理论主要以生态环境脆弱带理论、恢复生态学理论、植被恢复理论为主。

### 1. 生态环境脆弱带理论

生态环境脆弱带是不稳定性、敏感性强且具有退化趋势的生态环境过渡带。所谓生态环境过渡带是指凡处于两种或两种以上的物质体系、能量体系、结构体系、功能体系之间所形成的界面，以及围绕该界面向外延伸的空间域。交错带的脆弱表现在：① 可替代的概率大，竞争程度高；② 可以复原的概率小；③ 抗干扰能力弱；④ 界面变化速度快，空间移动能力强；⑤ 多种要素从量变到质变的转换区，常常是边缘效应的显示区、突变产生区。农牧交错区生态脆弱带的生态环境的退化是以高原区域为主的退化类型，主要是由于人为掠夺式的资源开发及强烈的经济活动造成的。由于高原自然环境恶劣，其自然系统的脆弱性表现为内在不稳定性，对外界的干扰和变化比较敏感，在外来干扰或外部环境变化的胁迫下，其系统遭受损失并且难以复原，表现为环境变化、系统退化和生物多样性降低等。高原生态环境脆弱带具有类型多、分布广、变化快的时空特征，其类型主要包括水陆交界带、农牧交错带、山地平原过渡带、沙漠边缘带、城乡交界带、梯度边缘带、森林边缘带、干湿交替带及地貌板块接触带等。

2. 恢复生态学理论

恢复生态学是研究生态系统退化的原因、退化生态系统恢复与重建的技术和方法及其生态学过程和机理的学科。对于这一定义，总的来说没有多少异议，但对于其内涵和外延，有许多不同的认识和探讨。这里所说的恢复是指生态系统原貌或其原先功能的再现，重建则指在不可能或不需要再现生态系统原貌的情况下营造一个不完全雷同于过去的甚至是全新的生态系统。目前，恢复已被用作一个概括性的术语，包含重建、改建、改造、再植等含义，一般泛指改良和重建退化的自然生态系统，使其重新有益于利用，并恢复其生物学潜力，也称为生态恢复。生态恢复最关键的是系统功能的恢复和合理结构的构建。恢复生态学应用了许多学科的理论，但最主要的还是生态学理论。这些理论主要有限制因子原理、生态系统的结构原理、生态适宜性原理和生态位原理、生物群落演替理论、生物多样性原理。

3. 植被恢复理论

植被恢复是指根据生态学原理，通过一定的生物、生态以及工程技术与方法，人为地改变和切断退化生态系统的主导因子或过程，调整、配置和优化植被系统内部及其与外界的物质、能量和信息的流动过程及其时空秩序，使生态系统的结构、功能和生态学潜力尽快地、成功地恢复到一定的或原有的乃至更高的水平。植被恢复适用于受损后残存有一定盖度植被的立地条件类型。植被恢复的主要理论基础是生态恢复原理和植被重建原理。

生态恢复与植被重建理论认为由于人为干扰而损害和破坏的生态系统，通过人为控制和采取措施，可以重新获得一些生态学性状。植被重建是在植被系统经历了各种退化阶段或者超越了一个或多个不可逆阈值，已全部或大部分转变为裸地时所采取的一种人工恢复途径。显然重建的植被系统与原有的自然植被系统有很大差别。与恢复和保护相比，重建要求在初期阶段有高强度的物流、能流供应，通过模拟相应自然群落，以树种选择、小生境人工改造和利用等为主要技术手段，开展人工设计和植被建造。人工重建适用于极度退化的荒山、荒沙以及条件很差的退耕地等类型。人工恢复植被的材料以当地自然植物材料为主，同时还要注重引进植物的应用。

植被保护是对植被系统进行人工管理，避免其进一步被破坏和继续退化。保护对象既包括完全没有受到干扰和干扰很轻的原始植被，也包括受到干扰但所形成的群落相对稳定、自然植被演替速度很慢的原生和次生植被，还包括已建成的结构良好的人工植被。

### 1.3.3 系统科学理论

系统科学是自然科学、数学科学、社会科学三大基础科学之外的一个新学科。它融会贯通了两方面的内容：一是从工程实践中提出来的技术科学，即运筹学、控制论和信息论；二是来自数学和自然科学的系统理论成果。系统工程就是系统科学指导下的工程实践，着重于工程的开发、设计、模拟、优化等。系统是由两个或两个以上相互联系、相互制约、相互作用的事物和过程组成的具有整体功能和综合行为的统一体。元素、结构、状态、过程称为系统构成的四要素。林业生态工程是开放的、可控的系统。系统论必须遵循以下六条基本原则：整体性、相关性、自组织性、动态性、目的性、优化性。

### 1.3.4 可持续发展理论

可持续发展的核心思想是，当今人类的经济和社会发展，必须是“既满足当代人的需要，又不对后代人满足他们的需要的能力构成危害。”或者说，“满足当代人的发展需求，应以不损害、不掠夺后代的发展作为前提。”它意味着，我们在空间上应遵循互利互补的原则，不能以邻为壑；在时间上应遵守理性分配的原则，不能在“赤字”状况下展开运行，在伦理上应遵守“只有一个地球”“人与自然平衡”“平等发展权利”“互惠互济”“共建共享”等原则，承认世界各地“发展的多样性”，以体现高效和谐、循环再生、协调有序、运行平稳的良性状态。因此，可持续发展可以在不同的空间尺度和不同的时间尺度，作为一种标准去诊断、核查、监测管理的调节能力，仲裁“自然-社会经济”复合系统的运行状态是否“健康”。可持续发展的水平可通过资源的承载能力、区域的生产能力、环境的缓冲能力、进程的稳定能力、管理的调节能力五个基本要素及其间的复杂关系去衡量。

### 1.3.5 系统工程理论

系统工程是实现系统最优化的科学，用定量和定性相结合的系统思想和方法处理大型复杂系统的问题，无论是系统的设计或组织建立，还是系统的经营管理，都可以统一地看成是一类工程实践，统称为系统工程。系统工程的主要任务是根据总体协调的需要，把自然科学和社会科学中的基础思想、理论、策略、方法等从横的方面联系起来，应用现代数学和电子计算机等工具，对系统的构成要素、组织结构、信息交换和自动控制等功能进行分析研究，达到最优化设计、最优控制和最优管理的目标。系统工程大致可分为系统开发、系统制造和系统运用等三个阶段，而每一个阶段又可分为若干小的阶段或步骤。系统工程的基本方法包括系统分析、系统设计及系统的综合评价（性能、费用和时间等）。

### 1.3.6 水土保持学理论

水土保持学是一门研究水土流失规律和水土保持综合措施，防治水土流失、保护、改良与合理利用山丘区和风沙区水土资源，维护和提高山地生产力以利于充分发挥水土资源生态效益、经济效益和社会效益的应用技术科学。生物措施是水土流失治理的根本措施，而林业生态工程的规划设计必须与小流域综合治理措施相结合，以小流域为单元，进行全面规划，合理安排农、林、牧各业用地及比例，因地制宜布设各种水土保持措施，治理与开发相结合，对流域的资源进行保护、改良和利用。流域的保护是指对流域资源与环境进行保护，预防对资源的不合理开发利用，防止水土资源的损失与破坏，维护土地生产力与流域的生态系统。流域改良是指对已经遭到破坏的流域资源与环境进行整治与恢复，修复或重建退化生态系统。流域合理开发是指在流域资源可持续经营的基础上，通过资源的开发利用实现一定的生态、经济与社会目标。小流域治理措施包括水土保持农业技术措施、水土保持林草技术措施、水土保持工程技术措施。小流域治理的特点是治理与开发相结合，林草措施与工程措施相结合，生态效益与经济社会效益相结合。

随着人口的增加和科学技术的发展，人类活动的范围在不断扩大，干扰生态系统的能力也变得超乎寻常。在高原区域，一片森林几天内可以被砍伐一光，对于给生态系统带来的严重损害，再恢复和重建生态系统的任务将比低海拔区要艰巨得多。在林业生态工程，特别是天然林保护和改造、城市绿化建设过程中，生态系统恢复和重建理论，具有十分重要的指导意义。必须在高原林业生态工程基本理论的支持下，认真研究森林生态系统在干扰情况下的演替规律，并结合现有的技术经济条件，确定规划、设计和管理各种参量，以最终确定合乎生态演替规律的有益于人类的林业生态工程建设方案，使受损的生态系统在自然和人类的共同作用下，得到真正的恢复、改建或重建。

## 本章小结

林业生态工程是建立在植被恢复理论、生态学理论、系统科学理论、可持续发展理论、水土保持学等理论基础之上的，其中通过人工促进植被恢复是林业生态工程建设的核心思想。这些理论从不同的尺度上，决定和影响着林业生态工程学学科的内容体系，以及各项内容的研究重点和方向。总体而言，林业生态工程面向脆弱生态环境，以改善生态环境质量、维持和提高各项生态资源的生态质量为建设目标。本章简要地叙述了林业生态工程在我国生态环境建设中的作用和地位，指出了林业生态工程建设是解决我国人口与资源矛盾、重大环境问题和社会问题的关键一环。同时，阐述了林业生态工程学的特点及与其他相关学科的关系。

思考题

QUIZ

1. 简述林业生态工程在我国生态环境建设中的作用和地位。
2. 简述林业生态工程学与其他学科的关系。
3. 林业生态工程的基本理论体系是什么？各个理论之间的关系如何？
4. 对照正文，分析各个理论是怎样影响林业生态工程学的内容的。

# 第 2 章 林业生态工程概况

森林是陆地生态系统的主体，是人类发展不可缺少的自然资源。以森林为经营对象的林业，既是重要的社会公益事业，又是重要的基础产业，肩负着改善生态环境和促进经济发展的双重使命，对国民经济和社会可持续发展具有特殊意义。良好的森林植被是以国土安全、水资源安全、环境安全、生物安全等为主体的国家生态安全体系的基础和纽带，承载着维护国家生态安全的重大使命，发挥着无可替代的保障和支撑作用。人类面临的生态环境问题，如温室效应、生物多样性锐减、水土流失、荒漠化扩大、土壤退化、水资源危机等，都直接或间接与森林破坏相关，即森林减少导致或加剧了上述大部分生态环境问题。因此，以森林植被恢复与保护为主体的陆地生态系统维护是我国生态工程建设的主要任务。

## 2.1 林业生态工程的基本概念

### 2.1.1 林业生态工程

#### 1. 生态系统、工程与生态工程

生态系统是指在一定的空间内生物和非生物成分通过物质的循环、能量的流动和信息的交换而相互作用、相互依存所构成的一个功能单元。地球上大至生物圈，小到一片森林、草地、农田都可以看作是一个完整的生态系统。一个生态系统由生产者、消费者、还原者和非生物环境组成，它们有特定的空间结构、物种结构和营养结构。生态系统的功能包括生物生产、能量流动、物质循环和信息传递。

工程则是指人类在自然科学原理的指导下，结合生产实践中所积累的技术，发展形成一系列可操作、能实现的技术科学的总称，包括可行性研究、规划、设计、施工、运行管理等。因此，典型的工程学的方法包括设计、建造与操作 3 个过程。工程的关键是自然科学原理与生产实践的结合对设计的指导作用，核心是设计具有特定结构和功能的生产工艺系统。

生态工程主要包括 3 个方面的技术：一是在不同结构的生态系统中，能量与物质的多级利用与转化，包括自然资源，如光、热、水、肥、土、气等的多层次利用技术，非经济生物产品的多级利用技术；二是资源再生技术，就是通常所谓的“变害为利”技术，即把人类生活与生产活动中产生的有害废物，如污水、废气、垃圾、养殖场的排泄物等污染环境的物质，通过生态工程技术，转化为人类可利用的经济产品或次级

利用的原料；三是自然生态系统中生物种群之间共生、互生与抗生关系的利用技术，即利用这些关系达到维持优化人工生态系统、提高系统产出效率的目的。我国学者马世骏教授早在1954年就提出生态工程设想、规划与措施。生态工程可简单地概括为生态系统的人工设计、施工和运行管理。

2. 林业与林业生态工程

林业是指“培育、经营、保护和开发利用森林的事业。它既是提供木材和多种林产品的生产事业，也是维护陆地生态平衡的环境保护工程。”从中可以看出，林业不仅是一种传统意义上的营利性产业，以森林经营为中心任务，着眼于木材生产，更是林业作为陆地生态系统的主体，承担着保护环境，维持生态平衡、国土保安的重大使命。这一点，在实施可持续发展战略的今天，日益受到国人关注。林业是经济和社会可持续发展的重要基础，是生态建设最根本、最长期的措施。无论在可持续发展还是生态安全中，林业都具有重要地位。

林业生态工程作为生态工程的一个分支，是随着生态工程的发展和林业工程建设而逐渐兴起的。林业生态工程，是根据生态学、系统工程学、林学理论，设计、建造与经营以木本植物为主体的人工复合生态系统工程，其目的是保护、改善环境与可持续利用自然资源，通过合理的空间配置及与其他措施结合，改善区域生态环境条件。

### 2.1.2 林业生态工程特征

林业生态工程的建设涉及生态学、林学、水土保持学、系统工程等理论与技术，目标是建设以木本植物为主体的森林生态工程体系。林业生态工程包括传统的森林培育与经营技术，但是它又和传统的森林培育及森林经营有以下区别：

第一，工程内容。传统的森林培育和森林经营以木材等林产品生产为主要目标，只考虑在宜林地造林和现有林地经营。而林业生态工程则是以建造以森林为主体的复合生态系统为目标，要考虑区域（或流域）自然环境综合利用与改善。

第二，技术措施。传统的森林培育及森林经营在设计、营造与调控森林生态系统过程中只考虑在林地上采用综合技术措施，仅限于造林与营林技术措施。而林业生态工程则需要考虑在复合生态系统中的各类土地上采用不同的技术措施，进行综合技术措施配套。

第三，生态系统。传统的森林培育及森林经营在设计、建造与调控森林生态系统过程中，主要关心木本植物与环境的关系、木本植物的种间关系以及林分的结构、功能、物流与能量流。而林业生态工程主要关心整个区域以森林为纽带的人工复合生态系统中物种共生关系与物质循环再生过程，以及整个人工复合生态系统的结构、功能、物流与能量流。

第四，建设目标。传统的森林培育及森林经营的主要目的在于提高林地的生产率，实现森林资源的可持续利用与经营。而林业生态工程的目的不仅仅是林分本身的效益，更重要的是提高整个人工复合生态系统的生态效益与经济效益，实现区域（或流域）生态经济复合系统的可持续发展。

### 2.1.3 林业生态工程的任务

林业生态工程的目标就是人工设计建造以木本植物群落为主体的优质、高效、稳定的复合生态系统，任务包括林业生态工程规划、设计、施工及管理等几个方面。

1. 区域林业生态工程总体规划

区域林业生态工程总体规划，就是对一个区域的自然环境、经济、社会和技术因素进行综合分析，在现有土地利用形式和生态系统的基础上，因地制宜合理规划区域内的天然林、天然次生林、人工林、农林复合、农牧复合、城乡及工矿绿化等多个不同结构的生态系统，使其在平面上形成合理的镶嵌配置结构，构筑以森林为主体的或森林参与的区域复合生态系统，达到优化改善区域生态系统的目的。

2. 林业生态工程设计

（1）物种组成设计。

生物是生态系统中最活跃的组分，物种组成是生态系统中最重要的设计内容，其中生物与环境的辩证统一是设计的核心。要根据设计区域的环境条件选择适宜的植物种，充分利用不同物种共生互利的关系，形成稳定的生态结构。其中，以木本植物为主形成稳定的生物群落，对不良环境具有较强的改善作用，能产生较高的生态与经济效益，是植物种选择与植物组成设计的基本原则。

（2）时空结构设计。

时空结构设计是依据生态系统目标与种间关系理论，对构成生态系统的所有物种的水平结构、垂直结构、时间结构进行合理组合，是生态系统设计的核心内容。在空间上通过对组成生态系统的物种与环境、物种与物种、物种内部关系的分析，利用不同种的组合形成一定空间结构的群落，从而在生态系统内形成物种间共生互利、充分利用环境资源的稳定高效生态系统。在实践中，该类利用有乔灌草相结合、林农牧渔相结合等形式。在时间上，利用生态系统内物种生长发育的时间差别，在不同生长发育阶段所占据不同生态位，合理安排生态系统的物种构成，使之在时间上充分利用环境资源。在实践中，该类利用有许多农业、农林复合经营系统等类型。

（3）食物链结构设计。

利用生态学中的食物链原理，对系统内部植物、动物、微生物及环境间的系统优化组合，设计出再生循环与分层多级利用物质、生态系统营养级构成和工艺路线，使得系统内耗最省、物质利用最充分、工序组合最佳，从而达到尽量高产、低耗、高效地生产适销对路的优质商品。包括从初级产品到产品及剩余物质的中间利用、再加工形成资源的循环利用模式，使森林生态系统的资源与环境得到充分利用并增加产出多样性，兼顾生态环境、经济及社会效益是林业生态工程技术设计的重要内容。

（4）特殊生态工程设计。

所谓特殊生态工程，是指建立在特殊环境条件基础上的林业生态工程，主要包括工矿区治理与土地复垦、城市（镇）建设、开发建设项目水土保持与环境保护、严重退化的劣地改良与恢复（如盐渍地、流动沙地、崩岗地、裸岩裸土地、陡峭边坡等）。只有针对具体的特殊环境，采取相应的工艺设计和施工技术，才能达到预期工程建设目标。

3. 林业生态工程施工与管理

林业生态工程的施工与管理技术，包括林业生态工程项目的组织与实施、工程施工技术、工程项目管理。

## 2.2　林业生态工程的历史与现状

在中华人民共和国成立初期，林业工作贯彻“普遍护林，重点造林”的方针。首先在华北、西北和东北西部一些解放较早、有群众基础的地区进行植树造林并以营造防护林为主的大规模群众造林，改革开放后进行防护林体系建设，经历了不同的发展阶段，形成了目前的林业生态工程建设局面。

我国林业生态工程作为生态建设的重点，肩负着生态植被恢复和环境条件改善的重大使命，备受世人瞩目。从20世纪50年代大规模的植树造林，到“三北”防护林建设，到十大林业生态工程的全国林业生态工程布局，再到六大重点林业工程全面展开，我国林业生态工程建设已经进入快速发展的新时期。回顾60多年来我国林业生态工程建设大体经历了四个阶段：

第一阶段：20世纪50年代初的防护林建设，开始打造各种类型防护林。但总的来看，树种单一，防护目标单一，缺乏全国规划，大都零星分布，范围小，难以在大范围内形成整体效果。

这一阶段建设的典型工程有华北、西北各地防风固沙林，主要针对冀西风沙危害严重、农业生产不稳的局面。1949年2月，华北人民政府农业部在河北省西部东广铁路沿线的$3.53\times10^4\ hm^2$风沙区，成立冀西沙荒造林局，与正定、新乐等5县密切配合组织农民合作造林。东北西部、内蒙古东部防护林，1951年9月，东北人民政府林政局经全面勘察，制定了《营造东北西部农田防护林带计划（草案）》，规划的建设范围包括东北西部及内蒙古东部风沙等灾害严重的25个县（旗），总面积为$8.33\times10^6\ hm^2$。到1952年1月，东北人民政府发布了《关于营造东北西部防护林的决定》，将原计划（草案）范围向东北延伸，东西加宽，南起辽东半岛和山海关，北至黑龙江的什南、富裕县，长达1 100 km，宽约300 km，总面积$2.278\times10^7\ hm^2$，扩大到60多个县（旗），

计划造林超过 $3\times10^6$ hm²，是当时全国规模最大的防护林工程。黄河、淮河等主要水源林，1951 年 2 月，全国林业会议决定，在黄河、淮河、永定河及其他严重泛滥的河流上游山地，选择重点营造水源林。同年，河北、察哈尔两省在永定河上游，华东、中南两个大区在淮河中上游，都配合治水建立了营林机构。西北的黄河支流泾、渭河流域，东北的松花江、浑河、老哈河，湖北的汉水，湖南的沅江，江西的赣江，广东的韩江等流域也开始勘察，准备造林。沿海防护林，我国沿海地区台风、风沙、盐碱等自然灾害严重影响农业生产和人民生活，1952 年江苏省首先作出了营造沿海防护林的决定，其后辽宁、山东、河北、广东、广西福建等省也相继开始营造，主要造林树种为刺槐、黑松、杨、柳、紫穗槐、木麻黄、湿地松、火炬松、加勒比松、标类、相思类和柑橘类等。

第二阶段："文革"期间，建设速度放慢，有些已经营造的林业生态工程遭到破坏，致使一些地方已经固定的沙丘重新移动，已经治理的盐碱地重新盐碱化。但是这一时期结合农田基本建设，营造了大面积的农田防护林。

第三阶段：党的十一届三中全会以后，防护林的营造出现了新的形势，开始步入"体系建设"新的发展阶段。从形式设计向"因地制宜，因害设防"的科学设计发展；从营造单一树种与林种向多树种、乔灌草、多林种林业生态工程的方向发展；从粗放经营向集约化方向发展；从单纯的行政管理向多种形式的责任制方向发展；从一般化的指导向长期目标管理的方向发展。

以"三北"防护林体系建设为龙头，我国开始了科学的防护林体系建设。在"七五"五大防护林体系的基础上，我国政府先后批准实施了以减少水土流失、改善生态环境、扩大森林资源为主要目标的十大林业生态工程，主要工程包括"三北"防护林体系建设工程、长江中上游防护林体系建设工程、沿海防护林体系建设工程、平原绿化工程、太行山绿化工程、全国防沙治沙工程、淮河太湖流域综合治理防护林体系工程、珠江流域防护林体系建设工程、辽河流域防护林体系建设工程、黄河中游防护林体系工程等。工程规划区域总面积 $7.056\times10^6$ km²，占国土总面积的 73.5%，覆盖了我国的主要水土流失区、风沙危害区和生态环境最为脆弱的地区。据统计，十大重点林业生态工程累计完成营造林 $5.212\times10^7$ hm²，其中人工造林 $3.379\times10^7$ hm²，飞播造林 $4.20\times10^6$ hm²，封山（沙）育林（草）$1.413\times10^7$ hm²。

第四阶段：进入 21 世纪，生态建设、生态安全、生态文明的观念深入人心。在全国生态环境建设进行全面规划的基础之上，国家对林业生态工程进行了重新整合，以原来十大林业生态工程体系建设为基础，确定了全国六大林业生态工程建设任务，使林业生态工程建设的内涵进一步深化和加强。

通过重点林业生态工程的实施，初步建立起乔灌草搭配、点线面协调、带网片结合，具有多种功能与用途的森林生态网络和林业两大体系框架，重点地区的生态环境得到明显改善，与国民经济发展和人民生活改善要求相适应的木材及林产品生产能力基本形成。

## 2.3　林业生态工程建设现状

### 2.3.1　林业生态建设总体布局

新世纪林业发展要以天然林资源保护、退耕还林、三北及长江流域等重点防护林体系建设、京津风沙源治理、野生动植物保护及自然保护区建设、重点地区速生丰产用材林基地建设等六大林业生态工程为框架，以全国城镇绿化区、森林公园和周边自然保护区及典型生态区为“点”，以大江大河、主要山脉、海岸线、主干铁路公路为“线”，以东北内蒙古的国有林区，西北、华北北部和东北西部干旱半干旱地区，华北及中原平原地区，南方集体林地区，东南沿海热带林地区，西南高山峡谷地区，青藏高原高寒地区等七大区为“面”，构建“点、线、面”结合的全国森林生态网络体系，实现森林资源在空间上的均衡布局、合理配置。

东北内蒙古的国有林区以天然林保护和培育为重点，华北中原地区以平原防护林建设和用材林基地建设为重点，西北、华北北部和东北西部地区以风沙治理和水土保持林建设为重点，长江上中游地区以生态和生物多样性保护为重点，南方集体林区以用材林和经济林生产为重点，东南沿海地区以热带林保护和沿海防护林建设为重点，青藏高原地区以野生动植物保护为重点。

### 2.3.2　构建点、线、面相结合的森林生态网络

森林生态网络是构建我国陆地生态系统的主体。一个国家陆地上具有数量充足、布局均衡、结构合理、效益稳定的植被系统，是维持良好生态环境的基础。

建立合理的森林生态网络应该充分考虑下述因素：一是森林资源总量要达到一定面积，即要有相应的森林覆盖率（按照一般的科学测算，森林覆盖率要达到 26% 以上）。二要做到合理布局。从生态建设需要和我国国情出发，今后恢复和建设植被的重点区域应该是生态问题突出、植被稀少的地区。三是提高森林植被的质量，做到林种、树种、林龄及森林与其他植被的结构搭配合理。四是有效保护好现有的天然森林植被，充分发挥森林天然群落特有的生态效能。从宏观发展战略的角度，以整个国土生态环境为全局，点、线、面协调配套，形成森林生态网络工程总体结构与布局。

“点”是指以人口相对密集的中心城市为主体、辐射周围若干城镇所形成的具有一定规模的森林生态网络点状分布区。它包括城市森林公园（城市园林、城市绿地、城郊接合部）以及远郊大环境绿化区（森林风景区、自然保护区等）。

随着我国经济的持续高速增长，城市化发展趋势加快，尤其是经济比较发达的珠江三角洲、长江三角洲、胶东半岛以及京津唐地区已经形成城市群的雏形。以绿色植物为主体的城市生态环境建设已成为我国森林生态网络系统工程建设不可缺少的重要组成部分，引起了全社会和有关部门的高度重视。近年来，国家有关部门提出的建设

森林城市、生态城市、园林城市、文明卫生城市等一系列促进城市生态建设的措施中，都把绿化达标列为重要依据，有关部门并且按照城市的自然、地理、经济和社会状况等确定了城市绿化指标体系。

“线”是指以我国主要公路、铁路交通干线两侧（拉林高速、拉日铁路等）、主要大江与大河两岸、海岸线以及平原农田生态防护林带（林网）为主体，按不同地区的等级、层次标准以及防护目的和效益指标，在特定条件下，通过不同组合的乔灌草立体防护林带。这些林带应达到一定规模，并发挥防风、防沙、护路、护岸、护堤、护田和抑螺防病等作用。

“面”是指以我国林业区划的东北区、西北区、华北区、南方区、西南区、热带区、青藏高原区等为主体，以大江、大河、流域或山脉为核心，根据不同自然状况所形成的森林生态网络系统的块状分布区。它包括西北森林草原生态区、各种类型的野生动植物自然保护区以及正在建设中的全国重点防护林体系工程建设区等，形成以涵养水源、水土保持、生物多样化、基因保护、防风固沙以及用材等为经营目的、集中连片的生态公益林网络体系。

我国森林生态网络体系工程点、线、面相结合，从总体布局上是一个相互依存、相互补充，共同发挥社会公益效益，维护国土生态安全的有机整体。

## 2.4 我国林业生态工程概况

### 2.4.1 高原生态安全屏障建设工程

高原生态安全屏障建设工程根据区域生态功能突出、生态系统脆弱程度高、环境退化明显、受气候变化影响强烈等特征，辨识出生态建设的重要区域，分析发现，阿里西部、那曲中南部、三江源地区和三江并流区是当前青藏高原生态安全屏障建设的关键区域。

工程实施范围涉及阿里西部，包括札达、噶尔、普兰等县。该区位于青藏高原西部，整体海拔较高，气候条件恶劣，是世界上人口密度最小的地区之一。该区水源涵养功能突出，生态脆弱程度高，干旱、大风是主要的气候风险因素。那曲中南部，涉及聂荣、那曲、安多、申扎，以及班戈南部等区域，生态系统脆弱程度较高，水源涵养功能突出。三江源地区与三江源自然保护区范围大体一致，该区是青藏高原国家生态安全屏障的核心区之一，维持着青藏高原水源涵养和生物多样性保护的重要功能，区域生态脆弱程度高。三江并流地区，主要是高原东南部川滇藏结合地带，该区是重要的生物多样性保护与水土保持功能区之一。

青藏生态屏障区是国家“两屏三带”生态格局中青藏高原生态屏障的空间载体，范围涉及青海、西藏大部，新疆、甘肃、四川部分地区，地貌以高原为主，海拔 3 000 m 以上，自然资源丰富，自然环境类型多样，是长江、黄河、澜沧江、雅鲁藏布江等重要河流的发源地，是世界高原特有生物的集中分布区，也是维持中国乃至全球气候稳定的“生态源”和“气候源”。本区林业建设主攻方向是保护青藏高原特有生态环境，促进区域经济社会可持续发展，维护中国乃至南亚江河流域的生态平衡。全面保护高原湿地、江河源头原生植被，维持雪山、冰川、河流和高原生态系统的稳定，加强沙化土地治理，形成以原生植被为主体、功能稳定、类型齐全的自然生态系统，增强水源涵养等生态功能；建设藏羚羊等重点物种国家公园，维系连通大型自然保护地，强化国家森林公园、湿地公园、沙漠公园建设；加强高原湖泊和野生动物活动区、迁徙沿线的生态公共服务设施建设。

### 2.4.2　天然林保护工程

天然林保护工程是我国林业建设的“天”字号工程、一号工程，也是投资最大的生态工程，具体包括三个层次：全面停止长江中上游、黄河中上游地区天然林采伐；大幅度调减东北内蒙古等重点国有林区的木材产量；同时保护好其他地区的天然林资源。主要解决这些区域天然林资源的休养生息和恢复发展问题。

该工程包括长江上游、黄河上中游地区和东北内蒙古等重点国有林区以及其他林区的天然林资源保护。其中，长江上游、黄河上中游和东北内蒙古等重点国有林区天然林资源保护工程涉及云南、四川、贵州、重庆、湖北、西藏、陕西、甘肃、青海、宁夏、山西、河南、内蒙古、吉林、黑龙江（含大兴安岭）、海南、新疆共 17 个省（自治区、直辖市）的 734 个县（市、区）、167 个重点森工局（场）。规划调减木材产量 $1.991\times10^7$ m$^3$，管护森林 $0.94\times10^8$ hm$^2$。长江上游、黄河上中游地区全面停伐天然林，造林 $0.13\times10^8$ hm$^2$。

### 2.4.3　三北和长江中下游地区等重点防护林体系建设工程

三北和长江中下游地区等重点防护林体系建设工程是我国涵盖最大、内容最丰富的防护林体系建设工程，具体包括“三北”防护林四期工程、长江中下游及淮河太湖流域防护二期工程、沿海防护林二期工程、珠江防护林二期工程、太行山绿化二期工程和平原绿化二期工程。主要解决“三北”地区的防沙治沙问题和其他流域各不相同的生态问题。“三北”及长江流域等防护林体系建设工程是由“三北”防护林四期、长江流域防护林二期、沿海防护林二期、珠江流域防护林二期、平原绿化二期和太行山绿化二期 6 个工程组成。

该工程涉及北京、天津、河北、内蒙古、山西、陕西、宁夏、新疆（含新疆生产建设兵团）、辽宁、吉林、黑龙江、江苏、浙江、安徽、福建、江西、山东、上海、河南、甘肃、青海、云南、贵州、湖南、湖北、广东、广西、海南等 28 个省（自治区、直辖市）1 696 个县（市、区），初步规划造林 $2.2779\times10^7$ hm$^2$，对工程区内的 $7.1903\times10^7$ hm$^2$ 森林实行有效保护。

### 2.4.4 退耕还林还草工程

退耕还林还草工程是我国林业建设上涉及面最广、政策性最强、工序最复杂、群众参与度最高的生态建设工程。该工程采取“以粮代赈，个体承包”的措施，有计划、分步骤地推进退耕还林还草，突出治理陡坡耕地，恢复林草植被，解决重点地区的水土流失，最终实现生态、经济的良性循环。

退耕还林应以恢复林草植被，治理水土流失为重点，与生态移民、能源建设、结构调整、乡村发展相结合，宜乔则乔、宜灌则灌、宜草则草，完善相关政策，逐步建立长期稳定的生态效益价值补偿机制，确保“退得下、还得上、稳得住、能致富”。按照“退耕还林、封山绿化、以粮代赈、个体承包”的总体思路，对中西部地区粮食产量低而不稳、水土流失和风沙危害严重的坡耕地和沙化耕地实施退耕还林。到 2010 年，对急需退耕的 $1.467\times10^7$ $hm^2$ 坡耕地和沙化耕地实施退耕还林，宜林荒山荒地造林 $1.751\times10^7$ $hm^2$，实现陡坡耕地基本退耕还林，30% 的沙化耕地得到治理。现有退耕还林工程规划之外的低产耕地退耕还林地区，也应享受同等政策。到 2020 年，需要退耕的耕地和沙化耕地基本实现退耕还林，工程区的生态环境明显改善，林业在退耕区农村经济结构调整中发挥更加重要的作用。

### 2.4.5 环北京地区的防沙治沙工程

环北京地区的防沙治沙工程是环京津生态圈建设的主体工程，主要解决首都周围地区的风沙危害问题。在对现有森林植被实行有效管护、防止产生新的沙化土地的基础上，对沙化土地通过大力封沙育林育草、植树造林种草、恢复沙区植被、建设乔灌草相结合的防风固沙体系；对退化草原进行综合治理，恢复草原生态及产业功能；搞好以小流域为单元的水土流失综合治理，合理开放利用资源。

工程实施范围包括北京、天津、河北、内蒙古、山西 5 个省（自治区、直辖市）的 75 个县（旗、区）。初步规划 10 年造林种草 $6.784\times10^6$ $hm^2$，其中，封沙育林育草 $2.231\times10^6$ $hm^2$，飞播造林种草 $1.231\times10^6$ $hm^2$，人工造林 $2.108\times10^6$ $hm^2$，退耕还林还草 $1.215\times10^6$ $hm^2$，保护现有植被 $5.314\times10^6$ $hm^2$。到 2010 年，新增林草植被 $5\times10^6$ $hm^2$，林草覆盖率提高到 21.4%，增加 15 个百分点。其中包括经过 55 年的河北塞罕坝国家级自然保护区生物多样性保护，在“黄沙遮天日，飞鸟无栖树”的荒漠沙地上，创造了荒原变林海的人间奇迹，用实际行动诠释了绿水青山就是金山银山的理念，铸就了牢记使命、艰苦创业、绿色发展的塞罕坝精神。他们的事迹感人至深，是推进生态文明建设的一个生动范例。

### 2.4.6 野生动植物保护及自然保护区建设工程

野生动植物保护及自然保护区建设工程是一个面向未来，着眼长远，具有多项战略意义的生态保护工程，主要解决基因保存、生物多样性保护、自然保护、湿地保护等问题。

野生动植物及自然保护区建设工程自2001年正式启动实施以来，累计新建自然保护区790个，新增自然保护区面积$1.821\times10^{7}$ $hm^{2}$，新增面积占国土总面积的1.89%。保护、恢复和扩大野生动植物栖息地，实现对濒危重要种质资源的充分保存与典型生态系统的有效保护，维护和丰富森林生物多样性。优先保护珍稀、濒危、特有物种，生物关键种及种质基因，建设一批重点自然保护区和重点野生动物资源基地、珍稀野生植物培植基地，人工促进种群繁育。国家采取补偿和赎买等手段，将国家级自然保护区土地权属转移为国家所有，妥善安置区内居民。用10年时间，初步形成较为完善的自然保护区网络。到21世纪中叶，国家重点保护野生动物植物的物种得到恢复和增加，基本实现濒危物种的生存安全，典型生态系统类型得到有效保护。

工程实施范围包括全国具有典型性、代表性的自然生态系统、珍稀濒危野生动植物物种的天然分布区、生态环境脆弱区、市场流通活跃区。到2010年，重点实施大熊猫、虎、金丝猴、藏羚羊、大象、长臂猿、麝、野生雉类、兰科植物等10个野生动植物拯救工程和森林、荒漠和湿地等30个重点生态系统保护工程。新建自然保护区524个，使总数达到1 800个，其中国家级自然保护区数量达到180个，自然保护区占国土面积的比例达16.14%。

### 2.4.7　重点地区以速生丰产用材林为主的林业产业基地建设工程

重点地区以速生丰产用材林为主的林业产业基地建设工程是我国林业产业体系建设的骨干工程，也是增强林业实力的“希望工程”，主要解决我国木材和林产品的供应问题。以商品林的大发展带动林业产业的大发展，以林产加工业的大发展带动森林资源培育业的大发展，以森林旅游业的大发展带动森林服务业的大发展，满足经济社会发展和人民生活对森林产品及服务日益增长的需求。积极培育工业原料林、经济果木林、竹藤花卉等商品林，大力发展林产品的精深加工、林浆纸一体化以及可再生、可降解的木质及非木质新型复合材料，加速推进森林旅游等服务业的发展，提高森林资源综合利用率，实现国内林产品供需平衡，注重发展生态型、环保型的林业产业，建立起资源高效利用、具有国际竞争力的现代林业产业体系。

工程实施范围涉及河北、内蒙古、辽宁、吉林、黑龙江、江苏、浙江、安徽、福建、江西、山东、河南、湖南、湖北、广东、广西、海南、云南等18个省（自治区）的886个县（市、区）、114个林业局（场）。初步规划用15年时间新建和改造面积$1.333\times10^{7}$ $hm^{2}$，其中工业原料林$1.083\times10^{7}$ $hm^{2}$，占81%（包括浆纸原料林$5.86\times10^{6}$ $hm^{2}$，占44%；人造板原料林$4.97\times10^{6}$ $hm^{2}$，占37%）；大径级用材林$2.50\times10^{6}$ $hm^{2}$，占19%。工程完成后，每年提供木材$1.333\,7\times10^{8}$ $m^{3}$，约占国内生产用材需求量的40%，加上现有森林资源的利用，国内木材供需基本趋于平衡，可支撑木浆生产能力$1.386\times10^{7}$ t、人造板生产能力$2.150\times10^{7}$ $m^{3}$。

通过以上七大工程的实施，到2020年，初步建立起乔灌草搭配、点线面协调、带网片结合，具有多种功能与用途的森林生态网络和林业两大体系框架，重点地区的生态环境得到明显改善，与国民经济发展和人民生活改善要求相适应的木材及林产品生产能力基本形成。

## 本章小结

高原林业生态工程，是根据生态学、系统工程学、林学理论，设计、建造与经营以木本植物为主体的人工复合生态系统工程，其目的是保护、改善环境与可持续利用自然资源，通过合理的空间配置及与其他措施结合，改善区域生态环境。林业生态工程的目标就是人工设计建造以木本植物群落为主体的优质、高效、稳定的复合生态系统，任务包括林业生态工程规划、设计、施工及管理等几个方面。我国生态环境建设的重点林业生态工程在不同生态区域有效地发挥了作用。

## 思考题 QUIZ

1. 简述林业生态工程的含义。
2. 试述林业生态工程与传统林业的联系与区别。
3. 简述高原生态安全屏障的建设意义。

# 第 3 章 人工林培育基础知识

在国内外多项有关人工林培育研究项目成果的基础上，通过对人工林生长发育规律的探讨，本章提出了立地条件划分的方法和立地质量评价方法。该方法以混交理论和林分密度规律为基础，以适地适树为原则，构建了适合人工林培育的基础理论与技术体系，达到合理地培育人工林的目的。本章重点介绍立地类型划分、人工林的生长发育规律、林分密度规律和，突出以混交理论、适地适树为理论基础的树种选择及配置技术。

## 3.1 立地类型划分及适地适树

### 3.1.1 立地与立地类型

一般来讲，立地有两层含义：第一，它具有地理位置的含义；第二，它是指存在于特定位置的环境条件（生物、土壤、气候）的综合。因此，可以认为立地在一定的时间内是不变的，而且与生长于其上的树种无关。在造林上凡是与森林生长发育有关的自然环境因子统称为立地条件。造林的立地条件包含了造林地不同地形部位所具有的不同小气候、土壤、水文、植被等环境因子。

立地类型是立地分类的基本单位，是指具有立地性能的不同地段的综合。它是根据环境中各立地因子的变化状况，将那些具有相同或相对立地因子及作用特点相似的造林立地归并分类，以区别于其他造林地段。具体的造林工作就是在各立地类型上进行，其意义在于可以比较准确地贯彻适地适树的原则，按类型制订和实施造林技术措施。

### 3.1.2 立地类型划分方法

1. 立地类型划分依据

造林地环境体现着立地因子综合作用的全貌，它与林木之间构成最直接的生态联系，因此，以环境差异为划分立地类型的依据是十分客观的。立地环境分生物环境和非生物环境。生物环境是指区域内现有动植物状态，包括动植物种类、数量和分布层次、规模等。一般生物环境条件受非生物环境支配，并在一定的非生物环境条件下发挥作用，生物环境常被作为划分立地类型的辅助依据，而非生物环境则是划分立地类型的主要依据。不同的造林地，各种非生物因子的作用不同，其作为立地类型划分依据的主要地位就有所区别。有些因子表现较突出，对林木生长起主要限制作用，就会成为划分立地类型的主要依据；有些因子对林木的影响不显著，限制性较小，就可能成为划分立地类型的次一级或不予考虑的因子。

许多条件下，非生物环境因子的限制性是综合了两个或两个以上的因素共同表现的，这时，立地类型应该以这些限制性因素的组合作为主要划分依据，并综合其他因素做具体分析。

非生物环境因子并非类型划分的绝对依据，对于某些造林地来讲，原有植被保持得较为完好，植被低于环境指示意义明显时，植物条件也可作为划分立地类型的依据之一。在正确分析非生物环境因子的同时，将生物因素纳入划分立地类型的依据范畴，也是十分重要的方面。实践中，也可将林木生长效果与立地环境因子分析相联系，依据林木在不同立地环境中的具体生长表现，间接反映立地条件的差异水平，从而作为划分立地类型的参考依据。

2．立地类型划分方法

划分立地类型既要简单明了、说明问题，又要较好地反映造林地环境特点，是一项较为复杂的技术。其划分方法有如下几种：

（1）主导环境因子分级系统。

根据造林地主导因子的组合状况，按照对林木生长限制作用大小进行分级排列，使之成为完全以环境因子的限制特点为代表的立地类型（表 3.1）。这种方法简单明了，易于掌握，但如果选择确定的主导因子数量太少，对环境特点的反映就不会全面，对认识造林地立地性质也不能深入；如果选择因子数量过多，又使方法烦琐复杂，不易掌握和应用。

表 3.1　乌兰布和沙漠立地类型表

| 类型号 | 类型名称 | 主导因子 | | | |
|---|---|---|---|---|---|
| | | 沙漠类型及部位 | 地下水深及水质 | 下伏物质 | 植被状况（盖度）/（%） |
| Ⅰ | 中水位平坦固沙地 | 平坦固沙地 | 2 m 左右淡水 | 沉积物 | >35 |
| Ⅱ | 深水位平坦固沙地及荒地 | 平坦固沙地荒地 | 3 m 左右微碱水 | 沉积物 | >35 |
| Ⅲ | 断续伏沙的石质低山 | 断续沙丘的石质低山 | | 石质荒山 | 5～15 |
| Ⅳ | 小型沙丘迎风坡 | 小型新月形沙丘迎风面 | | | <5 |
| Ⅴ | 浅水位沙丘低地 | 丘间低地 | 1 m 以内盐水 | 沉积物 | 5～15 |

（2）主导生活因子分级系统。

根据林木生长发育必需的生活因子，对林木生长限制性作用大小进行分级排列，使之成为完全以生活因子的组合差异所代表的不同立地类型（表3.2）。这种方法能够较好地反映造林地生活因子变化情况，体现出生活因子的直接限制性特点，类型本身也较好地说明了造林地生态效果，但林木生活因子表现状况不易直接表达，需要在造林地范围内布设多个样点，进行较长时间的重复测定，以保证数据的可靠性。如果造林区域较大，工作量也较大，所以这样方法不宜在大范围的造林地上采用。

表3.2　华北石质山地立地类型

| 水分级 | 养分级 | | |
|---|---|---|---|
| | 瘠薄的土壤 | 中等的土壤 | 肥沃的土壤 |
| | A | B | C |
| | <25 cm粗骨土或严重的流失土 | 25～60 cm棕壤和褐色土或深厚的流失土 | >60 cm的棕壤和褐色土 |
| 极干旱（旱生植被，覆盖度小于60%）0 | $A_0$ | — | — |
| 干旱（旱生植被，覆盖度大于60%）1 | $A_1$ | $B_1$ | $C_1$ |
| 湿润（中生植物）2 | — | $B_2$ | $C_2$ |
| 湿润（中生植物，有苔等藓类，且徒长柔嫩）3 | — | — | $C_3$ |

（3）主导环境因子与生活因子综合分级系统。

根据造林地环境因子与生活因子间相互制约、相互联系的综合特征，分析并确定对林木生长发育起主导作用的因子（不具体区分环境因子或生活因子），按照对林木限制性作用程度的大小进行排列，形成既具有主导环境因子作用特点，又具有主导生活因子作用特点的综合性立地类型。应用这种方法要特别注意将主导环境因子和主导生活因子的作用层次分开，以防划分混乱。

（4）林木生长指标分级系统。

根据造林地林木生长指标（材积、胸径和高生长量）的变化，反映不同地段立地条件的差异，划分立地条件。这种分级系统通过数学分析手段把林木生长指标与立地因子相联系，从而把不同的立地类型区分开来。这种方法较科学，说服力较强。但林木生长指标只表现林木生长的表面效果，而不能说明产生这种效果的原因，故存在一定缺陷。例如，按照某一林木生长指标变化而划分出的同一立地类型，很可能实际上处在不同的坡向或地形部位上，而不同坡向或地形部位的造林地段上，其林木生长状况却可能完全一样。另外，林木生长发育还受本身生物特性的支配，不同树种对立地条件有不同的要求，绝不能一概而论。因此，运用定量分析方法划分立地类型，只能与被测树种相联系，绝不能成为其他树种划分立地类型的尺度。

（5）地力分级系统。

地力分级系统是20世纪50年代后国际上广泛采用的对土地生产力进行系统评价的科学方法之一。它依据区域环境的主要因素变化指标（如土层厚度、土壤质地、地面坡度、土壤肥力、土壤侵蚀状况等），将地域划分为不同等级的地块单元。任何一个地块单元都有其相对应的土地利用特点和土地承载能力，这样就可以规定土地的利用方式，限定利用的规模、利用程度，并摸清土地利用存在的问题。N.W.Hudson（1971）认为，地力分级方法是“旨在使土地达到高度集约化的利用，而又无土壤侵蚀的方法”，意即合理的土地分级单元能够最大限度地发挥地力潜能，并且表现良好的平衡状态，不致因所设计的利用过程而产生土地的恶性变化。这种地力分级实质上与立地类型的划分相似，可用于指导林业生产。

以上论述的各种立地类型划分方法，各有优缺点，各有适用范围，如主导环境因子分类法、主导环境因子与生活因子综合分类法，可在各类造林地上应用；主导生活因子分类法，多用于干旱山地、沙地等；地力分级，主要应用于黄土高原水土流失区；林木生长指标（数量化）分类法，则只能应用于人工林或天然林，对于无林造林地则不适用。所以，在具体应用时应结合具体情况灵活掌握，并在生产和科研中不断创新，有所发展。

### 3.1.3 立地质量评价

通常用林地上一定树种的生长指标来衡量和评价森林的立地质量。由于不同树种的生物学特征并非一样，各立地因子的不同树种生长指标的贡献或限制存在一定的差异，立地质量也往往因树种而异。同一立地类型，有的适宜多个树种生长，有的则仅适宜单个树种生长。通过森林林地质量评价，便可确定某一立地类型上生长不同树种的适宜程度。这样就可在各种立地类型上配置相应的最适宜林种、树种，实施相应的造林经营措施，使整个区域“适地适树”和“合理经营”，实现“地尽其用”的最终目的。

#### 1. 森林立地质量评价方法

森林立地质量评价历史悠久、方法甚多。这些方法可以概括为直接评价和间接评价两种类别。直接评定法指直接利用林分的收获量和生长量的数据来评定立地质量，如地位指数法、树种间地位指数比较法、生长截距法等。间接评价方法是指根据构成立地质量的因子特性或相关植被类型生长潜力来评价地力质量的方法,如测树学方法、指标植物法、地文学立地分类法、群体生态坐标法、土壤-立地评价法、土壤调查法等。当前，国内采用的立地质量评价方法主要为地位指数的间接评价方法。下面仅对此方法进行介绍。

地位指数的间接评价方法是一种定量分析方法，也称为多元地位指数法。这种方法能解决有林地和无林地统一评价的问题，因而被认为是最终解决问题的根本方法，一般用多元统计方法构造数学模型，即多元地位指数方程，以表示地位指数与立地因子之间的关系，用以评价宜林地对其树种的生长潜力，其可表示为

$$\mathrm{SI} = (x_1, x_2, \cdots, x_i, \cdots, Z_1, Z_2, \cdots, Z_j, \cdots) \tag{3.1}$$

式中 SI——立地指数；

$x_i$——立地因子中定性因子（$i = 1, 2, \cdots, n$）；

$Z_j$——立地因子中可定量因子（$j = 1, 2, \cdots, n$）。

多元地位指数法的基本内容为，采用数量化理论或多元回归分析方法，建立起数学的立地指数，即该树种在一定基准年龄时的优势木平均高或几株最高树木的平均高（也称上层高）与各项立地因子如气候、土壤、植被以及立地本身的特性。还有人在预测方程中包含了诸如养分浓度、C/N、pH值等土壤化学特征之间的回归关系式，根据各立地因子与立地指数间的偏相关系数的大小（显著性），筛选出影响林木生长发育的主导因子，说明不同主导因子分级组合下的立地指数的大小，并建立多元立地质量评价表，以评价立地的质量。不同的立地因子组合将得到不同的立地指数，立地指数大的则立地质量高。

2．森林立地质量评价实例

目前，在我国各个地区对许多树种（落叶松、杉木、油松、刺槐、泡桐、马尾松等）进行了立地质量评价的研究。

沈国舫等人（1985）采用多元回归分析的方法，研究了京西山地油松人工林上层高（Ht）与立地的关系，从许多立地因子中，经逐步回归分析，筛选出3个主导因子，即以细土层厚度为基础的土壤肥力等级（SF）、海拔（EL）和坡向（ASP），得出回归方程式（基准年龄25年）：

$$\mathrm{Ht} = 2.109 + 0.677\,3\mathrm{SF} + 0.391\,1\mathrm{EL} + 0.404\,0\mathrm{ASP} \tag{3.2}$$

复相关系数：$R = 0.849\,5$

偏相关系数：$R_{\mathrm{SF}} = 0.656\,7$，$R_{\mathrm{EL}} = 0.437\,8$，$R_{\mathrm{ASP}} = 0.437\,8$

通过表3.3可以查取某一立地因子组合下的林木上层高。比如，当某一造林地海拔在400 ~ 800 m，坡向为北坡，土肥级为Ⅰ级（> 81 cm）时，其25年生长时的油松上层高可达6.81 m。

表 3.3　京西山区油松上晨高的生长预测表

| 海拔/m | <400 | | | 400～800 | | | 800～1 200 | | | >1 200 | | |
|---|---|---|---|---|---|---|---|---|---|---|---|---|
| 土肥级 | 坡向 | | | 坡向 | | | 坡向 | | | 坡向 | | |
| | SW | E | N | SW | E | N | SW | E | N | SW | E | N |
| Ⅰ（>81 cm） | 5.61 | 6.01 | 6.42 | 6.00 | 6.41 | 6.81 | 6.39 | 6.80 | 7.20 | 6.78 | 7.19 | 7.59 |
| Ⅱ（51～80 cm） | 4.93 | 5.34 | 5.74 | 5.32 | 5.73 | 6.13 | 5.72 | 6.12 | 6.52 | 6.11 | 6.51 | 6.92 |
| Ⅲ（31～50 cm） | 4.26 | 4.66 | 5.06 | 4.65 | 5.05 | 5.45 | 5.04 | 5.44 | 5.85 | 5.43 | 5.83 | 6.42 |
| Ⅳ（<30 cm） | 3.58 | 3.98 | 4.39 | 3.99 | 4.37 | 4.78 | 4.36 | 4.77 | 5.17 | 4.75 | 5.16 | 5.56 |

## 3.2　人工林发育阶段

### 3.2.1　人工林生长发育基础

人工造林从成活到成林、成材，是通过树木本身的生长发育过程完成的，而树木的生长发育过程又因树种的不同而各有不同规律。研究人工林生长发育规律，旨在为人工林的抚育管理提供理论基础。只有遵循这些规律才能适时、适法地对人工林进行抚育管理。

1．林木的生长规律

林木个体生长是指林木由于原生质的增加而引起的重量和体积不可逆的增加，以及新器官的形成和分化。林木由种子萌发，经过幼苗时期，长成枝叶茂盛、根系发达的林木，即为林木的生长。林木生长是其内部物质经过代谢合成，造成原生质量的增加而实现的。林木的生长通常可以通过其生长过程、生长速率及生长量等来加以描述。

（1）林木生长曲线。

林木生长包括三个基本过程，即细胞分裂、细胞延长和细胞分化。从理论上讲，林木各细胞和组织的生长潜力是无限的，它们的生长过程应该始终按指数式进行增长。但事实上由于细胞或器官内部的交互作用限制了生长，使整个生长曲线呈现斜向的“S”形，常称为“S”形生长曲线。许多研究表明，任何单株林木或器官的生长都表现出基本相同的模型，即可分为开始的迟滞期，以后直线上升的对数期，最后为生长速度下降的衰老期，符合“S”形曲线。通常把林木个体或器官所经历的这种“S”形生长过程，即“慢—快—慢”三个阶段的整个生长时期，称为林木生长大周期，又称大生长周期。在森林培育过程中，林木的树高、胸径、根系、树冠和材积生长等都表现出“慢—快—慢”地生长发育节律，一般规律是树高速生期来得最早，随后出现冠幅和胸径速生期，材积速生期最后出现。

（2）林木生长量。

林木个体生长量是指一定间隔期内林木各种调查因子（如树高、直径和形数等）

所发生变化的量。生长量是时间 $t$ 的函数，时间的间隔可以是 1 年、5 年、10 年或更长的时间，通常以年为单位。在生产实践和科学研究中，由于不同的目的，需要把生长量划成许多种类，主要划分方式有：

按照调查因子可把林木生长量划分为树高生长量、直径生长量、根系生长量、断面积生长量、形数生长量、材积生长量和重量生长量等。

按照林木部位可划分为林木生长量、树干生长量和枝条生长量等。

按照时间可划分为总生长量、定期生长量和连年生长量等。

总生长量是指林木自种植开始至调查时整个期间累积生长的总量，它是林木的基本生长量，其他种类的生长量均由它派生而来。总平均生长量（简称平均生长量）是总生长量被总年龄所除之商。定期生长量是指林木在定期几年间的生长量，而连年生长量是指林木一年间的生长量。由于连年生长量数值一般很小，测定困难，所以通常用定期平均生长量来代替。在幼龄阶段，连年生长量与平均生长量都随年龄的增加而增加，但连年生长量增加的速度较快，其值大于平均生长量。随着林木的生长发育，连年生长量达到最高峰的时间比平均生长量早，而当平均生长量达到最高峰时，则与连年生长量相等。当平均生长量达到最高峰以后，连年生长量永远小于平均生长量，这是林木正常情况下的生长规律。

（3）根生长。

林木根系在其生长发育初期，生长迅速，一般都超过地上部分的生长，以后随年龄的增加，生长速度趋于缓慢，并逐渐与地上部分的生长保持一定比例关系。当林木衰老，地上部分枯死时，其根系仍保持一段时期的寿命。

林木根系在树木生长幼期所具有的这种速生特性，对于以人工措施促进根系生长具有重要意义。一般根系春季生长的开始时间比地上部分早，土壤温度达到 5 °C 以前就开始了，并很快达到第一次迅速生长时期。以后，地上部分开始迅速生长，而同时根系生长则趋于缓慢，到秋季地上部分生长趋于停止时，根系又出现一次迅速生长时期，一般到 10 月以后生长才变缓慢。到冬季，当林木进入休眠期时，根系的生长则随树种不同而有差异，但都趋于停止或变得十分缓慢。根据根系的年生长规律，造林季节最好选择在根系迅速生长之前进行，这样造林后苗木根系能迅速恢复生长，因此，春秋季造林均应坚持适时早栽的原则。

（4）高生长。

树高的年生长，是指从树木顶芽膨大生长开始到生长停止、新顶芽形成为止这一时间过程。树高年生长开始的时间和持续时间，依树种不同而有差异。开始生长后，各树种的生长速度也不同，有的树种在开始时期生长快，隔一段时间急速下降；有的初期生长缓慢，以后快，且迅速生长持续时间较长、下降速度也较快等多种形式。由此可将高生长划分为如下两种类型。

短速类型在短期内可完成一年的高生长量，如樟子松、油松等树种。樟子松的年高生长始于 4 月下旬，生长期只有 50 天；在其幼龄期，常于夏秋之交，由于雨水充沛、光照充足可引起再生长，但受光照条件限制，持续时间较短，且再生枝条木质化程度低，对越冬不利。

持续类型在整个生长季中都在进行高生长，如小叶杨、合作杨等阔叶树种。

（5）直径生长。

造林后，直径在幼龄期生长较缓慢，以后随年龄的增加不断加速，待高生长最快时期开始后直径生长的最快时期同时出现；高生长停止后，直径生长仍在持续。速生树种直径生长最快时期出现较早，慢生树种较晚；而直径生长的延续期，则前者比后者短。

大多数树种是在树叶开放不久后就开始了直径生长。一年中生长最快时期，一般短速类型树种在夏季和秋季，它比一年中高生长最快时期要晚很多。持续类型的树种直径生长最快时期一般与高生长最快时期一致。总的看来，直径生长的持续期要比高生长持续期长。

2．林木的发育

林木个体发育是林木个体构造和机能从简单到复杂的变化过程，即林木器官、组织或细胞在质上的变化，也就是新增加的部分在形态结构以至生理机能上与原来部分均有明显区别。在高等植物中，发育一般是指达到性机能成熟，就是指林木从种子萌发到新种子形成（或合子形成到植株死亡）过程中所经历的一系列质变现象。

林木的生长除了受内部因素（营养物质、代谢机能、激素水平和遗传性等）的调控外，还受环境条件的影响。影响林木正常生长发育的环境条件主要有温度、光照、水分和养分等。关于上述环境因子对林木生长发育的作用和影响，在树木生理学和森林生态学中已经有过系统的论述。在这里需要强调的是，林木个体的生长发育除了受总的环境条件的影响外，还要受个体在林分群落中的地位的制约，特别是受与相邻其他林木竞争关系的制约。在林地水分条件充足的情况下，林木对光的竞争起主导作用；而在水分不足（或不稳定）的情况下，林木对水分的竞争起主导作用。

### 3.2.2 人工林生长发育阶段划分

林木群体在其生长发育过程中，随着年龄的增长，其内部结构和对外界的要求均有所不同，并表现出一定的阶段性。一般来说，从幼苗到成熟，典型的林分都要经过以下几个生长发育阶段。

1．幼苗阶段

从种子形成幼苗（或萌蘖出苗）到 1 ~ 3 龄前，或植苗造林后 1 ~ 3 年属于幼苗阶段，或称成活阶段。这个阶段幼苗以独立的个体状态存在，苗体矮小，根系分布浅，生长比较缓慢，抵抗力弱，任何不良外界环境因素都会对其生存构成威胁。其生长特点是地上部分生长缓慢，主根发育迅速，地下部分的生长超过地上部分。幼苗在这个时期必须克服它自身的局限和外界环境的不良影响，才能顺利成活并保存下来。这个时期森林培育的主要任务就是采取一切技术措施来保证幼苗成活，提高成活率和保存率。

2．幼树阶段

幼树阶段指幼苗成活后至郁闭前的这一段时期，或称郁闭前阶段。在幼树阶段，幼树仍然以独立的个体状态存在，是扎根和根系大量发生的重要时期。幼苗成活后，幼树逐渐长大，根系扩展，冠幅增加，对立地环境已经比较适应，稳定性有所增强。在立地条件好、造林技术精细的地方，幼树阶段相对较短，造林后3～5年即可郁闭成林并进入速生阶段。相反，如果立地条件差或整地粗放、抚育不及时，则幼树阶段相对延长，林分迟迟不能郁闭，常形成“小老树”。在这个时期，某些环境因素（如杂草、干旱、高温等）的不良影响仍然在危害幼树的生长发育，而幼树只有摆脱这种不良环境的影响，才有可能保存下来，并进入郁闭状态。因此，这个时期调控幼树生长的中心任务，就是要及时采取相应的抚育管理措施，改善幼树的生活环境，加速幼林郁闭，以形成稳定的森林群落。

3．幼龄林阶段

林分郁闭后的5～10年或更长时间属于幼林阶段，为森林的形成时期。这个阶段是从幼树个体生长发育阶段向幼林群体生长发育阶段转化的过渡时期，幼树树冠刚刚郁闭，林木群体结构才开始形成，对外界不良环境因素（如杂草、干旱、高温等）的抵抗能力增强，稳定性大大提高。同时，在这个阶段的前期，林木个体之间的矛盾还很小，个体营养空间还比较充足，有利于幼林生长发育，开始进入高和径的速生期。这个时期调控林木生长发育的中心任务，就是要为幼林创造较为优越的环境条件，满足幼林对水分、养分、光照、温度和空气的需求，使之生长迅速、旺盛，为形成良好的干形打下基础，并使其免遭恶劣自然环境条件的危害和人为因素的破坏，使幼林健康、稳定地生长发育。发育较早的树种在这个时期已开始结实，属结实幼年期。

对于充分密集的幼林来说，在幼林阶段的后半段往往会出现一些新的变化。由于林木高和径快速生长，使林分出现了拥挤过密的状态，林木开始显著分化，枝下高迅速抬高，林下阴暗且往往形成较厚的死地被物，开始出现自然稀疏现象，这个阶段称为杆材林阶段。这是森林抚育极为重要的一个时期。在密度预先调控适当的人工林中，有时可以躲开或推迟进入这个阶段，而使幼林直接进入中龄林阶段。

4．中龄林阶段

林分经过幼龄林阶段（可能包括杆材林阶段）而进入中龄林阶段，森林的外貌和结构大体定型。在这个阶段，林木先后由树高和直径的速生时期转入到树干材积的速生时期，在林木群体生物量中，干材生物量的比例迅速提高而叶生物量的比例相对减少。在这个阶段，由于自然稀疏或人工抚育的调节，林分密度已显著地降了下来，再加上林冠层的提高，林下重又开始透光，枯枝落叶层分解加速而下木层及活地被物层有所恢复或趋于繁茂，有利于地力恢复及森林防护作用的发挥。因此，这个阶段是森林生长发育比较稳定，而且材积生长加速，防护作用增强的重要阶段。在这个阶段里，由林木体量增大而造成拥挤过密的过程还在延续，仍需通过抚育间伐进行调节。此时，林木已长成适于某些经济利用的大小，间伐可以成为森林利用的一个部分，但利用要适度，还是要以保证林分结构的优化，促进林分旺盛生长为主。中龄林阶段的延续时间因地区和树种而异，一般约为两个龄级，为 10 ~ 40 年。

5．成熟林阶段

林木经过中龄林生长发育阶段，在形态、生长、发育等方面出现一些质的变化。从形态上看，林木个体增大到一定程度，高生长开始减缓甚至停滞，树冠有较大幅度的扩展，冠形逐步变为钝圆形或伞状，林下透光增大，有利于次林层及林下幼树的生长发育，下木层及活地被物层更加发育良好，林内生物多样性处于高峰。从生长发育上看，在林木高生长逐渐停滞的过程中，直径生长在相当时期内还维持着较大的生长量，因而材积年生长量及生物量增长均趋于高峰，并在维持一段时期后才逐渐下降。林木大量结实且种子质量最佳，为自身的更新创造条件。在这个阶段，林分与周围环境处于充分协调的高峰期，其环境功能无论是水源涵蓄、水土保持，还是吸收和储存 $CO_2$，改善周边小气候环境都处于高效期。由于林分的成熟是一个循序渐进的过程，成熟阶段也延续相当一个时期，其前半段称为近熟林阶段，后半段为真正的成熟林阶段，共约经过两个龄级，因地区和树种而异，约为 10 ~ 40 年。成熟林阶段对于用材林来说是个十分重要的阶段，此时林分的平均材积生长量（生物量增长量）达到高峰，且达到了大部分材种要求的尺寸大小，可以开始采伐利用。成熟林阶段对于其他林种来说也是发挥防护和美化作用的高峰期，要充分利用这个阶段的优势并设法适当延长其发挥高效的时间。这个阶段也是充分考虑下一代更新的重要时期。

6．过熟林（衰老）阶段

林分经过了生长高峰的成熟阶段，进入逐步衰老的过熟林阶段，这是一切生物发展的必然规律。过熟林阶段的林分主要特征是林木生长趋缓且健康程度降低，病虫、气象（风、雪、雾等）灾害的作用增强。林冠因立木腐朽（从心腐开始）、风倒等原因而进一步稀疏，次林层及幼树层上升，林木仍大量结实但种子质量下降。林分的过熟阶段，可能维持不长时间，因采伐利用、自然灾害或林层演替而终结；也可能维持很长时间，有些树种可达 200 ~ 300 年以上。在这个阶段中，木材生产率和利用率在降低，但木材质量可能很好（均为大径级材），而森林的环境功能也可能维持在较好的状态，特别是林内生物多样性仍是很丰富的，有些生物的存在是与虫蛀木、朽木和倒木的存在相联系的。因此，对于过熟林的态度，可能会因培育目的而有所不同。对于自然保护区及防护林中的过熟林，要尽量采取措施保持林木健康而延长过熟林的存在；对于用材林则要加速开发利用进度以减少衰亡造成的损失。在任何一种情况下都要关心林分的合理和充分的更新。

## 3.3 树种选择与人工林组成

### 3.3.1 树种选择的原则与方法

1．树种选择的原则

选择造林树种的基本原则可以概括为3条：经济学原则、林学原则、生态学原则。

（1）经济学原则。

造林目的是与经济原则紧密地结合在一起的。尽管衡量和预测育林成果中使用的经济技术属于森林经理学和林业经济学的内容，但对于正确选择造林树种和育林措施是必不可少的基础知识。

对于用材林来说，木材产量和价值是树种选择的最客观的指标。由于不同的树种在种子来源、苗木培育及其他育林措施方面的成本不同，木材价值不同，所以，所得收益是不同的。假定轮伐期分别为3年、10年、50年的树种，每公顷平均生产的木材价值虽然均为100元，但是实际的收益是不同的，也就是说，对于方案的选择，要用复利的方法进行比较。就像在银行储蓄一样，所得的利息常与预计的风险、投资者从各种投资中可能得到的复利利息等情况有关。

（2）林学原则。

林学原则是个广泛的概念，它包括繁殖材料来源、繁殖的难易程度、组成森林的格局与经营技术等。尽管繁殖方法和森林培育的其他技术随着现代科学技术的进步发展很快，但是造林树种的选择既需要有前瞻性，又必须与当前的生产实际相结合。繁殖材料来源的丰富程度和繁殖方法的成熟程度，直接制约着森林培育事业的发展速度。随着科技进步和发展，组织培养和生物技术，使得原本比较缺乏的繁殖材料可能在相对短的时间内丰富起来，而多种研究手段的应用可能使传统的技术被全新的技术代替，森林培育技术发生了翻天覆地的变化。例如，多种集流和节水灌溉技术的研究成功与推广应用，使得原本在困难立地上营造的树种造林成为可能。

（3）生态学原则。

森林培育的全过程必须坚持生态学原则，也就是说，森林是个生态系统，造林树种是其重要的组成部分，因而树种的选择必须作为生态系统的组成部分全面考虑。

首先，立地的温度、湿度、光照、肥沃等状况是否能够满足树种的生态要求。

其次，生物多样性保护是森林培育的重要任务，而造林树种的选择是执行这一任务的基础与关键，树种的选择必须坚持多样性原则。

最后，树种选择应考虑形成生物群落中树种之间的相互关系，包括引进树种与原有天然植被中树种的相互关系，也包括选择树种之间的相互关系。因为，在混交林中，各树种是相互影响和作用的，树种选择要考虑到人工林的稳定程度和发展方向，以及为调节树种间相互关系所需要的付出。

2．树种选择的方法

（1）用材林的树种选择。

用材林对树种选择的要求集中反映在“速生、优质、丰产、稳定和可持续”等目标上。我国的树种资源很丰富，乡土材种很多，如落叶松、杨树、泡桐、刺槐、杉木、马尾松、毛竹，引进的速生树种也不少，如松树、桉树等，都是很有前途的速生用材树种。树种的丰产性就是要求树体高大，相对长寿，材积生长的速生期维持时间长，又适于密植，因而能在单位面积林地上最终获得比较高的木材产量。良好的用材树种应该具有良好的形（态）质（量）指标。所谓形，主要是指树干通直、圆满、分枝细小、整枝性能良好等特性，这样的树种出材率高，采运方便，用途广泛。所谓质，是指材质优良，经济价值较大。用材树种质量的优劣还包括木材的机械性质、力学性质。一般用材都要求材质坚韧、纹理通直均匀、不易变形、干缩小、容易加工、耐磨、抗腐蚀等。

（2）经济林的树种选择。

经济林对造林树种的要求和用材林的要求是相似的，也可以概括为“速生性”“丰产性”“优质性”三方面，但各自的内涵是不同的。例如，对于以利用果实为主的木本树种来说，“速生性”的主要内涵是生长速度快，能很快进入结果期，即具有“早实性”；“丰产性”的内涵是单位面积的产量高，这个产量有时指目的产品（油脂）的单位面积年产量，这样的数量概念实际上融进了部分的质量概念，如果实的出仁率、种仁的含油率等；“优质性”则除了出仁率和含油率以外，主要指油脂的成分和品质。在这三个方面中，重点应是后两个方面，经济林的早实性虽有一定重要性，但不像用材林对于速生性的要求那样突出。

### 3.3.2　适地适树

1．适地适树的意义

适地适树就是使造林树种的特性，主要是生态学特性和造林地的立地条件相适应，以充分发挥生产潜力，达到该立地在当前技术经济条件下可取得的高产水平。适地适树是因地制宜原则在造林树种选择上的体现，是造林工作的一项基本原则。

适地适树的概念与要求和林业生产的科技水平有密切关系，现代的“适地适树”概念中的树，已经不是停留在树种的水平上，而是达到树种中的类型（地理种源、生态类型）、品种、无性系的水平上了。

“地”和“树”是矛盾统一体的两个对立面。适地适树是相对的、变动的。“地”和“树”之间既不可能有绝对的融洽和适应，也不可能达到永久的平衡。我们所说的

“地”和“树”的适应，是指它们之间的基本矛盾在森林培育的过程中是比较协调的，能够产生人们期望的经济要求，可以达到培育目的。在这一前提下，并不能排除在森林培育的某个阶段或某些方面会产生相互矛盾，这些矛盾需要通过人为的措施加以调整。当然，这些人为的措施又受一定的社会经济条件的制约。

2．适地适树的标准

虽然适地适树是个相对的概念，但衡量是否达到适地适树应该有个客观的标准。这个衡量的标准是根据造林目的确定的。对于用材林树种来说，起码要达到成活、成林、成材，还要有一定的稳定性，即对间歇性灾害有一定的抗御能力。从成材的要求出发，还应该有数量标准。衡量适地适树的数量标准主要有三个：第一，某一个树种在各种立地条件下的立地指数；第二，平均材积生长量；第三，立地期望值。

（1）立地指数与树种选择。

立地指数能够较好地反映立地特性与树种生长之间的关系，如果能够通过调查计算，了解树种在各种立地条件下的立地指数，尤其是把不同树种在同一立地条件下的立地指数进行比较，就可以较客观地为按照适地适树原则选择树种提供依据。用立地指数判断适地适树的指标也有缺陷，因为它还不能直接说明人工林的产量水平，不同的树种，由于其树高与胸径和形数的关系不同，单位面积上可容纳的株树不同，其立地指数与产量之间的关系也是不同的。

（2）材积生长量与树种选择。

平均材积生长量也是衡量适地适树的标准。一个树种在达到成熟收获时的平均材积生长量，不仅取决于立地条件，也取决于密度范围与经营技术水平。因此用它来作为衡量指标就比较复杂。

（3）立地期望值与树种选择。

立地期望值实际上相当于在一定的使用期内立地的价值。例如，杨继镐等（1993）在评价太行山立地质量和进行树种选择时，就依据了立地期望值。他们根据太行山主要乔木树种的轮伐期长度，选用100年作为使用期，列出了太行山区的立地期望值SE的计算公式，这个公式的主要参数有达到轮伐期时的标准蓄积量，出材率，大、中、小径材和等外材所占的比例，整地、造林、抚育和木材生长的各项成本，幼林抚育至主伐的年数，成林抚育至主伐的年数，年利率以及不可预见费等。该项目研究列出了计算云杉、侧柏、华北落叶松、油松、刺槐、栋类、桦木、山杨、青杨等树种立地期望值的参数。这样的计算方法，比较全面地考虑了影响立地质量经济评价的多个因子，把树种的经济效果与立地质量更紧密地联系起来。

3．适地适树的途径和方法

适地适树的途径是多种多样的，但是可以归纳为两条：第一是选择，包括选地适树和选树适地；第二是改造，包括改地适树和改树适地。

所谓选地适树，就是根据当地的气候土壤条件确定了主栽的树种或拟发展的造林树种后，选择适合的造林地；而选树适地是在确定了造林地以后，根据其立地条件选择适合的造林树种。

所谓的改树适地，就是在地和树某些方面不太相适的情况下，通过选种、引种驯化、育种等手段，改变树种的某些特性，使之能够相适。例如，通过育种的方法，增强树种的耐寒性、耐旱性或抗盐碱的性能，以适应高寒、干旱或盐渍化的造林地。所谓的改地适树，就是通过整地、施肥、灌溉、树种混交、土壤管理等措施改变造林地的生长环境，使之适合原来不大适合的树种生长。如通过排灌洗盐，降低土壤盐碱度，使一些不大抗盐的速生树品种在盐碱地上顺利生长；通过高台整地减少积水，或排除土壤中过多的水分，使一些不太耐水的树种可以在水湿地上顺利生长；通过种植刺槐等固氮改土树种增加土壤肥力，使一些不耐贫瘠的速生杨树品种能在贫瘠沙地上正常生长；通过与马尾松混交，使杉木有可能向较为干热的造林区发展等。

选择的途径和改造的途径是互相补充、相辅相成的。改造的途径会随经济的发展和技术的进步逐步扩大。但是，在当前的技术经济条件下，改造的程度是有限的，只能在某些情况下使用，而选择造林树种，使之达到更适地适树的要求，仍然是最基本的途径。

4．适地适树方案的确定

在全面调查研究和充分分析的基础上，需要把造林目的和适地适树的要求结合起来统筹安排。在一个经营单位内，同一立地条件可能有几个适宜的树种，同一个树种也可能适用于几种立地条件，要经过比较，将其中最适生（使用面最广）、最高产、经济价值又最大的树种列为这个单位的主要造林树种。而将其他树种，如经济价值很高但要求过于苛刻，或适应性很强但经济价值较低的树种列为次要造林树种。每个经营单位根据经营方针、树种比例及立地条件特点，选地为主要造林树种的只是少数几个最适合的树种。但还要注意，在一个单位内，树种也不能太单调，要把速生树种和珍贵树种、针叶树种和阔叶树种、对立地条件严格的树种和广域性树种适当搭配起来，确定各树种适宜的发展比例，使树种选择方案既能发挥多种立地条件的综合发展潜力，又能满足国民经济多方面要求。

对于一个经营单位来说，造林树种选定以后，要进一步把这些树种落实到一定立地条件的造林地上。在落实中，应本着这样的原则：把立地条件好的造林地优先留给经济价值较高且对立地条件要求严格的树种；生态适应性比较广泛的树种安排在立地条件比较差的造林地。对于同一树种有不同要求时，应分配不同的造林地。在一个经营单位内统筹安排造林树种的比例，可以运用线性规划的数学方法，但这种方法在树种选择方面的运用尚属探索阶段，技术还不够完善。

### 3.3.3　混交理论

1．培育混交林的重要意义

虽然天然林大多是多树种组成的混交林，但因受思想认识等方面的局限，迄今为止国内外森林营造却仍以单一树种的纯林为主。我国自开展大规模森林营造工作以来，主要形成的也是大面积的松、杉、桉树、杨树、泡桐等树种的纯林。由于纯林生态系统的结构和功能比较简单，在许多地区出现了病虫害蔓延、生物多样性降低、林地地力衰退、林分不能维持持续生产力以及功能降低等问题，给林业生产和生态环境建设造成了重大影响。所以无论是国内还是国外，越来越多的林学家提倡培育混交林，以求在可持续的意义上增强森林生态系统的稳定性并取得较好的生态、经济综合效益。

根据各方面的调查研究，结构合理的混交林有以下优点和作用：① 可较充分地利用光能和地力；② 可较好地改善林地的立地条件；③ 可促进林木生长，增加林地生物产量，维持和提高林地生产力；④ 可较好地发挥林地的生态效益和社会效益；⑤ 可增强林木的抗逆性；⑥ 混交林的优点是相对的，必须在一定条件下，才能发挥其优点和作用。

2．混交理论基础

培育混交林能否取得成功，除了满足一些通用要求外，关键在于如何正确调控好混交林中组成树种之间的相互关系。正确的调控必须建立在对种间关系正确、深入的认识基础上，因此，混交林中树种间关系的研究一直是国内外森林培育学及森林生态学的一个重点方向。

（1）混交林中树种间关系的生态学基础。

混交林是由不同树种组成的植物群落，是树木在自然条件下最普遍的存在形式。生活在同一环境中的不同树种必然要对某些资源（包括光、水、养分、空气、热量和空间）产生竞争，根据竞争排斥原理，竞争相同资源的两个物种不能无限期共存，混交林树种的共存说明它们在群落中占据了不同的生态位。事实上，无论在天然混交群落还是在配置合适的人工混交林中，树种往往通过形成不同的适应性、耐性、生存需求、行为等来避开竞争，形成种间互补的对立统一关系。所以，营造混交林能否成功完全取决于两个树种生活要求的相同程度及发生竞争时的能力强弱，也即不同树种生态位的关系。

（2）混交林中树种间关系的表现模式。

树种间关系的表现模式是指树种间通过复杂相互作用对彼此产生利害作用的最终结果。一般当任何两种以上树种混交时，其种间关系可表现为有利（互助、促进，即所谓正相互作用）和有害（竞争、抑制，即所谓负相互作用）两种情况，是由各树种生态位的差异来决定的。树种间作用的表现方式实际上是中性（0）、促进（+）和抑制（－）3 种形式的排列组合，即 00、0＋、0－、－－、－＋和＋＋。因人工混交林中树种所处地位不同（主要树种、辅助树种），所以 H.C.契尔诺布里文科将上述种间关系又分为：① 单方面利害 0－、0＋、－0 和＋0；② 双方面利害－－、＋＋、－＋、＋－和 00（前面为主要树种，后面为辅助树种）。其意义与生态学的分类是一致的。

将树种种间关系的表现模式特别强调为树种间相互作用的结果是有其深刻意义的。任何一个混交林中的树种间相互作用，没有绝对的正相互作用，也没有绝对的负相互作用，种间关系最终表现出来的是多种作用的综合效应。只有辩证地看待混交林树种间关系，才能通过各种措施抑制种间竞争，促进种间互助，使种间关系向有利的方向发展。

（3）树种种间相互作用的主要方式。

树种间相互作用的方式总体来说可分为两大类，即直接作用和间接作用。直接作用是指植物间通过直接接触实现相互影响的方式；间接作用是指树种间通过对生活环境的影响而产生的相互作用。因为间接作用在混交林种间关系中的普遍存在及重要性，常被认为是在种间起主要作用的方式。混交林种间直接作用方式包括机械的作用方式、生物的作用方式等，生物的作用方式细分为生物物理的作用方式和生物化学的作用方式（化感作用）。间接作用方式主要是指生理生态的作用方式，是通过树种改变林地的环境条件而彼此产生影响的作用方式，林地环境条件包括物理环境（光、水、热、气）、化学环境（土壤养分、pH 值、离子交换性能等）和生物环境（微生物、动物和植物）等。

（4）树种种间关系的复杂性、综合性及其时空发展。

混交林树种间相互作用存在着许多方式，这些方式相互影响和相互制约，一种类型的混交林中可以是一种或几种最主要的作用方式在起作用，但也离不开其他次要作用方式的影响，混交林最终表现出来的是多种作用方式相互影响的综合结果，“作用链”就是为描述混交林树种间相互作用的这种复杂性和综合性而建立的概念。在一定时期，作用链中总有一种或几种树种间作用方式起决定作用，将这些作用方式称为主导作用方式。树种间关系的主导作用方式也是随时间、空间的改变而改变的，反映出树种间关系的时空发展。

### 3.3.4 混交技术

我国混交林培育工作已经开展了近半个世纪，据《中国造林技术》不完全统计：我国营造的混交用材林已超过 100 个组合，人工混交林培育技术也逐步成熟和完善，但天然混交林的培育却只有较少的一些实践，也难以形成完善的培育技术，所以下面阐述的混交林培育技术主要为人工混交林培育技术，同时尽可能涵盖天然混交林的一些研究成果。

1．混交林和纯林的应用条件

从对混交林和纯林特点的对比可以看出，混交林确实具有优越性，应该在生产中积极提倡培育混交林，但并不能由此得出在任何地方和在任何情况下都必须培育混交林的结论。决定培育混交林还是纯林是一个比较复杂的问题，因为它不但要遵循生物学、生态学规律，而且要受立地条件和培育目标等的制约。

一般认为，可根据下列情况决定营造纯林还是混交林：

（1）培育防护林、风景游憩林等生态公益林，强调最大限度地发挥林分的防护作用和观赏价值，并追求林分的自然化培育以增强其稳定性，应培育混交林。培育速生丰产用材林、短轮伐期工业用材林及经济林等商品林，为使其早期成材，或增加结实面积，便于经营管理，可营造纯林。

（2）林地区和造林地立地条件极端严酷或特殊（如严寒、盐碱、水湿、贫瘠、干旱等）的地方，一般仅有少数适应性强的树种可以生存，在这种情况下，只能营造纯林。除此以外的立地条件都可以营造混交林。

（3）天然林中树种一般较为丰富，层次复杂，应按照生态规律培育混交林。而人工林根据培育目标可以营造混交林，也可营造纯林。

（4）生产中小径级木材，培育周期短或较短，可营造纯林；反之，生产中大径级木材，则需营造混交林，以充分利用种间良好关系，持续地稳定生长，并实现以短养长。

（5）当现时单一林产品销路通畅，并预测一个时期内社会对该林产品的需求量不可能发生变化时，应营造纯林，以便大量快速向市场提供林产品。但如对市场把握不准，则混交林更易于适应市场变化。

（6）当营造混交林的经验不足，大面积发展可能造成严重不良后果时，可先营造纯林，待有了一定把握之后再造混交林。

2．混交类型

（1）混交林中的树种分类。

混交林中的树种，依其所起的作用可分为主要树种、伴生树种和灌木树种3类。

主要树种是人们培育的目的树种，防护效能好、经济价值高或风景价值高，在混交林中一般数量最多，是优势树种。同一混交林内主要树种数量有时是1个，有时是2～3个。

伴生树种是在一定时期与主要树种相伴而生，并为其生长创造有利条件的乔木树种。伴生树种是次要树种，在林内数量上一般不占优势，多为中小乔木。伴生树种主要有辅佐、护土和改良土壤等作用，同时也能配合主要树种实现林分的培育目的。

灌木树种是在一定时期与主要树种生长在一起，并为其生长创造有利条件的树种。

灌木树种在乔灌混交林中也是次要树种，在林内的数量依立地条件的不同不占优势或稍占优势。灌木树种的主要作用是护土和改土，同时也能配合主要树种实现林分的培育目的。

（2）树种的混交类型。

混交类型是将主要树种、伴生树种和灌木树种人为搭配而成的不同组合，通常把混交类型划分为如下几种：

① 主要树种与主要树种混交两种或两种以上的目的树种混交，可以充分利用地力，同时获得多种木材，并发挥其他有益效能。

种间矛盾出现的时间和激烈程度，随树种特性、生长特点等而不同。当两个主要树种都是喜光树种时，多构成单层林，种间矛盾出现得早而且尖锐，竞争进程发展迅速，调节比较困难，也容易丧失时机。当两个主要树种分别为喜光和耐荫树种时，多形成复层林，种间的有利关系持续时间长，矛盾出现得迟，且较缓和，一般只是到了人工林生长发育的后期，矛盾才有所激化，因而这种林分比较稳定，种间矛盾易于调和。需要指出的是，由于不同树种间作用方式的多样性，有时仅仅根据它们生物学特性的相似程度做出其是否适宜混交的判断未必恰当，这在营造混交林时应予以足够的重视。

由作为主要树种的多种乔木构成的搭配组合，称作乔木混交类型。采用这种混交类型，应选择良好的立地条件，以期发挥最大的生态、经济及其他效益，同时选定适宜的混交方法，预防种间激烈矛盾的发生。

② 主要树种与伴生树种混交搭配组合，林分的生产率较高，防护效能较好，稳定性较强，林相多为复层林，主要树种居第一林层，伴生树种位于其下，组成第二林层或次主林层。

主要树种与伴生树种的矛盾比较缓和，因为伴生树种大多为较耐荫的中小乔木，选择的混交树种应该与主要树种之间在生态位上尽可能互补，种间关系的总体表现以互利（++）或偏利于主要树种（+0）的模式为主，在多方面的种间相互作用中有较为明显的有利（如养分互补）作用而没有较为强烈的竞争或抑制（如生化相克）作用，而且混生树种还要能比较稳定地长期相伴，在产生矛盾时也要易于调节。

由主要树种与伴生树种构成的搭配组合，可称作主伴混交类型。一般这种混交类型适用于立地条件较好的地方。由于在造林初期有可能出现主要树种被压抑的情况，故应注意合理搭配树种和选用适宜的混交方法、比例等。

③ 主要树种与灌木树种混交，这种树种搭配组合，树种种间关系缓和，林分稳定。混交初期，灌木可以给主要树种的生长创造各种有利条件，郁闭以后，因林冠下光照不足，其寿命又趋于衰老，有些便逐渐死亡，但耐荫性强的仍可继续生存，而当郁闭的林冠重新疏开时，灌木又可能在林内大量再现。总的看来，灌木的有利作用是大的，但持续的时间不长。混交林中的灌木死亡后，可以为乔木树种腾出较大的营养空间，起到调节林分密度的作用。主要树种与灌木之间的矛盾易于调节，在主要树种生长受

到妨碍时，可对灌木进行平茬，使之重新萌发。

由主要树种与灌木树种构成的搭配组合，一般称为乔灌木混交类型。乔灌木混交类型多用于立地条件较差的地方，且条件越差，越应适当增加灌木的比重。采用乔灌木混交类型造林，也要选择适宜的混交方法和混交比例。

④ 主要树种、伴生树种与灌木的混交可称为综合性混交类型，综合性混交类型兼有上述3种混交类型的特点，一般可用于立地条件较好的地方。通过封山育林或人工林与天然林混交（简称人天混）方式形成的混交林多为这种类型，据研究这种类型的防护林防护效益很好。

除上述分类方法外，也可分成针阔叶树种类型、喜光与耐荫树种类型和乔/灌木树种类型等3种混交类型。

（3）混交林结构模式选定。

要培育混交林首先要确定一个目标结构模式。混交林的结构从垂直结构角度分为单层的、双层的及多层的（后两者都可称为复层的），从水平结构角度分为离散均匀的及群团状的，还可从年龄结构角度分为同龄的及异龄的。每一种结构形式及其组合模式（比混交类型概念在含义上更为广泛）都具有深刻的生物学内涵，特别是隐含着不同的种间关系格局。确定混交林培育的目标结构模式（如同龄均匀分布的复层混交林模式或异龄群团分布的单层林模式），取决于森林培育的功能效益目标，取决于林地立地条件及主要树种的生物生态学特性，同时还必须考虑未来的种间关系对于林分结构的形成和维持可能带来的影响。合理的混交林分结构模式建立在种间关系合理调控的基础之上。

（4）混交树种的选择。

营造混交林首先要按培育目标及适地适树原则选好主要树种（培育目的树种），其次要按培育目标和结构模式选择混交树种（可作为次目的树种或伴生辅佐树种），应该说这是成功的关键。选择适宜的混交树种，是发挥混交作用及调节种间关系的主要手段，对保证顺利成林，增强稳定性，实现培育目的具有重要意义。如果混交树种选择不当，有时会被主要树种从林中排挤出去，更多的可能是压抑或替代主要树种，使培育混交林的目的落空。混交树种选择一般可参照的条件如下：

① 选择混交树种要考虑的主要问题是与主要树种之间的种间关系性质及进程。要选择的混交树种应该与主要树种之间在生态位上尽可能互补，种间关系总体表现以互利（++）或偏利于主要树种（+0）的模式为主，在多方面的种间相互作用中有较为明显的有利（如养分互补）作用，而没有较为强烈的竞争或抑制（如生化相克）作用，而且混生树种还要能比较稳定地长期相伴，在产生矛盾时也要易于调节。

② 要很好地利用天然植被成分（天然更新的幼树、灌木等）作为混交树种，运用人工培育技术与自然力作用密切协调形成具有合理林分结构并能实现培育目标的混交林。

③ 混交树种应具有较高的生态、经济和美学价值，即除辅佐、护土和改土作用外，也可以辅助主要树种实现林分的培育目的。

④ 混交树种最好具有较强的耐火和抗病虫害的特性，尤其是不应与主要树种有共同的病虫害。混交树种最好是萌芽力强、繁殖容易的树种，以利采种育苗、造林更新以及实施调节种间关系后仍然可以恢复成林。

选择混交树种的具体做法，一般可在主要树种确定后，根据混交的目的和要求，参照现有树种混交经验和树种的生物学特性，同时借鉴天然林中树种自然搭配的规律，提出一些可能与之混交的树种，并充分考虑林地自然植被成分，分析它们与主要树种之间可能发生的关系，最后加以确定。

（5）混交方法。

混交方法是指参加混交的各树种在造林地上的排列形式。常用的混交方法有下列几种：

① 星状混交。

星状混交是将一树种的少量植株点状分散地与其他树种的大量植株栽种在一起的混交方法，或将栽植成行内隔株（或多株）的一树种与栽植成行状、带状的其他树种相混交的方法。

这种混交方法，既能满足某些喜光树种扩展树冠的要求，又能为其他树种创造良好的生长条件（适度庇荫、改良土壤等），同时还可最大限度地利用造林地上原有自然植被，种间关系比较融洽，经常可以获得较好的混交效果。目前，星状混交应用的树种有杉木或锥栗造林，零星均匀地栽植少量栓檫木；刺槐造林，适当混交一些杨树；马桑造林，稀疏地栽植若干柏木；侧柏造林，稀疏地点缀在荆条等的天然灌木林中等。

② 株间混交。

株间混交又称行内混交、隔株混交，是在同一种植行内隔株种植两种以上树种的混交方法。这种混交方法，不同树种间开始出现相互影响的时间较早，如果树种搭配适当，能较快地产生辅佐等作用，种间关系以有利作用为主；若树种搭配不当，种间矛盾就比较尖锐。这种混交方法，造林施工较麻烦，但对种间关系比较融洽的树种仍有一定的实用价值，一般多用于乔灌木混交类型。

③ 行间混交。

行间混交又称隔行混交，是一树种的 1～2 行与另一树种的 1～2 行依次栽植的混交方法。这种混交方法，树种间的有利或有害作用一般多在人工林郁闭以后才明显出现。种间矛盾比株间混交容易调节，施工也较简便，是常用的一种混交方法，适用于乔灌木混交类型或主伴混交类型。

④ 带状混交。

带状混交是一树种连续种植 3 行以上构成的“带”与另一树种构成的“带”依次种植。带状混交的各树种种间关系最先出现在相邻两带的边行，带内各行种间关系则出现较迟。这样，可以防止在造林之初就发生一个树种被另一个树种压抑的情况，但也正因为如此，良好的混交效果一般也多出现在林分生长后期。带状混交的种间关系容易调节，栽植、管理也都比较方便。这种方法适用于矛盾较大、初期生长速度悬殊的乔木树种混交，也适用于乔木与耐荫亚乔木树种混交，但可将伴生树种改栽单行。这种介于带状和行间混交之间的过渡类型，可称为行带状混交。它的优点是，保证主要树种的优势，削弱伴生树种（或主要树种）过强的竞争能力。

⑤ 块状混交。

块状混交又称团状混交，是将一个树种栽成一小片，与另一栽成一小片的树种依次配置的混交方法。一般分为规则的块状混交和不规则的块状混交两种。

规则的块状混交，是将平坦或坡面整齐的造林地，划分为正方形或长方形的块状地，然后在每一块状地上按一定的株行距栽植同一树种，相邻的块状地栽种另一树种。块状地的面积，原则上不小于成熟林中每株林木占有的平均营养面积，一般其边长可为 5 ~ 10 m。不规则的块状混交，是山地造林时，按小地形的变化，分别有间隔地成块栽植不同树种。这样既可以使不同树种混交，又能够因地制宜地安排造林树种，更好地做到适地适树。块状地的面积目前尚无严格规定，一般多主张以稍大为宜，但不能大到足以形成独立林分的程度。

块状混交可以有效地利用种内和种间的有利关系，满足幼年时期喜丛生的某些针叶树种的要求，待林木长大以后，各树种均占有适当的营养空间，种间关系融洽，混交的作用明显。块状混交造林施工比较方便。适用于矛盾较大的主要树种与主要树种混交，也可用于幼龄纯林改造成混交林，或低价值林分改造。

⑥ 不规则混交。

不规则混交是指构成混交林的树种间没有规则的搭配方式，各树种随机分布在林分中。这是天然混交林中树种混交最常见的方式，也是充分利用自然植被资源，利用自然力（封山育林、天然更新、人天混交、次生林改造等）形成更为接近天然林的混交林林相的混交方法。如在荒山荒地、火烧迹地和采伐迹地已有部分天然更新的情况下，提倡在空地采用“见缝插针”的方式人工补充栽植部分树木，使林分向当地的地带性植被类型或顶极群落类型发展，这样形成的混交林效益好、稳定性强。随机混交方法虽然人工协调树种间关系比较困难，但因为模拟和加速天然植被演替规律，所以树种间关系一般较为协调。

⑦ 植生组混交。

植生组混交是种植点为群状配置时，在一小块状地上密集种植同一树种，与相距较远的密集种植另一树种的小块状地相混交的方法。这种混交方法，块状地内同一树种，具有群状配置的优点，块状地间距较大，种间相互作用出现很迟，且种间关系容易调节，但造林施工比较麻烦。一般应用不很普遍，多用于人工更新、次生林改造及治沙造林等。

（6）混交比例。

树种在混交林中所占比例的大小，直接关系到种间关系的发展趋向、林木生长状况及混交最终效益。在确定混交林比例时，应预估林分未来树种组成比例的可能变化，注意保证主要树种始终占优势地位。在一般情况下，主要树种的混交比例应大些，但速生、喜光的乔木树种，可在不降低产量的条件下，适当缩小混交比例。混交树种所占比例，应以有利于主要树种为原则，依树种、立地条件及混交方法等而不同。竞争力强的树种，混交比例不宜过大，以免压抑主要树种；反之，则可适当增加。立地条件优越的地方，混交树种所占比例不宜太大，其中伴生树种应多于灌木树种，而立地条件恶劣的地方，可以不用或少用伴生树种，而适当增加灌木树种的比例。群团状的混交方法，混交树种所占的比例大多较小，而行状或单株的混交方法，其比例通常较大。一般地说，在造林初期伴生树种或灌木树种的混交比例，应占全林总株数的25%～50%，但特殊的立地条件或个别的混交方法，混交树种的比例不在此限。

（7）混交林树种间关系调节技术。

营造和培育混交林的关键，在于正确地处理好不同树种的种间关系，使主要树种尽可能多受益、少受害。因此，在整个育林过程中，每项技术措施都应围绕兴利避害这个中心。

培育混交林前，要在慎重选择主要树种的基础上，确定合适的混交方法、混交比例及配置方式，预防种间不利作用的发生，以确保较长时间地保持有利作用。造林时，可以通过控制造林时间、造林方法、苗木年龄和株行距等措施，调节树种种间关系。为了缩小不同树种在生长速度上的差异，可以错开年限，分期造林.或采用不同年龄的苗木等。

在林分生长过程中，不同树种的种间关系更趋复杂，对地上和地下营养空间的争夺也日渐激烈。为了避免或消除此种竞争可能带来的不利影响，更好地发挥种间的有利作用，需要及时采取措施进行人为干涉。一般当次要树种生长速度超过主要树种，由于树高、冠幅过大造成光照不足抑制主要树种生长时，可以采取平茬、修枝、抚育伐等措施进行调节，也可以采用环剥、去顶、断根和化学药剂抑杀等方法加以处理。另一方面，当次要树种与主要树种对土壤养分、水分竞争激烈时，可以采取施肥、灌溉、松土，以及间作等措施，不同程度地满足树种的生态要求，推迟种间尖锐矛盾的发生时间，缓和矛盾的激烈程度。

（8）人工林的轮作。

人工林的轮作是在同一地块、不同时期、按次序轮流栽培两种或两种以上树种或农作物的方式。

林林或林农轮作之所以是必要的，主要是因为在同一林地上长久地或多代地培育一个树种，有时会造成土壤恶化、地力衰退和森林生产率降低等不良后果。研究轮作的目的，就是为了探索通过栽培措施使林地土壤不断得到改良，肥力增加，实现林地可持续经营的途径。关于人工林轮作的方法，原则上要求轮作树种不仅在生物学上是适应的，而且在经营目的上是符合栽培愿望的。一般的做法应该如下：经过年代久远的培育同一树种的林地，可在采伐后进行短期休闲，使灌木杂草丛生，以便恢复地力；对恶化土壤的树种，尤其是某些针叶树种，在经过长期或 1 个世代的栽培后，可换用某些显著改良土壤作用，经济价值也较高的阔叶或针叶树种。

## 3.4　林分密度规律

林分密度是指单位面积林地上林木的数量。在森林培育的整个过程中，林分密度是林业工作者所能控制的主要因子，也是形成一定林分水平结构的基础。密度是否合适直接影响人工林生产力的提高和功能的最大发挥，所以探索合理密度一向是森林培育研究及生产的中心课题之一。

林分密度在森林的一生中不断变化，为便于区别，将森林起源时形成的密度称为初始密度，它是森林生长发育各个时期密度变化的基础，而将其余各个时期的密度称为经营密度。由于确定合理的森林密度非常困难，所以迄今为止常将结构简单、影响因子较少的同龄人工纯林作为主要研究对象来分析密度的作用机理，这使复杂的问题简单化，同时得出的结论也可在其他类型的森林培育过程中借鉴。

### 3.4.1　林分密度作用规律

造林密度是指单位面积造林地上栽植点或播种穴的数量（单位：株/$hm^2$ 或穴/$hm^2$）。生产中经常使用一些其他密度概念（如初植密度、最大密度、经营密度、相对密度等），对于指导不同阶段的林分密度管理起重要作用。

#### 1．造林密度的林学意义

密度是林分群体结构的数量基础，合理的密度对于林分良好生长发育、提高生物产量和质量的影响颇大。研究造林密度的意义就在于充分了解各种密度条件下林木的群体结构变化，认识林木个体间相互影响、制约和联系的作用规律，掌握林分不同发育阶段密度变化的特点。从而可以借助人为措施合理安排造林密度，优化林分群体结构，保证较好的密度条件，使林分内部各个体间由于对生活因子的争夺而产生的相互抑制作用达到最小，使林分整体在发育过程中始终在人为措施控制之下形成合理的群体结构。

#### 2．密度效果理论

林分密度的变化，对于林木生长发育及其产量构成有较大影响。揭示出密度与林木生长规律之间的关系，为人工林密度的控制与管理奠定了理论基础。

（1）竞争密度效果（C-D 效果）。

林木个体在不同密度条件下的产量变化有如下规律：

$$V = k\rho^{a} \tag{3.3}$$

或

$$\frac{1}{V} = A + B \tag{3.4}$$

式中 $V$——平均个体产量；

$\rho$——林分密度；

$a$，$A$，$B$，$k$——由生长阶段确定的常数。

式（3.3）称为林木个体竞争密度效果的指数式，式（3.4）称为林木个体竞争密度效果的倒数式。由它们构成的变化曲线称为竞争密度效果曲线。

（2）林分收获量密度效果（y-D 效果）。

林分收获量在不同密度条件下的变化规律如下：

$$y = k\rho^{1-a} \tag{3.5}$$

或

$$\frac{1}{y} = A + \frac{B}{\rho} \tag{3.6}$$

式中 $y$——林分收获量；

$\rho$——林分密度；

$a$，$k$，$A$，$B$——由生长阶段决定的常数。

式（3.5）称为林分收获量密度效果的指数式，式（3.6）称为林分收获量密度效果的倒数式。由它们构成的曲线称为收获量密度效果曲线。

（3）最大密度效果。

在林分生长发育过程中，当密度达到一定限度时，林分开始自行调节，进行自然稀疏。此时，林木单株的产量（重量或材积）随林分各发育阶段相对应的最大密度的不同而发生规律性的变化，其关系如下：

$$W = k\rho^{-2/3} \tag{3.7}$$

或

$$\log W = -1.5\log\rho + \log k \tag{3.8}$$

式中 $W$——单株重量或材积；

$\rho$——各生长阶段最大密度；

$k$——由各生长阶段最大密度决定的常数。

即随林分生长发育阶段的变化，林木单株产量（$W$）呈现与最大密度的 3/2 次幂关系，这就是所谓密度的倍半效应，同时说明了个体生长量最大时的密度状况。由这种关系构成的曲线，称为最大密度曲线。

对于上述由指数式表示的密度效应［式（3.3）和式（3.5）］，分别代表单株重量或材积和单位面积蓄积量随密度变化的规律。模型参数 $a$ 随林分竞争状态而变，又称作竞争密度指数。当 $a = 0$ 时，林木生长无竞争，其单株材积也不随密度而变化；当 $a = 1$ 时，林木间竞争激烈并产生分化，林分单位面积蓄积量趋于恒定常数 $k$。所以，在一定的竞争林分状态下，平均单株材积随密度的增加而变小，而且竞争越激烈，幂指数的绝对值越大，平均单株材积收敛于零的速度越快（图 3.1）；而单位面积蓄积量则随密度增加而不断增大，并且随着林木程度地加大引起幂指数绝对值更加减小，单位面积蓄积量收敛于恒定值 $k$ 的速度越慢（图 3.2）。

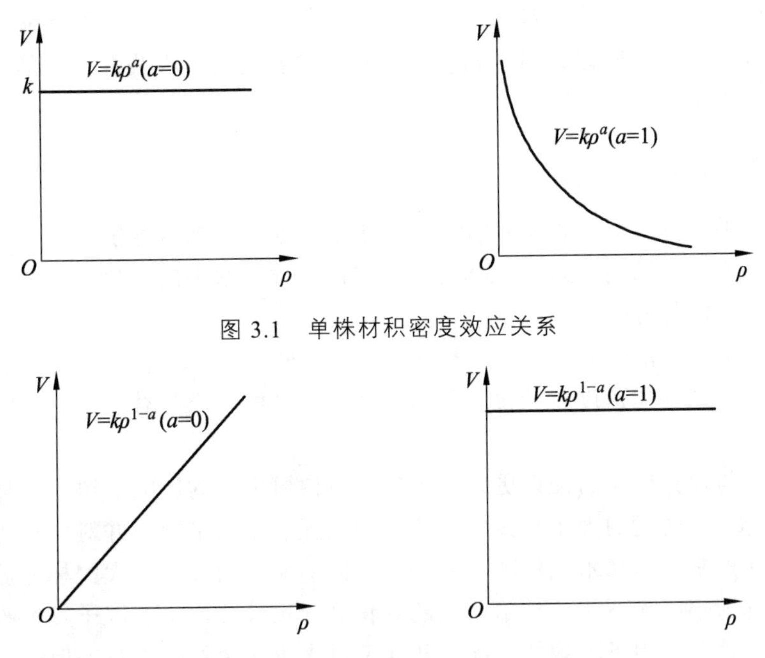


图 3.1　单株材积密度效应关系

图 3.2　单位面积蓄积量密度效应关系

由倒数式表示的密度效应［式（3.4）或式（3.6）］，分别说明了平均单株材积或重量和单位面积蓄积量随密度变化的规律，即在相同林分生长阶段上，平均单株材积随密度的增加而减小，并有不断趋向零的规律；而单位面积蓄积量则随密度的增加而增大，并表现最终收敛于恒定值 $1/A$ 的规律。在直角坐标系中，倒数式密度效应均呈双曲线形式（图 3.3）。

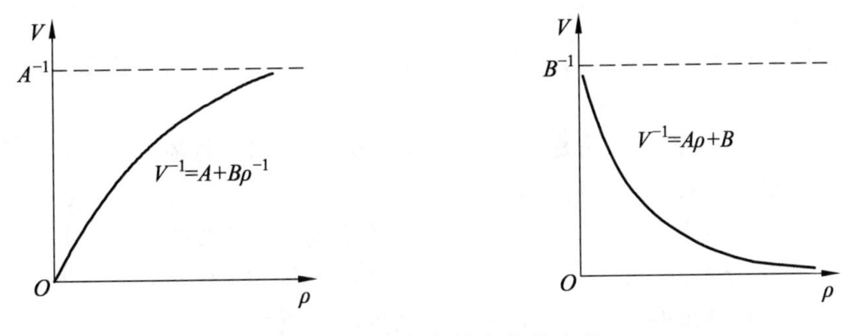


图 3.3　倒数密度效应曲线变化

在林分生长发育过程中，生物量随密度的增加而增大，当密度增大到一定阈限时，生物量就稳定在一定水平。对于任何密度的林分，最终生物产量变化不大且基本趋于一致，即所谓收获密度效果理论。y-D 效果能较好地说明这种理论，即当相对密度非常大时，倒数式（3.6）为 $B/\rho \to 0$，$y \to 1/A$ 趋向恒定值；指数式（3.5）式为 $a \to 1$，$y \to k$ 也趋向恒定值，均表现最终收获量的固定状态。无论任何形式表现的收获量密度效果（指数式或倒数式），最终阶段都与密度无关，而受最大密度线（自然稀疏线）的自行控制。即使在同一生长阶段，虽然密度较大的一方有较大的收获量，但单株材积却不如密度小的一方大。

3．密度的作用特点

造林密度随着林分的生长发育过程，对于郁闭成林、林木竞争分化、生长发育优劣均产生重大影响，从而导致人工林速生、丰产、优质水平的变化。

（1）造林密度与林分郁闭。

造林密度（初植密度）越大，树木的树冠投影面积越大，林分郁闭得越快；反之，造林密度小、林分郁闭速度就较慢。所以，造林密度的大小与林分郁闭时间的早晚成反比关系。

造林密度与林分郁闭的关系更多地表现在对树冠生长的影响。树冠是林木间发生联系最早的部分，密度的大小直接影响树冠间相互联系的早晚，并对树冠的生长产生较大影响。一般来说，林木冠幅随密度的增加而递减，而且密度大的林分冠幅生长衰退较早，平均冠幅明显下降。林木冠幅的变化又导致林分内生态因子发生改变，造成光照、水分、养分等因子不均衡分配，从而反过来影响树冠的生长。但是，密度变化对冠幅的影响，在经过一定年限以后，就维持在一个较稳定的水平上，一般变化不大。

林分郁闭标志着成林的开始，并已初步具备了森林环境，有一定的自我保护能力（抗性），稳定性增强。通过调节造林密度，使林分适时郁闭，能够有效地抑制杂草侵入，控制侧枝发育以利于自然整枝，促进林木生长发育。当然，密度调节还应考虑造林地立地条件，环境恶劣、立地条件较差时，适当加大密度以促进林分尽快郁闭，提高抗性和稳定性，有益于生长发育；反之，则可适当降低造林密度，经营大径级材。

（2）造林密度与林木生长发育。

造林密度对林木生长发育的影响，主要通过林木胸径、树高生长以及地下部分根系的生长状况来衡量。

① 密度对胸径生长的作用是通过对冠幅的影响产生的。冠幅生长与胸径生长的关系十分紧密，相关系数一般可达 0.8～0.9。王斌瑞等（1987）对山西吉县残塬沟壑区刺槐林的密度研究表明，林木冠径与胸径的关系呈显著的直线正相关，并在此基础上确立了密度变化与胸径生长的关系为，$N = -331.28 + 15\,646.79D^{-1}$，相关系数 $r = 0.994\,6$。产生这种结果的主要原因是，由于密度不同改变了林木冠幅大小，而冠幅的大小决定了林木光合作用面积，林木冠幅越大，光合作用面积越大，物质积蓄越多，胸径生长差异也逐渐平稳下来，并维持在一定水平。

② 密度与树高生长的关系比较复杂，还没有形成统一的认识，特别是由于研究地

区的立地条件，研究树种的密度范围以及林木年龄条件彼此各不相同，还没有统一的结论，需进一步研究探索。

更多的研究成果表明，幼林阶段相对较密的林分平均高较稀疏林分平均高有增加的趋势。因为密度较大的林分，侧枝生长受到抑制，并且多数枝条因在光补偿点以下而枯萎，故促进主干高生长。同时，密植林分的个体间产生对光照条件的激烈竞争，出现向上生长的趋势，即所谓“越密越高趋势”。但在成林阶段以后，较密林分中的植株个体随着年龄的增长，对于光照、水分、养分等生活因子的竞争力加强，彼此间的限制性作用不断增大，高生长受到阻碍而达不到应有的高度。与较稀林分相比较，由于其个体生长发育有较大的营养空间，能够得到充足均一的光照，水分、养分条件也较优越，林木高生长表现增加的趋势。所以，随着年龄的增加，平均树高有一种随密度加大而减小的趋势。

事实上，密度对高生长的影响，较之对冠幅、胸径生长的影响程度低得多。据苏联对欧洲松人工林的研究结论表明，密度与高生长的相关程度较低（$r = 0.625 \sim 0.81$），而密度与胸径生长的相关程度却较高（$r = 0.823 \sim 0.915$）。我国许多研究成果也表明，密度与胸径生长相关系数达到 0.9 以上。

③ 不同林分密度对根系的生长也产生较大影响。林木根系的正常生长依赖于地上部分的良好生长发育，而地上部分由于密度变化引起的生长变化，势必影响地下根系的生长。许多试验研究表明，密度较大的林分，林木根系的水平分布范围减小，根系分布深度变浅，并且各级根系交叉密集，相互间盘根错节，伸展方向混杂，根量显著减小。密度对根系的影响具有随密度的增加而生长递减的趋势。这种趋势进一步发展，就会影响根系对水分、养分的吸收，造成地上部分营养不良，生长发育受抑制。

（3）造林密度与材积生长。

材积生长通常以单株材积生长量和单位面积蓄积量来反映。不同密度的材积生长量，随生长发育阶段的不同而异。

密度对单株材积的影响，在林分生长初期并不明显，个体发育均有足够的营养空间，彼此间几乎看不到竞争的迹象。随着林龄的增加，树木间生存竞争逐渐加剧，进而产生分化，高矮粗细不均，并出现随密度增加单株材积呈递减规律的变化，而且年龄越大递减程度越大（图 3.4）。单株材积大小取决于树高、胸径和形数 3 个指标，而密度对胸径的影响最大，所以，密度对材积的影响也大。

密度对单位面积蓄积量的影响作用较大。一般来讲，单位面积蓄积量受两个因素支配（$M = NV$），即单株材积（$V$）和单位面积上的株数（$N$），二者在不同的林分生长发育阶段，对蓄积量的影响程度各有不同。幼林期，单位面积株数对蓄积量起决定性作用，即密度越大蓄积量越大，但达到一定的密度条件后就稳定下来。在成林阶段以后，林分单株平均材积对蓄积量的影响会逐步取代单位面积株数而上升到主导地位，使得较稀林分的蓄积量逐渐赶上或超过较密林分的蓄积量，呈现密植林分蓄积量较小、稀植林分蓄积量较大的规律（表 3.4）。

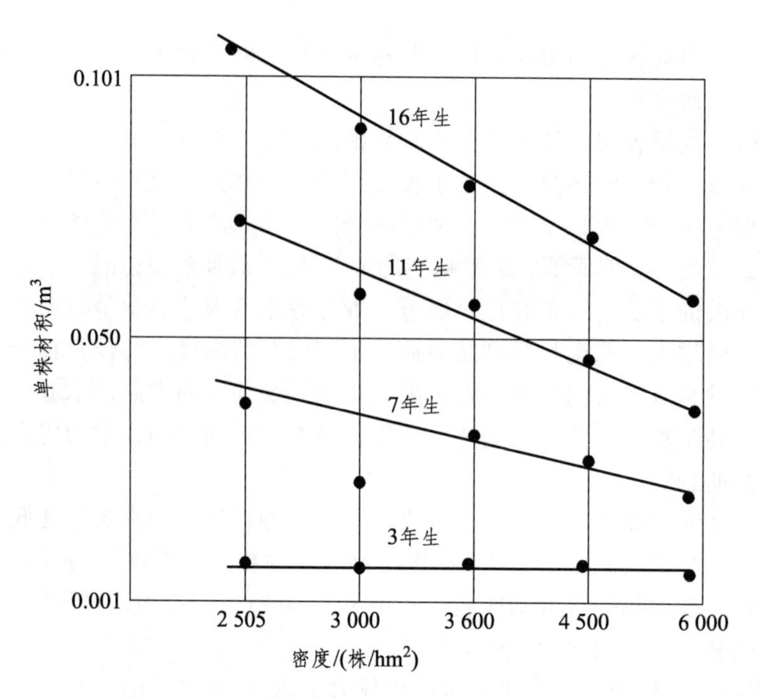


图 3.4　不同密度林分平均单株材积的阶段变化

表 3.4　不同造林密度的加拿大杨蓄积量生长

| 株行距/（m×m） | 1年生 | | 4年生 | | | 7年生 | | | 10年生 | | |
|---|---|---|---|---|---|---|---|---|---|---|---|
| | 平均高/m | 平均胸径/cm | 平均高/m | 平均胸径/cm | 蓄积量/m³ | 平均高/m | 平均胸径/cm | 蓄积量/m³ | 平均高/m | 平均胸径/cm | 蓄积量/m³ |
| 1×1 | 3.46 | 2.3 | 8.66 | 5.8 | 120.19 | 11.80 | 10.1 | 179.55 | 18.4 | 15.0 | 379.55 |
| 1.5×1.5 | 3.05 | 2.2 | 10.67 | 8.4 | 100.60 | 14.48 | 11.5 | 180.10 | 17.0 | 15.3 | 218.97 |
| 2×2 | 2.66 | 2.0 | 10.72 | 9.0 | 78.75 | 15.41 | 12.6 | 125.35 | 18.7 | 19.2 | 197.39 |
| 3×3 | 2.50 | 1.9 | 11.71 | 12.2 | 77.78 | 16.78 | 16.8 | 177.76 | 19.1 | 19.5 | 266.64 |
| 4×4 | 2.13 | 1.5 | 10.93 | 12.4 | 43.75 | 16.84 | 19.8 | 150.00 | 23.4 | 24.9 | 256.25 |
| 5×5 | 2.26 | 1.8 | 10.68 | 13.6 | 40.00 | 16.06 | 24.0 | 148.00 | 25.5 | 31.7 | 296.00 |

由表 3.4 可知，造林密度对生物量的影响与前述相同，即密度对最终生物产量的影响不显著。

（4）造林密度与材质。

造林密度对林木材质的影响较大，在密度较小的林分中，光照充足、侧枝发达、冠幅大，但其材质较差、节疤较多、林木尖削度大；如果林分密度过大，虽然林木尖削度不大，但胸径生长受抑制，影响材积生长量。要想获得通直、圆满、产量高的木材必须有适宜的林分密度。由于密度变化可使林木高径生长发生相应的改变，故应通过不断调节密度来控制高径比，以获得不同规格的木材。

### 3.4.2　密度确定依据与方法

1．确定造林密度的依据

密度对林木生长发育的作用规律，是确定造林密度的主要依据。由于这种规律对树种特性、立地条件、经营条件乃至经营目的都有影响，所以，在确定造林密度时，必须考虑这些条件。现分述如下：

（1）树种特性。

不同树种有不同的生物生态学特性，有的树种生长较快，有的树种生长较慢；有的树种前期生长慢，而后期生长快，有的树种前期生长快，而后期生长慢；同时，树种间在耐旱、喜光、耐荫、喜湿等生态适应性上各不相同。这些问题都程度不同地影响造林密度的确定。

一般情况下，速生树种（如杨树类）造林密度可小些，慢生树种造林密度可大些。喜光树种生长迅速、郁闭快、需光量强，可适当稀植；耐荫树种生长较慢、成林晚、需光量弱，可适当密植。树冠小、干形好、自然整枝力强的树种，造林密度可小些；冠形大、主干不强的树种，造林密度可大些。

（2）立地条件。

良好的立地条件能够提供充足的营养环境，林木生存需要的水、肥、气、热、光照等条件较为优越，林分生长比较快，造林密度可适当小些；立地条件差的林地，生存环境恶劣，林木生长比较慢，造林密度可适当增大一些。若在好的立地条件下立木过密，会使林木生长不良，立地条件差的林地立木过稀也会影响产量。所以，必须针对具体的立地条件状况，综合考虑确定合理的造林密度。

（3）造林目的。

造林目的一经确定，所经营的林种或树种也相应地确定下来。不同林种和树种所对应的林分的结构和密度也不同。

培育用材林是为了获取木材，要求生长迅速、材积生长量高。因此，必须保证林木个体有良好的生活条件，密度应适当小些。另外，还应根据材种的不同要求，相应地调节造林密度。如培育中、小径级材种，应适当密植；培育大径级材，应稀植。还可根据不同径级材种的要求，通过间伐方式调节林分密度。

对于培育防护林，由于防护的目的和对象不同，其造林密度也有所不同。如农田防护林以提高和扩大有效防护范围为目的，要求林带结构多呈疏透状态，造林密度相对小些；水土保持林和防风固沙林是以防止水土流失、控制风沙危害为目的，要求地面覆盖率较大，造林密度应大一些。水土保持林在立地条件良好的情况下密度宜大；固沙林要求密植，但受极端因子限制；农田防护林以防风效果为依据，密度应与透风系数一致；径流泥沙控制林带应密植。

（4）经营与技术条件。

经营条件与造林密度关系密切。所谓经营条件即是造林地区的经济条件和技术条件，这类条件的好坏，有时也会影响造林密度的确定。如在交通不便、劳力缺乏、技术条件差的地区，造林密度可相应小些。在交通条件较好、经济条件优越、集约经营程度较高的地区，造林密度可适当大些，通过适时抚育间伐获取不同径阶的用材。

2．确定造林密度的方法

（1）初植密度的确定方法。

初植密度的确定，在综合考虑上述原则的基础上，还要考虑苗木在林地上的配置形式、苗木生长与今后发展变化的相互关系，以及林分所需的经营密度。客观上，要保证苗木能够正常成活和生长发育，适时地进入郁闭状态。

① 按不同配置形式确定造林密度。造林初植密度往往与种植点的配置形式有密切关系，不同的配置形式有不同的株行距，因此在单位面积上就有不同的株数。生产中经常采用的配置形式有正方形、长方形、三角形及植生组（群丛状）等。各种形式的种植点数，可依据表 3.5 中所列公式进行计算。

表 3.5　单位面积种植点数量的计算公式

| 配置方式 | 正方形 | 长方形 | 正三角形 | 说　明 |
| --- | --- | --- | --- | --- |
| 计算公式 | $N=\dfrac{s}{a^2}$ | $N=\dfrac{s}{ab}$ | $N=s/0.866a^2=1.155\times s/a^2$ | $N$——株数　$s$——面积<br>$a$——株距　$b$——行距 |

② 按经营目的确定造林密度。这种方法适用于立地条件较优越的地区，所培育树种多为速生型，林分生长郁闭较快，轮伐期短。如杨树速生用材林的培育，造林株行距可采用 1 m×2 m、2 m×2 m、2 m×3 m、3 m×3 m 等规格。由于株行距较大，造林初期林地显得空旷，故应间种绿肥和牧草，有条件的地区应进行灌溉、施肥，加速林木成材。用此法确定造林密度还适宜于经济林、城镇绿化、农田防护林等林种。

（2）成林密度的确定方法。

林分郁闭后，需对密度进行调节，以满足经营密度的要求，促进林木良好生长，提高产量和质量。因此，必须合理地确定林分密度。

① 按林木营养面积推算林分密度。林木营养面积大小一般与林木冠幅大小相联系，适宜的冠幅面积（垂直投影面积）代表林木生长发育所占的养分空间。近年来，出现许多以数量化方法探讨林分密度与营养面积间的相互关系，苏联在研究欧洲松年龄与适宜营养面积的关系时，得出二者的数量关系式为

$$S=4.48-0.129A+0.002\,95A^2 \tag{3.9}$$

式中　$S$——营养面积（$m^2$）；

$A$——年龄（a）。

我国一些地区在研究人工林密度与胸径、冠幅面积关系时，提出并建立了许多有实用价值的数学模型，如

$$\mathrm{CW}=D/(2.861\,7-0.034\,98D)\text{（杉木，}r=0.98\text{）} \tag{3.10}$$

式中 CW——各径级平均树冠面积（$m^2$）；

$D$——胸径变量（cm）。

$$y = 0.953\ 3 + 0.118x + 0.001\ 3x^2（落叶松） \quad (3.11)$$

式中 $y$——冠径（cm）；

$x$——胸径（cm）。

由上述公式确定的冠幅与胸径间关系的理论值，可为各径级林分密度的合理性提供依据，配合径级合理密度表，用以确定林分生长发育各阶段适宜的密度。

王斌瑞等（1987）在山西黄土沟壑区，对刺槐林进行密度研究，根据冠幅与胸径间的相互关系，找出胸径与密度的关系模型为

$$N = -331.28 + 15\ 646.79D^{-1}（r = 0.994\ 6） \quad (3.12)$$

依据式（3.12）编制出不同郁闭状态下林分各径级理论密度与合理密度表（表3.6），为林分生长发育各阶段的密度管理提供依据。

表3.6 刺槐林合理密度　　单位：株/$hm^2$

| 径阶/cm | 理论密度 | 郁闭度0.6 | | 郁闭度0.7 | | 郁闭度0.8 | |
|---|---|---|---|---|---|---|---|
| | | 平均 | 范围 | 平均 | 范围 | 平均 | 范围 |
| 4 | 3 580 | 2 148 | 2 041～2 255 | 2 506 | 2 381～2 631 | 2 864 | 2 722～3 006 |
| 5 | 2 798 | 1 679 | 1 572～1 786 | 1 959 | 1 834～2 084 | 2 238 | 2 096～2 380 |
| 6 | 2 277 | 1 366 | 1 259～1 473 | 1 594 | 1 489～1 719 | 1 822 | 1 680～1 964 |
| 7 | 1 904 | 1 142 | 1 035～1 249 | 1 333 | 1 208～1 458 | 1 523 | 1 381～1 665 |
| 8 | 1 625 | 975 | 868～1 082 | 1 138 | 1 013～1 263 | 1 300 | 1 158～1 442 |
| 9 | 1 407 | 844 | 737～951 | 985 | 860～1 110 | 1 126 | 984～1 268 |
| 10 | 1 233 | 740 | 633～847 | 863 | 738～988 | 986 | 844～1 128 |
| 11 | 1 091 | 6 551 | 548～762 | 764 | 639～889 | 873 | 731～1 015 |
| 12 | 9 731 | 584 | 477～691 | 681 | 556～806 | 778 | 636～920 |
| 13 | 8 721 | 523 | 416～630 | 610 | 485～735 | 698 | 556～840 |
| 14 | 786 | 472 | 365～570 | 550 | 425～675 | 629 | 487～771 |
| 15 | 712 | 427 | 320～534 | 498 | 373～623 | 570 | 428～712 |
| 16 | 647 | 388 | 281～495 | 453 | 328～578 | 518 | 376～660 |
| 17 | 589 | 353 | 246～460 | 412 | 287～537 | 471 | 329～613 |

② 我国在20世纪70年代以后，开始了按照人工林密度控制图确定林分密度控制图的研究和制定，它是根据密度对林分生长各变量间的变化规律，应用数学分析和数理统计的方法，建立各类密度效应的数学模型并使其反映在直观的图像上，用来确定

造林密度、生长预测、定量间伐以及划分经营类型的依据。

尹泰龙等（1979）根据吉林中东部地区人工落叶松林的密度，在密度和蓄积量间构成的坐标系中，研制出由等树高线、等直径线、最大密度线、等疏密度线以及自然稀疏线组成的密度控制图（图 3.5）。该图能够较好地表达林分生长和密度间的数量变化关系。由图 3.5 曲线变化的关系，可以根据所要求的疏密度状况、林木平均直径、平均树高或林分蓄积量等，确定相应的林分密度，也可作为造林初植密度的参考依据。

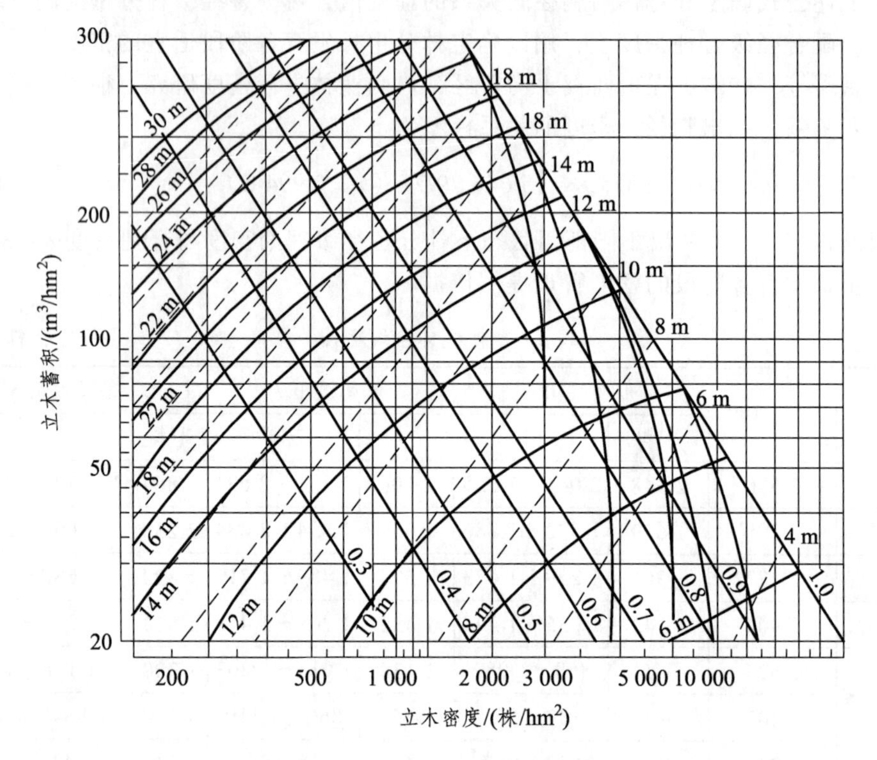


图 3.5　人工落叶松林密度控制图

### 3.4.3　种植点配置

人工林中种植点的配置，是指种植点在造林地上的间距及其排列方式，它是与造林密度相联系的。相同的造林密度可以由不同的配置方式来体现，因而具有不同的生物学意义及经济学意义。一般将种植点配置方式分为行状配置和群状（簇式）配置两大类。在天然林中树木分布也按树种及起源的不同而呈一定的规律性，可以在培育过程中采用干扰措施因势利导达到培育目的。

1. 行状配置

行状配置是单株（穴）分散有序地排列为行状的一种方式。采用这种配置方式能充分利用林地空间，树冠和根系发育较为均匀，有利于速生丰产，便于机械化造林及抚育管理施工操作。行状配置又可分为正方形、长方形、品字形、正三角形等配置方式。

（1）正方形配置。

正方形配置，行距和株距相等，相邻株连线呈正方形。这种方式分布比较均匀，具有一切行状配置的典型特点，是营造用材林、经济林较为常用的配置方式。

（2）长方形配置。

长方形配置，行距大于株距，相邻株连线呈长方形。这种配置方式在均匀程度上不如正方形，但有利于行内提前郁闭及行间进行机械化中耕除草，在林区还有利于在行间更新天然阔叶树。长方形配置的行距和株距之比一般小于 2，但在有的地方为了更有利于机械化中耕和抚育间伐集材，把行距和株距之比扩大到 2 以上，如德国的云杉造林及我国的桉树林均采用这种形式。

（3）品字形配置。

品字形配置强调相邻行的各株的相对位置错开成品字形，行距、株距可以相等，也可以不相等。品字形配置有利于防风固沙及保持水土，也有利于树冠更均匀地发育，是山地和沙区造林中普遍采用的配置方式。

（4）正三角形配置。

正三角形配置是最均匀的配置，要求各相邻植株的株距都相等，行距小于株距，为株距的 0.866 倍（即 sin60°）。正三角形配置方式能在不减少单株营养面积的情况下，增加单位面积上的株数，从而达到高产的目的。据河南农学院 20 世纪 80 年代调查，正三角形配置的泡桐片林，树冠发育均匀，主干上的侧枝分布基本对称，树干断面为圆形，出材率高，各项指标均优于长方形或其他株行距相差较大的配置方式。但这种方式的定点技术较复杂，而且以郁闭分化为特征的林分的单株树冠发育情况，不像几何学那么规整，正三角形配置不一定能显示出更多的优越性。

### 2．群状配置

群状配置也称簇式配置、植生组配置，植株在造林地上呈不均匀的群丛状分布，群内植株密集，但群间距离很大。群状配置的特点，是群内能很早达到郁闭，有利于抵御外界不良环境因子的危害（如极端温度、日灼、干旱、风害、杂草竞争等），随着年龄增长，群内植株明显分化，可间伐利用，一直维持到群间也郁闭成林。

群状配置在利用林地空间方面不如行状配置，所以生长量也不高，但在适应恶劣环境方面有显著优点，故适用于较差的立地条件及幼年较耐荫、生长较慢的树种。在杂灌木竞争较剧烈的地方，用群状配置方式引入针叶树，每公顷 200～400（群），块间允许保留天然更新的珍贵阔叶树种，这是林区人工造林更新中一种行之有效的形成针阔混交林的方法。在华北石质山地营造防护林时，用群状配置方式是形成乔-灌-草结构、防护效益较好林分的主要方法。这种方法也可用于次生林改造。在天然林中，有一些种子颗粒大且幼年较耐荫的树种（如红松）及一些萌蘖更新的树种也常有群团状分布的倾向，这种倾向有利于种群的保存和发展，可加以充分利用并适当引导。

群状配置既有有利方面，也有不利方面。在幼年时，有利作用占主导地位，但到一定年龄阶段后，由于群内过密，光、水、肥的供应紧张，不利作用可能上升为主要矛盾，要求及时定株和间伐。

群状配置可采用多种方法进行，如大穴密播、多穴簇播、块状密植等。群的大小要从环境需要出发，从3～5株到十几株，群的数量一般应相当于主伐时单位面积适宜株数。群的排列可以是规整的，也可随地形及天然植被变化而做不规则的排列。

## 本章小结

本章重点介绍了林木的生长发育规律、适地适树的标准和方法、造林树种选择的原则、混交林理论和林分的密度作用规律。单株树木整个生长曲线呈斜向的“S”形；林木群体在其生长发育过程中要经历幼苗、幼树、幼龄林、中龄林、成熟林和过熟林几个阶段；立地条件类型和立地质量评价是造林的基础性工作；树种选择的主要依据有三点：生态适应性、人的需要、经济因素。适地适树是实现生态学特性和造林地的立地条件相适应，充分发挥生产潜力的基本原则。运用林分的密度作用规律，采用合理的混交技术，是造林成功的关键。

## 思考题

QUIZ

1. 人工林生长发育阶段类型有哪些？
2. 试述立地与立地类型概念。
3. 试述立地类型的划分方法，并对各种方法的优劣提出自己的见解。
4. 适地适树的判别标准有哪些？
5. 简述适地适树的途径和方法有哪几点？
6. 人工林混交方法包括哪些？
7. 什么是合理密度？
8. 一般通过哪些方法确定造林密度？
9. 确定人工造林密度的原则是什么？
10. 常用的种植点的配置方式有哪些？

# 第4章 人工造林技术

造林有广义和狭义两种含义，广义的造林指从林木种子开始到林木达到成熟利用为止的全部培育过程，狭义的造林指按照一定的方案用人工种植的方法营造森林达到郁闭成林的生产过程。本章主要内容属于狭义的造林范畴。人工林具有树种合理选定、种苗经过选择、密度配置均匀、林地环境受控等不同于天然林形成过程的一些特点，具有比天然林更速生丰产的潜力。人工林按其经营的主要目的的不同，区分为不同的林种（用材林、经济林、防护林、薪炭林和特种用途林等）。扩大造林数量，提高造林质量，是我国林业生产的主要任务，特别是造林质量问题，已成为当前影响我国林业生产成效的主要问题。本章通过人工林整地技术的探讨，要求掌握人工林造林技术及方法，重点突出人工林经营基础理论的学习。

## 4.1 整地技术

### 4.1.1 整地的作用

整地是在造林前改善造林地环境条件的一道主要工序。通过整地，可以改善造林的立地条件、清除灌木、杂草和采伐剩余物。在造林前后的一段时间里，增加直接投射到地面的透光度，还可以改变小地形，使透光度增加或减少。整地清除了地表植被，增加透光度，因而在白天地表层的温度要比有植被覆盖时上升得快，整地后改变了土壤物理性质，使土壤温度状况发生变化。因而，能提高造林成活率及使幼林的生长情况显著改善。整地还能保持水土、减少土壤侵蚀，同时也有利于造林施工，提高造林质量。

整地是造林的基础，是人工林培育技术措施的重要组成部分，在当前的技术经济条件下，也是唯一被广泛应用、效果长远的措施。通过整地，改变了造林地局部小地形，也改变了种植点附近的光照时间和强度，并在一定程度上改变了温度、水分等小气候因子。通过提前整地，有效地改变了土壤的理化性质，增强了土壤蓄水、保土、保肥能力，提高了土壤的通气性，有利于土壤微生物的活动，加速有机物的分解，使更多的土壤养分处于可利用状态。通过整地，表土回填，使种植坑（沟）内土层加厚，为幼树的成活及生长创造了有利的条件，从而提高了造林质量。

### 4.1.2 整地的方法

整地的方法分为全面整地和局部整地。局部整地又分为带状整地和块状整地。全面整地是翻垦造林地全部土壤，主要用于平坦地区。局部整地是翻垦造林地部分土壤的整地方式，包括带状整地和块状整地。带状整地是呈长条状翻垦造林地的土壤，在山地带状整地方法有水平带状整地、水平阶、水平沟、反坡梯田和撩壕等，平坦地的整地方法有犁沟、带状和高垄等。块状整地是呈块状的翻垦造林地的整地方法，山地应用的块状整地方法有穴状、块状和鱼鳞坑整地，平原应用块状整地的方法有坑状、块状和高台等。

1．全面整地

全面整地是全面翻垦造林地的整地方法。全面整地可用于平原地区，主要是草原、草地、盐碱地及无风蚀危险的固定沙地。全面整地也可在限定的条件下用于石质山地和黄土高原地区。整地时应注意，无论在北方还是南方的山地，全面整地都不宜连成大片，坡面过长时，山顶、山腰、山脚应适当保留原有植被。

2．局部整地

（1）带状整地。

带状整地是呈条状翻垦造林地土壤的整地方法，改善立地的作用较强。山地带一般沿等高线走向，平原地区一般为南北走向。带的长度依据地形条件、整地的断面形式而定。带状整地主要用于地势平坦或较平整的坡地。带状整地的形式有以下类型。

① 山地。

水平阶：阶面水平，阶外缘培修土埂或无土埂宽度一般为 0.5 ~ 1.5 m，长度一般为 1 ~ 6 m，随地形而定。适用于陡坡、土层较厚的山地。此法适用于 25° 以下的宜林荒山，沿等高线挖成一级一级的小台阶，里切外垫，外培低埂，内侧留沟，阶面宽度 1 ~ 1.5 m，阶间距离 1.5 ~ 2 m，此法省工灵活，且保持水土作用较好水平阶整地适用于土层较薄的石质山地与黄土地区（图 4.1）。

水平沟：断面形成梯形沟，外侧修埋，沟口宽 0.5 ~ 1.0 m，沟宽 0.3 ~ 0.5 m，沟长 4 ~ 6 m。此法适用于坡度 30° 以上，水土流失严重，不宜开挖反坡梯田的宜林荒山。沿等高线开挖水平沟时，外沿用生土修筑上底宽 0.5 m、下底宽 0.8 m、高 0.6 m 的梯形拦水墙，植树沟宽 0.5 ~ 1 m，并深翻 25 cm，表土回填，碎土，拣去杂草石块等。上下台阶中心距保持在 2.5 ~ 3 m，拦水墙必须踩实，拍平表面，沟长视地形而定。为了防止雨水在沟内流动而冲坏土堆，可每隔 10 m 筑一横挡把沟隔成数段（图 4.2）。

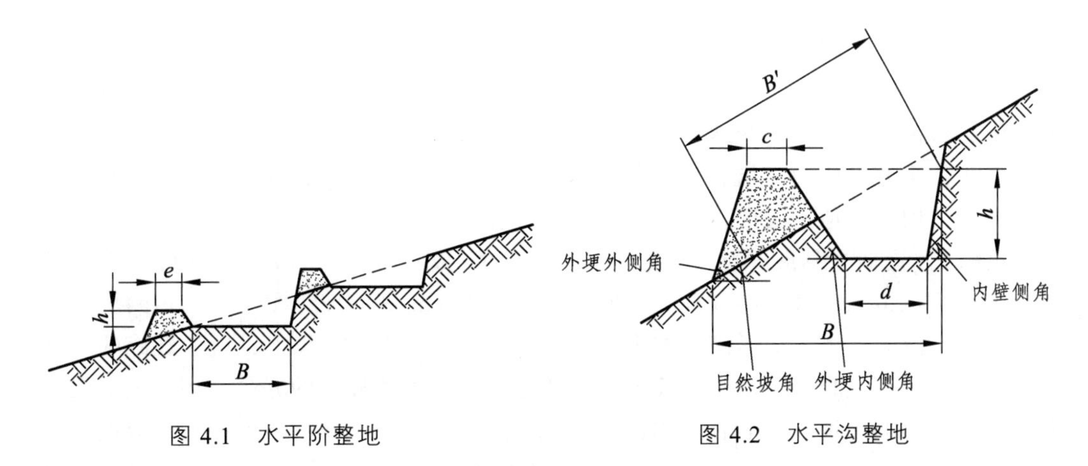


图 4.1　水平阶整地　　　　图 4.2　水平沟整地

反坡梯田：田面向内倾斜 3° ~ 15° 反坡，田面宽 0.5 ~ 2.0 m，长度依据地形而定。适用于黄土地区的中缓坡地形（图 4.3）。

撩壕：宽度为 0.5 m，深度为 0.3 ~ 0.5 m。要挖去心土，回填表土。撩壕整地适用于土层薄、土壤黏重的南方山地（图 4.4）。

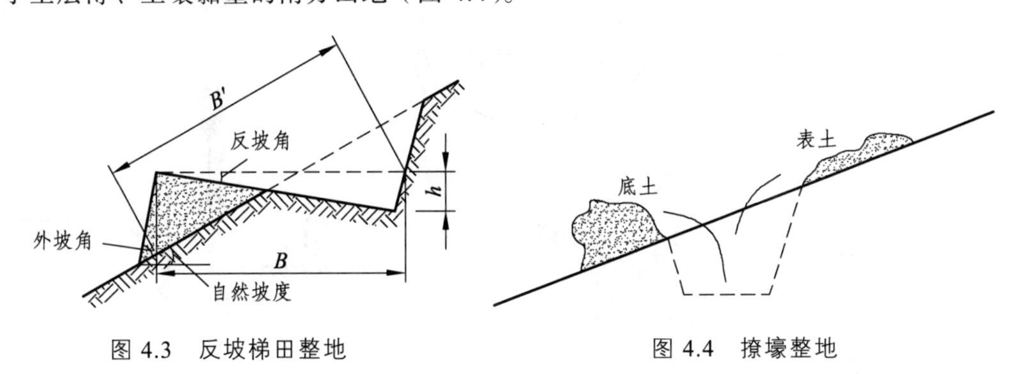


图 4.3　反坡梯田整地　　　　图 4.4　撩壕整地

汇集径流整地：此法适宜 25° 以下，并且坡面比较平整和平缓的宜林荒山。整地规格一般是先挖坑，从山坡顶部“品”字形排列，坑长 1.5 ~ 2 m，宽 0.8 m，深 0.6 m，株距 4 m，行距 3 m（横为株距，纵为行距）。坑的上部左、右角处修筑“八”字形，高 0.4 m 的拦水墙，集水面以扇形为宜，既好看，集水面也比较大，同时铲除集水面上的杂草，铲平筑实，使有限的降雨基本上都流入植树坑内。

② 平原。

带状：连续的条状，带面与地表平，带宽 0.5 ~ 1.0 m，深度 30 ~ 40 cm，长度不限。适用于无风蚀危险的地方，荒地、撂荒地、退化草牧场等。

高垄：连续的条状，垄宽 0.3 ~ 0.7 m，垄高 0.2 ~ 0.3 m，长度不限，垄两侧有排水沟。适用于水分过剩的迹地、草地、盐碱地、水湿地等。

（2）块状整地。

呈块状翻垦造林地土壤的整地方法灵活性大，省工，成本较低。排列方向应当与种植行一致；山地沿等高线，平原呈南北向。适用于山地、平原各种地形，特别是风蚀严重、迹地伐根较多的地方。块状整地的断面形式有以下类型：

穴状：圆形穴坑，穴面与原地面平或成水平面，穴径 0.4 ~ 0.5 m，深度 0.3 ~ 0.6 m，适用于岩石裸露、土层薄的地方。

块状：正方形或矩形坑，坑面保持水平，边长 0.4 ~ 1.0 m，深度 0.4 ~ 1.0 m，外侧修整。适用于山地土层比较厚的地方或经济林。

鱼鳞坑：近似半月形的坑穴，坑面低于原地面，成水平面，一般长径为 0.7 ~ 1.5 m，短径为 0.6 ~ 1.0 m，深 30 ~ 50 cm，外侧有 20 ~ 30 cm 高的坡（图 4.5）。鱼鳞坑整地适用于水土流失严重、地形破碎的山地。此法适应于坡度 30° 以上，地形破碎的宜林荒山。开挖鱼鳞坑时，把挖出的表土存在旁边，再用里切外垫的方法，将生土培在下面围成半圆形的土埂，然后在坑内深翻 25 cm，把表土填入坑内。鱼鳞坑整地规格一般是：坑长 1 m，宽 0.6 m，深 0.6 m，并且分布均匀，呈“品”字形排列，外沿要踩实拍光。

高台：正方形或矩形平台，台面高于原地面，边长为 0.3 ~ 0.5 m，台高 25 ~ 30 cm，一侧有排水沟（图 4.6）。高台整地适用于水分过多的迹地、采伐迹地、盐碱地等地方。

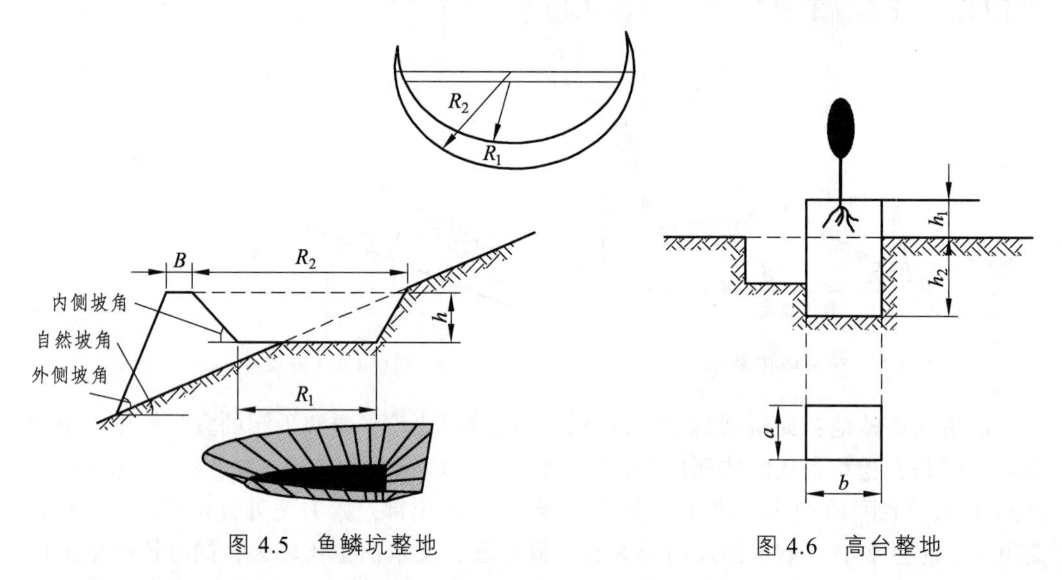


图 4.5　鱼鳞坑整地　　　　图 4.6　高台整地

大坑整地；此法适合在以下两种条件下采用：第一，坡度在 30° 以下的阳坡或半阳坡，草、植被块状分布时，选此处的空闲荒坡进行大坑整地，整地时一定要保护好原有的植被。第二，坡度在 15° 以下干旱多风地区的荒地或撂荒地。大坑整地的一般规格为：坑长 1.5 ~ 2 m，深 0.8 m，宽 0.8 m，形状为长方形，呈“品”字形排列，此法能有效地截水、蓄水保墒，坑内适合栽植乔木树种，坑沿进行播种造林，如柠条等。

3．造林地的整地技术规格

（1）断面形式。

断面形式是指整地时翻垦部分与原地面所构成的断面形式。断面形式依据当地的气候条件、立地条件而定。在水分缺乏的干旱地区，为了收集较多的水分，减少土壤蒸发，翻垦面要低于原地面；在水分过剩的地区，为了排除多余的水分，翻垦面要高于原地面。

（2）深度。

整地深度是指翻垦土壤的深度。在条件允许时应适当增加整地深度。在干旱地区的整地深度要适当大一些，以蓄积更多的水分；在阳坡、低海拔地区整地深度应大一些；土层薄地石质山地应视情况而定；土壤有间层、钙积层、犁底层时整地深度应使其通透。整地深度应考虑苗木根系的大小、经济条件等。

（3）宽度。

树种：根据树种所需要的营养面积大小确定整地的宽度。

坡度：坡度缓可适当地加大整地的宽度；坡度大时整地宽度太大，工程量也大，且坡面不稳定，因此，整地宽度不宜太大。

植被状况：植被生长较高影响苗木的光照时，可以适当加大整地的宽度；否则可以窄一些。

经济条件：整地宽度越大，工程量越多，整地成本越高，在规划设计时应考虑经济条件。

（4）长度。

一般情况下应尽量延长整地的长度，以使种植点能均匀配置。地形破碎，影响施工时长度可适当地小一些，依据地形条件灵活掌握。在使用机械整地时应尽量延长整地的长度。

（5）间距。

间距主要依据造林密度和种植点来确定。山地的带间距主要依据行距确定，要考虑林木发育、水土流失等因素。翻新与未翻新的比例一般不高于1∶1。

### 4.1.3 整地的季节

在适地适树的前提下，细致整地是解决土壤干旱的措施之一，而整地的季节直接关系到土壤含水量的多少，影响着林木的成活率和生长。因此，确定合理的整地季节尤为重要。

选择适宜的整地季节，是提高造林地整地效果、蓄水保墒的重要前提。选择适当的整地季节，可以充分利用外界环境的有利因素，避免不利因素，提高整地质量，减轻整地劳动强度，降低造林成本，促进苗木成活。整地季节与造林时期，要间隔一定时间，但不宜过长或过短。整地后，如土地闲置太久，会引起杂草大量侵入滋生，土壤结构变差，立地条件变坏。整地后，如很快植树造林，则改善立地条件的作用还没达到，整地效果体现不出来，从而影响造林质量。整地适宜的间隔期应为造林前1~2个季节。据陕西省林业科学研究所调查，在早春经过提前整地的土壤含水率为13%~15%，未提前整地的土壤含水率只为7%~8%。

整地的季节在大多数地区为春、夏、秋，依据各地的气候条件而定。

整地季节应在雨季前进行，这样有利于土壤接收较多的大气降水，促使翻入地下的杂草充分分解，提高土壤肥力，同时避免了春季干旱大风造成的风蚀危害和土壤水分损失，促进林木的生长。据辽宁省防护林研究所（1978）在固定沙地上进行的整地试验，整地的间隔期不同，其对土壤含水率的影响也不同，研究结果是春季整地间隔一年造林的土壤含水率最高（表4.1、表4.2）。

表4.1 不同整地季节土壤含水率及林木生长比较

| 整地季节 | 整地日期 | 1957年10月 | | 1958年9月 | 造林成活率/% | 生长情况 | |
|---|---|---|---|---|---|---|---|
| | | 土壤含水率/% | 总降水量/mm | 土壤含水率/% | | 平均高/cm | 平均地径/cm |
| 荒坡对照 | — | 100 | — | 100 | — | — | — |
| 春季 | 1957年5月6～8日 | 150.24 | 340.9 | 134.35 | 94.86 | 49.35 | 0.46 |
| 雨季 | 1957年7月14～16日 | 136.42 | 165.1 | 134.61 | 94.83 | 55.55 | 0.55 |
| 秋季 | 1957年9月28～30日 | 106.67 | 31.1 | 120.12 | 94.30 | 66.65 | 0.59 |

表4.2　不同整地间隔期对土壤含水率的影响

| 试验区 | 土壤年平均含水率/% | 土壤月平均含水率/% | | | | | |
|---|---|---|---|---|---|---|---|
| | | 5月 | 6月 | 7月 | 8月 | 9月 | 10月 |
| 春整间隔春造 | 12.27 | 13.04 | 12.00 | 6.97 | 11.40 | 11.27 | 10.12 |
| 秋整秋造 | 10.41 | 10.41 | 11.30 | 9.88 | 10.35 | — | 8.24 |
| 随整随造 | 8.71 | 8.71 | 10.70 | 8.30 | 6.35 | 8.02 | 6.81 |

1．提前整地（预整地）

整地时间比造林季节提早1～2个季节。提前整地的时间与造林的时间要掌握好，整地太早，根茎性杂草大量侵入导致立地恶化。干旱半干旱地区整地与造林之间应有一个降水季节，以蓄积更多的水分。盐碱地、沼泽地一般要提前一年整地，以使盐分得到充分淋洗，盘结的根系得到分解。选择在雨季整地，土壤紧实度降低，作业省力，工效高。

2．随整随造

随整随造指整地与造林同时进行。一般情况下，这种做法因整地对苗木成活的作用有限，且常因整地不及时影响造林进度，应用得较少。在风蚀比较严重的风沙地、草原、退耕地上可以应用。新采伐迹地上应用效果比较好。

## 4.2 造林技术

造林方法是指将种苗营造到宜林地上的具体方法，按造林材料可分为播种造林、植苗造林和分殖造林；按造林方式可分为人工造林、飞机播种造林和机械造林。

### 4.2.1 人工播种造林

播种造林法，又称直播造林，是将林木种子直接播种在造林地进行造林的方法。播种造林法在中国有悠久历史，北魏贾思勰所著的《齐民要术》中已有记载。现代林业实践中，播种造林的比重虽然不如植苗造林，但在某些自然经济条件下（如地广人稀、交通不便的地区）经常使用。如配以机械或飞机播种，配制预防鸟兽害及促进种子发芽的包衣剂制成种子丸，效果会更好。

播种造林的优点有：种子直接播入土中，可以形成分布自然、舒展匀称的完整根系；幼苗生长地点固定，易于适应造林地的气候、土壤条件；不需育苗，技术简单易行，特别适合某些不易育苗、移植的树种，还可节省投资和劳力。播种造林的缺点有：用种量较大，种源不足时使用受一定限制；一般对土地条件要求比较严格，在干旱、寒冷、风大、灌木杂草多的地方造林不易成功，有时不得不依靠加大播种量、细致整地和加强抚育保护，以换取较高的幼苗保存率；易遭受鸟兽危害、牲畜践踏和人为破坏。播种造林方法对造林立地条件要求较严格，造林后的幼林抚育管理措施要求也较高。

播种造林的适用条件：适合种粒大、发芽容易、种源充足的树种，如栎类、核桃、油茶、油桐和山杏等大粒种子。其要求造林地土壤水分充足，各种灾害性因素较轻，对于边远地区、人烟稀少地区的造林更为适宜。

播种造林可分为人工播种造林和飞机播种造林。播种前的种子处理包括消毒、浸种和催芽等措施，对保证春播，早出芽，增强幼苗抗旱能力，减少鸟兽等危害极为重要。

1．人工播种造林方法

人工播种造林方法主要有条播、块播、穴播和撒播等。

（1）条播。

在全面整地或带状整地上进行单行撒播、点播或带状撒播、点播，适宜于采伐迹地更新和次生林改造，也可用于水土流失地区的山地。

（2）块播。

按一定的地距，在整好地的播种块面上播种，采用条播或点播。块播的大小有30 cm×30 cm，1 m×1 m，2 m×2 m等几种规格。块播适宜于次生林改造、水土流失地区的山地。

（3）穴播。

按一定穴距，在整好地的造林地或未经整地的造林地上挖穴播种，大粒种子可单粒点播，如核桃、山杏、文冠果、栎类等；小粒种子可多粒点播，每穴 5 ~ 10 粒，如花棒、柠条、紫穗槐、落叶松、云杉、油松播种粒数可增至 20 ~ 30 粒。大粒种子播种时宜横放，便于发芽发根。穴播，整地工作量小，施工简便，选点灵活性大，是我国干旱、半干旱区播种造林最广的方法，适宜于草原、山地及沙地。

（4）撒播。

撒播是将种子均匀地撒于地表的播种方法，适宜于沙区绿洲边缘沙地播种造林，利用雨季或人工喷灌促其生根发芽，如毛条、花棒、白沙蒿等。

### 2．播种量

根据树种、种子质量、立地条件、整地的细致程度等确定播种量。每穴的播种粒数一般为：大粒种子如核桃、油桐、板栗、山杏、山桃、油茶等每穴 3 ~ 5 粒；中粒种子如栎类、华山松、红松每穴 4 ~ 6 粒；小粒种子马尾松、云南松、油松、柠条、沙棘等每穴 10 ~ 15 粒。播前最好进行发芽试验，并根据试验结果对播种量加以调整。

### 3．种子处理

播种前的种子处理包括消毒、浸种、催芽和拌种。处理方法与苗圃中种子处理相同。但做何种处理必须根据具体情况而定。一般针叶树种播种前要做好消毒工作。秋季播种造林无须进行浸种和催芽，但春季播种要进行浸种和催芽，有利于种子早发芽、早出土，增加幼苗抗旱能力和越冬能力。此外，鸟兽害严重的地方，播种前要进行药剂拌种。

### 4．覆　土

覆土厚度要根据播种时间、种子大小、土壤水分状况、土壤性质等灵活掌握。一般大粒种子覆土厚度 5 ~ 8 cm，中粒种子 2 ~ 3 cm。秋季播种覆土宜深，春播覆土宜浅。土质黏重，土壤湿度大者，覆土浅些；反之就要厚些。覆土过厚有利保墒，但幼苗顶芽出土困难，长期不能出土，幼芽会霉烂于土中。覆土过浅，土壤干燥，种子很难发芽。因此，掌握正确的覆土厚度是播种造林的重要环节。

### 5．播种季节

我国一年四季都可播种，但不同树种在不同地区的适宜播种季节有明显差别。春季，在湿润地区及海拔较高或纬度较高地带的山地、采伐迹地，水分条件好时可以播种造林；春旱严重的地方，中、小粒种子播种效果较差。雨季播种的具体时间一般根据当地气候特点确定，原则上以保证苗木有一段较长的生长期为宜，以使其能充分木质化，并安全越冬。适于雨季播种造林的树种有限，主要是松树、锦鸡儿和花棒等树种。秋季，许多树木的种实成熟，是播种的良好季节。特别是采种后立即播种，可以减轻种子运输、储藏的繁重劳动。种子在土壤内越冬实际上具有催芽作用，可使翌春发芽早、生长快；但种子留土时间长，易遭鸟兽害，中、小粒种子易被风吹散。

播种造林幼苗根系不受损伤，发育比较完整，播种造林时每个播种点要求播多粒种子，经过自然和人为选择，可以留下较优良的植株，林分质量较高。播种造林的苗木一开始就在造林地上生长，比较适应林地的环境条件，但播种造林易遭鸟兽危害，往往没有植苗造林保存率高，特别是自然条件较差的地方尤为明显。播种造林一般适用于大粒种子的树种，如核桃、油茶、板栗、栎类、山杏、油桐等，也适用于油松、华山松、侧柏、柠条等中小粒种子的树种。

### 4.2.2 植苗造林

植苗造林法，又称栽植造林，是用根系完整的苗木作为造林材料进行造林的方法。植苗造林的特点是苗木带有根系，在正常情况，栽后能较快地恢复机能，适应造林地的环境，顺利成活。在相同的条件下，幼林郁闭早，生长快，成林迅速，林相整齐，并可节省种植材料，适用于绝大多数树种和多种立地条件，尤其是杂草繁茂或干旱、贫瘠的地方。但事先需要培育苗木，育苗花费的时间长、劳力多。植苗造林法受树种和造林地立地条件的限制较少，是应用最广泛的造林方法。植苗造林应用的苗木，主要是播种苗（又称原生苗）、营养繁殖苗和移植苗，有时在采伐迹地上进行人工更新时，可以利用野生苗。近年来，有些地区发展容器苗造林，收到了较好的效果。植苗造林后，苗木能否成活，关键是苗木本身能否维持水分平衡，所以在造林过程中，从苗圃起苗、选苗、分级、包装到运输、假植、造林前修剪，直至定植全过程都要保护苗木不致失水过多。最好是随起苗随栽植，尽量缩短时间，各环节要保持苗根湿润。

#### 1. 苗木栽植前的保护和处理

植苗造林成活的关键在于保持苗木体内的水分平衡。苗木从苗圃地起出后，在分级、处理、包装、运输、造林地假植和栽植取苗等工序中，必须加强保护，以防止苗木失水变干，避免茎、叶、芽的折断和脱落，减少运输中苗木发热、发霉的情况发生。针叶树保护的重点是根系和起苗初期，阔叶树的地上部分和起苗后期，也应给予足够的重视。运至造林地暂时不栽的苗木，应及时选阴湿地方假植，随栽随取，栽入植穴前苗根须浸入带水容器或以湿润物包裹。

为了保持苗木的水分平衡，栽植前应对苗木进行适当处理。地上部分的处理措施有截干、去梢、剪除枝叶、喷洒化学药剂、喷洒蒸腾抑制剂或其他制剂等。地下部分的处理措施有修根、浸水、蘸泥浆、蘸吸水剂和化学药剂、激素蘸根及接种菌根菌等（以上处理措施，主要是针对裸根苗）。当利用容器苗造林时，一般只需苗木保护，特别是防止运输过程中的散坨，而无需进行其他处理。

#### 2. 栽植技术

栽植技术主要包括栽植深度、栽植位置和具体施工要求等。适当的栽植深度应根据树种、气候、土壤条件、造林季节的不同灵活掌握。一般考虑到栽植后穴面土壤会有所下沉，故栽植深度应高于苗木根颈处原土痕 2～3 cm。栽植过浅，根系外露或处于干土层中，苗木易受旱；栽植过深，影响根系呼吸，根部发生二重根，妨碍地上部分苗木的正常生理活动，不利于苗木生长。栽植深度应因地制宜，不可千篇一律。在干旱的条件下应适当深栽，土壤湿润黏重可略浅些，秋季栽植可稍深，雨季略浅；生根能力强的阔叶树可适当深栽，针叶树大多不宜栽植过深，截干苗宜深埋少露。

栽植位置一般在植穴中央，保证苗根有向四周伸展的余地，不致造成窝根。有时把苗木置于穴壁的一侧（山地多为里侧），称为靠壁栽植。靠壁栽植的苗木，其根系贴近未破坏结构的土壤，可得到通过毛细管作用供给的水分。此法多用于栽植针叶树小苗。有时还把苗木栽植在整地（如黄土地区的水平沟整地）破土面的外侧，以充分利用比较肥沃的表土，防止苗木被降雨淹没或被泥土埋覆。

栽植时可先把苗木放入植穴，埋好根系，使其均匀舒展，不窝根，更不能上翘、外露，同时注意保持深度。然后分层覆土，把肥沃湿润土壤填于根际，并分层踏实，使土壤与根系密接，防止干燥空气侵入，保持根系湿润。穴面可视地区不同，整修成小球状或下凹状，以利排水或蓄水。干旱条件下，穴面可再覆一层虚土，或盖上塑料薄膜、植物茎秆、石块等，以减少土壤水分蒸发。栽植容器苗和带土坨大苗时，在防止散坨的前提下，应去掉根系不易穿透的容器。造林时暂时不用的苗木可假植在蔽阴之处。取出备栽的裸根苗应浸泡在水中或用湿物包裹。栽植深度一般稍高于苗木根颈处的土痕，但可根据造林地的气候、土壤状况适当深栽或浅栽。苗木可用手工或机械栽植，平原、草原和沙地适于使用植树机栽植，或用畜力开沟，人工投苗，在山地条件下，一般多用手工栽植。

3．植树季节

在中国，一年四季都可进行植苗造林，但不同地区、不同树种又有各自的适宜季节。春季许多地方气温回升，土壤湿润，树木从休眠状态转入生长，适于大多数树种造林。由于根系开始活动所要求的温度比萌芽活动低，造林的时间应以根系开始活动和土壤解冻的时间为依据。春季造林时间短，不可耽误林时，尤其是干旱地区。雨季降水多，温度高，有利于树木生长，但晴雨不定，蒸发量大，又不利于苗木成活。造林树种宜选蒸腾量较小的针叶树及萌芽力强的阔叶树。雨季造林要准确掌握雨情。秋季气温下降，一些树种落叶或停止生长，造林后苗木根系能够有一定程度的恢复；同时由于时间较长，有利于从容安排生产。冬季北方地冻天寒，不适宜大面积造林。

### 4.2.3 分殖造林

分殖造林是利用树木的营养器官（干、枝、根等）及竹子的地下部分直接栽植的造林方法。分殖造林技术简单，操作容易，成活率较高，幼树初期生长较快，而且在遗传性能上保持母本的优良性状，但造林地的立地条件要求较高，同时分殖造林材料来源，受母树的数量与分布状况的限制。该造林方法只适用于营养器官具有萌芽能力的树种，如松树、杨树、柳树、泡桐和竹类等。分殖造林不需要种子和育苗，能保存母本植株的特性，但因没有现成的根系，故要求较湿润的土壤条件。

由于采用营养器官的部位和栽植方法不同，分殖造林的具体方法有下述5种。

### 1．插条造林

插条造林是以树木的枝条作插穗，直接扦插到造林地上的方法。插条造林的关键是插穗的选取，一般宜采用中、壮年优良母树上1～2年生枝条或1～2年生的苗干。某些树种如杉木，则用根桩或根部萌发的1～2年生的枝条为宜。针叶树种的插穗应带顶芽，插穗的长度一般要求30～70 cm。干旱沙地必须深插，要求较长的插穗，地下水位较高，立地条件较好的造林地可浅插，插穗可短些。采集插穗在秋季生长停止以后到春季萌发以前进行，有时也可随采随插。为提高成活率，在干旱地区宜对插穗进行浸水处理，在湿润地区插穗保藏中也要注意使插穗内部有足够的水分。扦插前细致整地，使土壤保持疏松、通气、湿润状态，以利插穗愈合生根、成活。插条造林的季节选择对苗木的成活有很大影响，一般以春季或秋季为好。扦插深度视树种而异，常绿树种扦插深度为插穗长度的1/3～1/2，落叶树种在水分条件较好的立地条件下地面上可留5～10 cm，在比较干旱地区可全部插入土中。

### 2．插干造林

插干造林法是利用树木的粗枝、幼树树干和苗干等直接栽植在造林地的造林方法。插干造林主要选取杉木、杨树、杞柳、沙柳等树种，插干造林一般采取2～4年生，直径3～5 cm、长2.5～4 m的通直枝条作为插干，深栽1 m左右。插条造林采取1～3年生，生长健壮、木质化程度高的枝条作为插穗，长30～70 cm、粗2 cm，栽植深度依插穗长度而定，地上只留1～2 cm，每穴植1～2株。为提高成活率，杨、柳等树种造林前，插干和插穗应浸水处理3～6天，可以增加其含水量，增强抗旱能力，提高造林成活率。采集插干和插条的时间，应在秋季树木落叶后至第二年春季发芽以前，造林也以春、秋为主，当时不用的插干插条要挖坑埋藏。

### 3．分根造林

分根造林是用萌芽生根力强的树种（如刺槐、香椿、河北杨和枣树等）的根作为根穗进行造林的方法。分根造林与苗圃中的埋根育苗方法相同，只是所用的根条要长一些、粗一些。一般斜埋于植树穴内，略低于地面，埋好后穴面封土，待发芽时扒去。

### 4．地下茎造林

地下茎造林主要针对竹类，是利用地下茎在土壤中行鞭发笋长竹成林的特点进行分殖造林的方法。地下茎造林的主要技术在于母竹的选择，一般以生长健壮、分枝低矮、枝叶繁茂、竹节正常、无病虫害的1年生/2年生的母竹最好。这类母竹所连竹鞭正处于壮龄（3～5 年生）阶段，鞭色鲜黄、鞭芽饱满、鞭根健全、容易成活。挖掘母竹时必须保留来鞭 20 cm，去鞭 50 cm，带土挖出。地下茎造林法栽植时要深挖浅栽。

5．分蘖造林

分蘖造林主要是利用根系萌发的根蘖苗进行造林的方法，主要适用于杨树、山杨、刺槐、枣树。此法节约劳力、资金；但材料来源少而不能广泛应用。

## 4.3 人工林抚育管理

针对国民经济对林业的总体要求及各省地方国有林区森林资源的特点，当前应着力加强中幼龄林抚育、低效林改造的建设，促进林木生长，提高森林生长量，以最大限度地发挥森林在生态环境保护和建设中的主体作用。人工林的抚育管理，是更新造林成败的重要措施。人工林抚育措施主要是通过除草、松土、修枝、抚育伐等办法，清除挤压目的树种生长的林木与影响幼树生长的灌木,以改善幼林生长条件促其郁闭。人工造林能否成活成林，管理是关键。因此，必须坚持“三分造，七分管，造后就管，一管到底”的原则，使其成活、成林、成材，速生丰产。

### 4.3.1 土壤管理

土壤管理的目的是持续保持土壤生产力，就是运用适当的施肥制度、耕作制度、种植制度和土壤保护制度持续保持土壤肥力（包括养分状况和土壤耕性）并防止水土流失。适当的施肥计划在土壤管理中十分重要，它不但可以维持和提高土壤养分水平，甚至还能维持和改良土壤耕性。土壤耕性的维持和改良主要依靠施用有机肥料来达到，这能维持和提高土壤有机质含量，增加土壤团粒结构。采用深松犁实行少耕或免耕制改革了以往深翻对土壤的全面搅动，使土壤表面保持残茬覆盖和土壤结构，增加了水分的入渗，减少了土壤侵蚀。20 世纪 70 年代和 80 年代从外地引进杨树品种营造了农田防护林，由于这些杨树大多数不适应农场的自然环境，结果是造而不长，或长而不快，或快而不材，形成“小老树”“破肚子杨”“疙瘩杨”。这些林带不但防护效益差，而且经济效益很低。从长远看，为提高防护效益和经济效益，对生长不良的杨树林带应有计划地进行更新改造，以落叶松等优良树种取而代之。改造时根据每条林带的具体情况采取不同的更新技术。

以往考虑采用何种种植制度（连作、轮作、间作套种等）主要基于便于专业化作业和充分利用当地水、热、光照资源，而土壤管理考虑的是适宜的种植制度可以维持和提高土壤肥力，减少病虫草害和增加地表覆盖度，减少土壤侵蚀等多方面的作用。

1．松土除草

松土除草，排除灌木、杂草等对水、肥、光、热的竞争，及杂草根系对幼树根系生长的妨碍，保持土壤水分。

（1）松土除草的作用。

松土除草的作用包括：干旱地区可蓄水，防止蒸发；湿润地区可改善通气状况；盐碱地可减少毛管水上升，除掉树周围的盐碱结皮。

（2）松土除草的时间。

松土除草的时间主要在造林后至林分郁闭这个时期（3～7年），在第一到第三年松土除草措施进行2～3次，在第四年至第五年安排1～2次。松土除草季节主要根据幼树生长规律、水分动态、杂草生长习性而定，一般在幼草刚开始生长、返浆前进行。

（3）松土除草的深度。

松土深度一般在5～20 cm，但要注意不伤害根系，分清土壤性质、季节。我国主要用人力进行人工除草，国外主要采用化学除草方法。化学除草功效快、效果好，但成本较高。

### 2．中　耕

中耕即翻耕，多用于集约经营林，如经济林、速生用材林。地形条件要求平地或缓坡地。中耕方法可以采用机械、人力、爆破等。

### 3．施　肥

林地施肥可以提高土壤肥力，改善幼林营养状况，促使其速生丰产，是促进林木结实的有效措施。人工林通过林分内部的养分循环源源不断地得到养分供应。但许多人工林内枯枝落叶保存不住，林分的光合作用消耗养分过多，再加上土壤自然肥力本身不能满足林木速生丰产的要求，这是培育人工林过程中迫切需要施肥的根本原因。发达国家广泛使用施肥措施来增加土壤肥力，国内尚未全面开展。

林地施肥的特点：第一，林木系多年生植物，施肥应以长效肥料为主。第二，用材林以生长枝叶和木材为主，施肥应以氮肥为主，辅以磷肥、钾肥；经济林以生产果实为主，要增加磷肥比重；在缺磷的南方红壤地区要重视磷肥的施用。第三，林地土壤，尤其是针叶林下的土壤，以酸性居多，有必要加施钙质肥料；有些林地土壤上施用锌、铜、硼等微量元素也有良好效果。第四，林地杂草较多，肥分易于首先被杂草夺取，林地施肥应结合进行除草（包括化学除草）。

施肥制度主要依据树种特性、土壤性质、造林密度、林龄等条件进行确定。施肥主要选择在造林前、全郁闭后和主伐前进行。施肥措施主要应用于经济林、速生丰产林。施肥方法主要有施基肥、追肥、叶面肥等。

### 4．灌　溉

林地灌溉对提高造林成活率，促进幼林生长十分有效，但由于条件限制，林地灌溉只能在较小的范围内使用。在有灌溉条件的地方可以安排灌溉措施。

（1）灌水流量。

灌水流量根据造林地土壤渗透性能、灌沟长度、灌溉定额及灌溉时间而定。

（2）灌水量。

灌水量根据树种、林龄、灌溉季节和土壤条件而定。以土壤含水量保持在相当于田间持水量的 60%～70% 时生长最佳。

（3）灌溉次数。

在干旱区有灌溉条件的情况下力争多灌，在半干旱半湿润地区每年灌溉 2～3 次。灌溉措施的间隔时间以使土壤含水量尽可能接近田间持水量的 60%～70% 为好。

（4）灌溉时间。

灌溉时间的安排主要与林木的生长发育节律相协调，根据不同的生长发育时期适时安排灌溉。

（5）灌溉方法。

灌溉方法较多，主要根据造林地的灌溉条件进行确定，主要方法有漫灌、畦灌、沟灌、滴灌和喷灌等。

### 4.3.2 林分管理

人工林的抚育管理，根据幼林生长发育阶段进行划分，可分为未成林抚育管理和成林抚育管理。未成林抚育是新造幼林郁闭前采取的重要措施，其目的是提高造林成活率和保存率，这一阶段相当重要，能否成活成林，对成材起着重要作用。通常根据树种、树龄、密度和立地条件，采取培土、扩穴、除草、割灌等管理措施，其规划的主要内容有：① 确定不同造林树种在不同条件下的抚育措施；② 确定抚育年限总工作量和平均年度工作量；③ 确定抚育顺序；④ 确定加强抚育管理的措施。通过调查发现，现阶段各林场对造林采取了相应的措施，但也有个别林场造林后，无人管理，使造林幼苗枯死，为了应付检查，只对便于交通、人好走的地方采取了措施，而大面积未采取相应的措施，使造林大面积达不到成材标准，目的树种已成为非目的树种。还有个别林场忽视造林质量，种上苗根本就没有成活，出现年年补植，年年不活的现象。

成林抚育管理是对已经郁闭成林的人工林进行抚育间伐，是从林木郁闭开始，到成熟前整个培育过程中所采取的经营措施，其主要任务是调整林分组成，改善森林环境，提高林分质量，增加单位面积产量，加速林木生长，缩短工艺成熟期，增强森林抵御自然灾害能力，发挥森林的防护作用。根据林木生育的不同阶段，因林制宜，适时地开展抚育间伐，其规划的主要内容有：① 确定不同树种在不同生育阶段的抚育间伐种类、间伐强度和间隔期；② 确定各种抚育间伐的主要技术要求；③ 确定抚育间伐年限，计算抚育间伐总工作量和平均工作量；④ 确定抚育间伐进度和顺序。通常按照林木生长发育阶段，可以分为 4 种类型：① 透光伐，砍去遮蔽主要林木的非目的树种，采伐强度控制在18%左右，间隔期为3～5年；② 除伐，采伐强度为30%～50%，间隔期为4～6年，最后保留1 500～2 000株/hm²；③疏伐，采伐强度为20%～30%，间隔期为5～7年，最后保留1 000～1 500株/hm²；④ 生长伐，采伐强度为10%～20%，间隔期为10～15年，最后保留600～800株/hm²。

### 1．间 苗

（1）间苗对象。

采用播种造林及丛植时，每个种植点内有多株幼树生长，形成植生组。随着年龄增长，多株丛生的有利作用退居次要地位，而个体间的竞争影响生长的不利作用逐渐突出，此时要采取间苗定株的措施，保证其中的优良单株顺利成长。

（2）间苗开始时间。

立地条件好，速生、喜光树种在造林后2～3年，强度大的间苗进行一次即可；立地条件差，慢生、耐荫树种要在造林后4～5年，强度小的，分两次进行间苗。

（3）间苗原则。

间苗过程中要遵循“去劣留优、去小留大”的原则。间苗措施无严格的时间限制，可根据幼林生长状况进行。

### 2．平茬、除草

（1）平茬。

阔叶树、萌蘖力强的针叶树，在生长不良、影响成活率时，去掉地上部分，促使其长出新干或新茎，平茬后从多数萌条中选一健壮枝条作为培育对象。灌木林平茬旨在促使其多发枝条。平茬的时间以树木休眠季节为宜。平茬一般在地表5～10 cm处截断。平茬适用于萌蘖力强的树种，如泡桐、杨树、刺槐、桉树、苦楝、紫穗槐等。

（2）除蘖。

一些萌蘖力强的树种（杉木、刺槐等），栽植后常在茎基部发生萌条，萌条影响顶端优势，分散养分利用，这种情况下要及时除掉多余萌蘖条，确保把主干培育成良材。截干造林1～2年必须除蘖。

### 3．除 伐

伐去影响目的树种生长的那些树种，主要用于天然更新林分。

### 4．修 枝

人工修枝，不是调节林木之间的关系，而是在选定地培育木上，适时地将树干下部的枝条除去，以培育无节、少节、良好干形林木的特殊抚育方法。修枝的目的是调节冠幅大小、结构，提高材质。这种措施应用在经济条件允许的地区或某些林种中。人工修枝的效果，与修枝方法是否正确关系很大。修枝方法又因树种特性而不同，不同树种不能用同样的修枝方法，一般遵循量少（一次修枝强度）、次多（不要一次修成）、先死（先修死枝条）、后弱（后修生活衰退的绿枝）的通则。贴近树干 2 cm 高处将枝条去除，留桩太高，易发不定芽，且愈合困难。修树的强度是一个重要问题，不同树种修枝强度不同。在修剪枯枝、弱枝的原则下，修枝强度宜小，但采用整形枝的树种往往修枝强度较大，一般修枝的冠高比为 1∶3～1∶2。喜光速生树种修枝强度高于耐荫慢生树种，幼龄时期保留的冠高比应大于中龄林。修枝的季节适宜在晚秋至早春、树液流动慢时。修枝要注意两点，一是修枝的强度对林木生长有强烈影响，二是修枝主要通过节疤而影响材质。

5．幼林间伐

幼林间伐指幼林郁闭初期，为调节林分种间或种内矛盾，为目的树种创造适宜的营养环境而采取的抚育措施。幼林间伐的强度以轻度多次间伐为宜。幼林间伐的方式可以采用隔株间伐、隔行间伐、随机间伐等。要注意的是，任何间伐，都应将病株或严重生长不良、无发展前途的植株伐去。人工林在抚育时应注意以下几点：① 保留的伴生树种高度应低于目的树种；② 在抚育时要注意保护好目的树种，特别是针叶幼林不能损伤顶芽；③ 被压严重的幼林要采取逐渐透光的办法，防止因环境的突然改变而造成幼树死亡。

## 4.4 高原常见树种造林技术

### 4.4.1 藏川杨（*Populus szechuanica Schneid var.tibeticaSchneid*）

藏川杨属杨柳科杨属植物，在杨树的研究中被列入青杨派，是一种生长快、寿命长、干形通直、材质好、适应性强的高大乔木树种，分布于拉萨、林芝、日喀则、山南等地区，生于海拔 2 700～4 100 m，被广泛用来防风固沙、用作建材和薪材。

1．生态特征

叶初时两面有短柔毛，后仅沿脉有柔毛或近光滑，微具棱的小枝，芽和叶柄均有短柔毛，可与川杨原变种区别。

2．造林技术

育苗：主要是扦插育苗，藏川杨插条生根容易，扦插技术简易。培育壮苗应注意以下几点：

插穗采集：种条以 1 年生扦插苗干为宜，幼壮母树的树干下部的 1～2 年生的萌发条和树冠中上部 1～3 年生的枝条也可以使用。插穗以长 15～20 cm，粗 0.8～1.5 cm，带有生长环（上年与次年生长连接处）的成活多、生长好。春季育苗时，可随采随插。也可在秋季落叶后采集，窖埋贮藏，次年扦插。

插穗处理：插前，用水浸泡 2 ~ 3 d，使插穗含水率保持在 55% 以上。切忌风吹日晒。

扦插日期：春季以早插为好，地解冻 20 cm 时，即可扦插。西藏大部分地区以 3 月下旬至 4 月上旬为宜。

扦插技术：育苗地要深翻细整，把插穗直插土中。扦插深度，以外露 1 ~ 2 芽，高出地面 2 ~ 3 cm 为宜，株行距依培育苗木的大小而定，培育高 2 m 以上的苗木，以 30 cm × 50 cm 为宜，插后踏实，灌水。

管理：1 年生苗，全年灌水 5 ~ 7 次，追肥 2 次，注意松土除草、防治病虫害，及时抹芽、修枝。8 月以后，停止灌水施肥。结冻前，冬灌 1 次。1 年生苗高 1 ~ 2 m，1 ~ 2 年生或 3 年生出圃造林。

#### 3. 造林方法

植苗造林。于“四旁”植树和营造防护林时，多用 2 ~ 3 年生大苗、壮苗。栽植穴依据苗木大小而定，1 ~ 2 年生苗，可用长、宽、深各 50 cm 的栽植穴，3 ~ 4 年生苗的栽植穴可大些，使根系舒展，栽后踏实灌水。

压条造林。一般在卵石滩地上造林采用该方法，其做法按雁翅形排列开沟，沟间距 2 ~ 3 m，沟宽 30 ~ 45 cm，深 50 cm，条长 50 ~ 80 cm，以距株距 60 ~ 80 cm 压入沟内。填细土，踏实，灌水。无论哪种造林方法，都要使表土归坑。在薄土层地带，坑内填细土或客土造林，促进林木健壮生长。

造林季节：在国内大部分地区，以春季造林为宜，一般在地解冻后开始，也可在雨季进行造林。

整地方式：平坦地造林，以穴状整地为主，坡地以鱼鳞坑整地为主。

造林密度：密度大小，由环境条件、培育目的及造林类型等决定，以单行植树株距 3 ~ 5 m 为宜。成片造林的密度不宜过大，一般株行距为 3 m × 4 m 为宜。立地条件差的情况下，适当稀植，采用混交，以期早郁闭，增加林木群体的抵抗力。随着林木的生长，及时间伐，促进林木生长。

#### 4. 抚育管理

灌水、施肥和中耕：有条件的地方，造林时，最好能穴施基肥。有水源能自流灌溉的地方，每年灌水 3 ~ 5 次，可满足藏川杨生长时对水分的需求，实现速效丰产。造林后第 3 年起到郁闭止，最好每年中耕除草几次。

摘芽修枝：插干、压条造林的当年要进行摘芽，第 2 ~ 3 年，可适当剪去生长衰弱和特别强大的枝条，实行修枝定干，修枝强度以能保持树冠占全树高的 1/2 为宜，以后随年龄的增长，可适当降低树冠占树高的比例。一般情况下，5 年生时，可修去一轮侧枝：5 ~ 10 年生时，修去主干上的侧枝 2 ~ 3 轮。

间伐：一般造林后，5 年开始间伐，但郁闭度不足 0.6 的林子应适当推迟。间伐强度按株数计算每次不宜超过20%，每3～5年进行一次；至15年时，每亩保留立木30～50株为宜；20年后可进行主伐。

### 4.4.2 银白杨（*Populus alba*）

银白杨属杨柳科杨属落叶乔木，生长迅速，根系发达，固土能力强，萌蘖力强且材质优良，耐严寒，－40 °C条件下无冻害。耐干旱气候，但不耐湿热，耐贫瘠的轻碱土，但在黏重的土壤中生长不良。抗风、抗病虫害能力强。可作固沙，保土、护岩固堤及荒沙造林。银白杨在拉萨市村镇四周、庭院和缓坡下部较为常见，是西藏农田保护、公路绿化和治理荒沙荒地的主要造林树种之一。

1．形态特征

银白杨高15～30 m，树冠宽阔，树皮白色至灰白色，基部常粗糙。小枝被白绒毛。萌发枝和长枝叶宽卵形，掌状3～5浅裂，长5～10 cm，宽3～8 cm，顶端渐尖，基部楔形、圆形或近心形，幼时两面被毛，后仅背面被毛；短枝叶卵圆形或椭圆形，长4～8 cm，宽2个5 cm。叶缘具不规则齿芽；叶柄与叶片等长或较短，被白绒毛。雄花序长3～6 cm，苞片长约3 mm，雄蕊8～10，花药紫红色；雌花序长5～10 cm，雌蕊具短兵，柱头2裂。蒴果圆锥形，长约5 mm，无毛，2瓣裂。花期4～5月，果期5～6月。我国新疆有野生天然林分布，西北、华北、辽宁南部及西藏等地有栽培，欧洲、北非及亚洲西部、北部也有分布。

2．生态习性

银白杨喜光，不耐荫，耐严寒，－4 °C条件下无冻害。耐干旱气候，但不耐湿热，南方栽培易病虫害，且主干弯曲常呈灌木状。耐贫的轻碱土，耐含盐量在0.4%以下的土壤，但在黏重的土壤中生长不良。深根性，根系发达，固土能力强，根蘖强。抗风、抗病虫害能力强。寿命达90年以上。

3．造林技术

育苗：主要是插条育苗。种条选择与贮藏选用阶段发育年幼、1～2年生光滑、粗壮、饱满、无病虫害的枝条中下部作插穗。种条质量（发育阶段、枝条部位、营养状况等）对愈合、生根、成活、生长关系很大。种条以采自用实生苗优树建立的采条母树区为好；或选用1～2年生的实生苗枝条；大树树干基部的1年生萌芽条或插条苗。这些种条发育阶段较幼、分生能力强、易于愈合生根，成活率高，苗木生长也旺盛。秋季落叶后采条，将种条（平放）与湿沙层积于室外的沟中，最上层盖沙30～40 cm。这样，经过湿沙贮藏越冬，种条处于良好的通气和低温（0～5 °C）条件下，有利于皮层软化和物质转化。春季扦插时，较春采春插、秋采秋插的，成活率提高二至三倍，地径粗20%～30%。同根种条，由于部位不同，其木质化程度、芽的发育状况和种条的粗细差异，对插穗的成活和苗木生长发育影响很大。一般说来，种条中下部的插穗成活率高，生长快。插穗的粗度和长度与营养物质的含量有着密切的关系。一般而言，较粗而长的插穗含有较多的营养物质，有利于成活、生长，但过于粗长，在采集、剪截、扦插等作业中均不便。因此，插穗以粗 1 ~ 2 cm，长 20 ~ 25 cm 为宜。春插前对插穗进行促进生根的处理，包括浸水催根和生长素处理等。采用冷水浸泡、湿沙闷条催根方法处理的银白杨插穗成活率达 80% ~ 90%。在早春将剪好的插穗捆好，放在冷水中浸泡 5 ~ 10 h，使吸足水分，再用湿沙分层覆盖，经 5 ~ 10 d 后扦插。用生根粉处理的插穗，成活率可达 90% 以上。用北京杨作砧木嫁接银白杨，成活率也可达 90% 以上。

育苗地，以选择土壤肥力较高和通气状况良好的砂壤土为好。据调查，沙壤土上银白杨插穗成活率在 74% ~ 76%，而在黏重土壤上扦插成活率仅 47%。如在黏重的圃地育苗，结合整地，增加肥力，提高地温，改良土壤。然后再育苗，对扦插成活率也有显著效果。

4．抚育管理

整地：银白杨造林时一般采用穴状整地。由于银白杨喜光，冠幅较大，生长速度较快，所以初植密度不宜过大，行距 2 ~ 4 m，株距 2 ~ 3 m，以后视情况逐步间伐。银白杨也可采用插干造林和植苗造林，其方法可参照藏川杨。插干造林以沿渠为好。

灌水：银白杨插条育苗对土壤水分条件要求较高，除插后即行灌水，使插穗与土壤密接外，在插穗愈合生根期，应保持田间最大持水量的 60% ~ 70%。苗木速生期，气温高，苗木实在速度迅速，应保持田间最大持水量的 80% 左右。苗木生长后期，生长渐趋下降，土壤水分只需维持苗木生存即可，尽量少灌或不灌，苗木越冬时（11 月初）进行一次冬灌，使苗木安全越冬。

松土除草：每次灌水或雨后，都应松土除草，以达到保墒，提高地温，防止杂草危害的目的，特别在插穗生根阶段，尤需做好这项工作。

施肥：除整地时施入基肥外，在苗木成活稳定，开始加速生长时进行第一次追肥，以后视情况进行追肥，一般不应少于两次。8 月中旬后，不再追肥，以利苗木木质化，安全越冬。

修枝：银白杨苗木侧枝多，生长期间，应及时修枝。修枝过早影响苗木生长，过晚，降低苗木质量。适时修枝摘芽，可提高苗木质量。同时，使被压苗木获得光照，减少病害，加速弱苗生长。

### 4.4.3　左旋柳（*Salix paraplesia Schneid. var.subintegra*）

左旋柳，杨柳科柳属，产于我国西藏东部。这种高原红柳像麻花一样，从根部由左向上旋转生长，倔强有力，它是自然界的杰作，代表着不畏风雪傲然而立的抗争精神。在西藏到处都生长着左旋柳，尤其以布达拉宫后面的龙王潭畔“左旋柳”为最典型，树龄都在千年以上，有着“活着千年不死，死后千年不倒，倒后千年不腐”的美誉。

1．造林技术

育苗：以插条育苗为主，也可用种子繁殖（种子千粒重 0.167 g）。插条育苗方法同银白杨。

造林：造林地一般选在河岸、河漫滩地、沟谷、低湿地、“四旁”地，或地下水位较高的平地、缓坡地，水分条件好的沙丘边缘或沙土地，均可造林。

整地：以穴状整地为主，有条件的地方，开设水渠进行灌溉。

造林方法：主要有插干、插条和植苗造林，各地可因地因苗制宜，选择造林方法。

造林密度：“四旁”绿化大多成行栽植。防护林初植行距为 2 ~ 2.5 m，株距 1.5 ~ 2 m。

造林季节：西藏大部分地区以春季造林为好，但干条应在秋、冬截取埋藏，来春漫水后造林，也可春季截干造林。

2．抚育管理

幼林郁闭前，及时中耕除草，每年修枝一次，防护林要根据不同地区、林带结构以及对防护林效益的要求进行适度间伐。

### 4.4.4 江孜沙棘（*Hippophea gyantsensis*）

江孜沙棘又名醋柳，胡秃子科沙棘属落叶灌木或小乔木，是青藏高原特有的一种广乔生态幅的小乔木，耐寒抗旱，耐土壤贫瘠，根系发达，有根瘤。江孜沙棘为拉萨半干旱河谷地的乡土小乔木树种，也是当地优良的水土保持造林树种，在拉萨河中游墨竹工卡县有大片保存完好的野生江孜沙棘林；主要分布在拉萨河和江孜年楚河的广大河谷流域，分布范围为海拔 3 500 ~ 4 200 m。江孜沙棘具有较高的经济价值，其果实可药食两用，同时，沙棘是一种速生树种，特别适于防风固沙。

1．造林技术

采种：沙棘一般 4 ~ 5 年开始结果，花期 4 月，果熟 9—10 月，果实长期不落，采种期长。采种方法有二：一是果枝剪下后，用石滚子将果实碾过，放清水中浸泡一昼夜，揉去果肉、果皮，再用清水淘洗一遍，除去杂质，晒干贮藏；二是严冬季节，果实结冻时，用棍将果实打落，收集后捣碎果皮，加水搅拌，过滤晒干即可。果实出种率在 10% 左右。

育苗：以播种育苗为主，也可用插条育苗。

（1）播种：沙棘种子小，皮厚而硬，并附油脂状棕色胶膜，妨碍吸水，顶土能力差，幼苗孱弱，育苗应特别注意以下几点：宜选择有灌溉条件的砂壤土用作育苗地，切忌黏重土壤。旱地育苗必需提前深翻整地，做好蓄水保墒。播种前要施肥细翻碎土。春季适时早播。当土层 5 cm 深处温度达 9 ~ 10 °C 时，种子就可以发芽，15 °C 左右时最适宜。一般 4 月初播种为好。春播要做好浸种催芽。用 40 ~ 60 °C 温水浸泡 1 ~ 2 昼夜，再混沙处理，待有 30% ~ 40% 的种子裂嘴时，即可播种。播种前灌足底水，精细整地，种子覆土不能过深，一般 2 ~ 3 cm 即可，条播行距 20 ~ 25 cm。每亩播种量 5 ~ 6 kg。当年间苗一二次。第一次在幼苗长出真叶后拔去病株。第二次在第一次间苗后 12 ~ 20 天，进行定苗，每米留苗 15 ~ 20 株，间苗后要及时灌水松土。

（2）插条育苗：春、秋两季都行，春季于 3 月中旬至 4 月上旬从健壮枝条上剪取插穗，插穗长 20 cm 左右，粗 0.5 ~ 1.0 cm，在流水中浸泡 4 ~ 5 d 后进行扦插。一年生插穗的成活率很低，以 2 ~ 3 年生的为好，成活率可达 98%。

2．栽培技术

种植时间：种植沙棘春秋两季均可。一般春季在 4—5 月上旬，秋季在 10 月中下旬至 11 月上旬，树木落叶后，土壤冻结前。秋季栽植的苗木，第二年春天生根发芽早，等晚春干旱来临时树已恢复正常，增强了抗旱性，秋季种植比春季种植效果好。

种植密度：每亩（666 $m^2$）300 株。株行距 1.5 m × 2 m。沙棘树是雌雄异株，雌雄比例是 8∶1。树穴的规格依树苗的大小而定，一般为直径 35 cm，深 35 cm。苗龄是年生的嫩枝扦插苗为好。

种植方法：为防止栽树时窝根，如根系偏长，可适当修剪，使根长保持在 20 ~ 25 cm 即可。在填土过程中要把树苗往上轻提一下，使根系舒展开。适量浇水。树穴填满土后，适当踩实，然后在其表面覆盖 5 ~ 10 cm 松散的土。

生长管理：沙棘的生长分 4 个阶段分别为幼苗期、挂果期、旺果期、衰退期。定植后两年内，以地下生长为主，地上部分生长缓慢。3 ~ 4 年生长旺盛，开始开花结果。成年沙棘树高 2 ~ 2.5 m，冠幅在 1.5 ~ 2 m。第 5 年进入旺果期。由于土壤条件和管理的不同，进入衰退期的时间也不一样，一般树龄 15 年后进入衰退期。

生长剪枝：沙棘长到 2 ~ 2.5 m 高时剪顶。修剪的要点是打横不打顺，去旧要留新，密处要修剪，缺空留旺枝，清膛截底修剪好，树冠圆满产量高。

注意事项：江孜沙棘喜光，耐寒，耐酷热，耐风沙及干旱气候，对土壤适应性强，是一种中肥、中湿型、耐寒冷的植物。它对光照有强烈要求，沙棘灌丛中的植株因光照不足产生剧烈分化，结实少，每亩产果约 25 kg。而稀疏状态下亩产果可达 300 ~ 500 kg。据此，采取了平茬、截干、疏伐等改造措施。以疏伐效果最好，疏伐后，新生枝数量增加 46.2%，树冠长度增加 1 倍以上，结实投影面积增加 5 倍以上，亩产果量增加 5 ~ 10 倍。

沙棘雄花花粉漂移距离可达 300 ~ 500 m，雌株灌丛直径在 100 m 以内者，改造后保留的雌雄比可为 9∶1，甚至可不留雄株，疏伐后每亩保留 110 ~ 150 株。水平生长的枝、干易引发不定芽萌发而长出直立、粗壮的新生枝，形成低矮开阔的树冠，有利于结实、便于采摘。

### 4.4.5 砂生槐（*Sophora moorcroftiana*）

砂生槐属豆科槐属，是矮而多枝的灌木，密被白色短柔毛，小枝顶端成刺状。单数羽状复叶，小叶 11～17 片，椭圆形至卵状椭圆形，先端具长刺尖，两面被白色长柔毛；托叶宿存，呈针刺状；总状花序腋生或顶生，多而散生，花冠蓝紫色，旗瓣下部白色；荚果串珠状，长 7～11 cm，密被短柔毛；有 5～6 粒种子；花期 5 月。

1. 形态特征

小灌木，高约 1 m。分枝多而密集，小枝密被灰白色茸毛或绒毛，不育枝末端常变成健壮的刺，有时分叉。羽状复叶；托叶钻状，长 4～7 mm，初时稍硬，后变成刺，宿存；小叶 5～7 对，倒卵形，长约 10 mm，宽约 6 mm，先端钝或微缺，常具芒尖；基部楔形或钝圆形，两面被丝质柔毛或绒毛，下面较密。总状花序生于小枝顶端，长 3～5 cm；花较大；花萼蓝色，浅钟状，萼齿 5，不等大，上方 2 齿近连合，其余 3 齿呈锐三角形，长约 7 mm，宽 3～5 mm，被长柔毛；花冠蓝紫色，旗瓣卵状长圆形，先端微凹，基部骤狭成柄，瓣片长 9 mm，宽 5 mm，柄与瓣片等长，纤细，反折，翼瓣倒卵状椭圆形，长 16 mm，基部具圆钝单耳，柄长 6 mm，龙骨瓣卵状镰形，具钝三角形单耳，长约 18 mm，柄纤细，与瓣片近等长；雄蕊 10，不等长，基部不同程度连合，可达 1/4～1/3；子房较雄蕊短，被黄褐色柔毛，胚珠多数。荚果呈不明显串珠状，稍压扁，长约 6 cm，宽约 7 mm，沿缝线开裂，在果瓣两面另出现 2 条不规则撕裂缝，最终开裂成 2 瓣，有种子 5～7 粒；种子淡黄褐色，椭圆状球形，长 4.5 mm，径 3.5 mm。花期 5～7 月，果期 7～10 月。

2. 地理分布

砂生槐产于中国西藏（雅鲁藏布江流域），生于山谷河溪边的林下或石砾灌木丛中，海拔 3 000～4 500 m，印度、不丹、尼泊尔也有分布。

3. 造林技术

砂生槐既可种子繁殖，又可无性繁殖。无性繁殖以根蘖型繁殖为主。雨季，在河流沙滩，半固定沙丘上，呈水平状生长的根蘖形成不定芽，发育成植株。在山地，砾石质山坡，无性繁殖相对减少。在西藏 4 月中下旬返青，6 月开花，7 月结荚，8 月种子成熟。砂生槐所在的土壤常为固定或流动的风沙土。砂生槐能耐 29 °C 的高温和 –17.6 °C 的低温，并抗旱、抗病虫。在落叶灌丛中，常形成砂生槐群系，覆盖度为 10%～35%。平均株高不超过 50 cm。在平坝或沙丘上，常和固沙草（*Orinusthoroldii*）、中亚狼尾草（*Pennisetumcenlrasiaticum*）、三刺草（*Aristidatrisela*）相伴生，在山坡上则与小草（*Microchloaindica*）、薄皮木（*Leptodermissauranja*）等相伴生。

砂生槐造林，在降雨稀少的荒漠地带，以植苗造林为主；在降雨较多和墒情较好的立地条件下，可直播造林。在西藏大部分地区，植苗造林宜早不宜晚，一般在 3 月 下旬至 4 月初栽植的成活率高，栽植时要选用根系良好的苗木，苗木过大，根系过长的要截根和截干。在水分条件较差的地方栽植时，坑要深，水要浇透渗足，栽后穴面覆干沙或干土保墒。直播造林，主要取决于水分条件。在土壤潮湿或有灌溉条件的地方，可在春季直播。一般多在雨季进行，以土壤经透雨后的雨季后期较好。造林后的当年和次年，要加强抚育保护，杂草较多的林地，夏季要松土除草 1～2 次，干旱时需浇水补墒，造林两年后，一般不再进行抚育就可成林。

## 本章小结

人工造林工作包括造林地的整理、造林、抚育管理和所形成森林的经营 4 个基本环节。整地是在造林前改善环境条件的一道主要工序，分为全面整地和局部整地，局部整地又分为带状整地和块状整地；造林是整个工作的核心，可分为播种造林、植苗造林和分殖造林 3 种方式；造林后，人工林抚育措施是造林成功的关键，主要是通过除草、松土、修枝、抚育伐等办法，清除挤压目的树种生长的林木与影响幼树生长的灌木，以改善幼林生长条件促其郁闭。高原常见树种造林分别从生态特征、造林技术、造林方法、抚育管理等方面分别进行阐述。

## 思考题

QUIZ

1. 简述人工林造林整地的作用和整地方法。
2. 直播造林可分为哪几种？目前应用较多、较先进的是哪一种？
3. 什么是植苗造林？主要栽植技术是怎样的？
4. 什么是分殖造林？有几种造林方法？请分别简要地叙述一下。
5. 简述高原常见树种的造林技术。

# 第5章 高原水源保护林工程

西藏辖区内流域面积大于 $1\times10^4$ km$^2$ 的河流有20余条，长江、怒江、澜沧江、雅鲁藏布江均发源或流经西藏。其中，雅鲁藏布江发源于喜马拉雅山北麓的杰马央宗冰川，经中国的巴昔卡之后出境，是世界上海拔最高的大河，在中国西藏自治区辖区内全长2 057 km，流域面积240 480 km$^2$，占西藏外流水系面积的42.4%。西藏有大小湖泊1 500多个，面积大于1 km$^2$ 的湖泊有612个，面积超过500 km$^2$ 的湖泊有7个，湖泊总面积24 183 km$^2$，约占中国湖泊总面积的1/3，湖泊率2.01%，为全国平均值的2.5倍。

迄今，世界上大多数国家生产和生活用水仍以河水为主。江河枯水流量过低，常成为生产生活的限制因子。江河上游或上中游一般为山区、丘陵区，是江河的水源地。能否保护和涵养水源、保证江河基流、维持水量平稳、调节水量，是关系到上游生态环境建设和下游防洪减灾的重要问题。我国主要江河上游山区，由于过度开垦，森林植被毁坏严重，水土流失和泥沙淤积已成为不容忽视的问题，同时也给下游防洪安全带来了十分不利的影响。

在陆地生态系统中，森林具有最强的水源保护功能，如同一个面积广阔的绿色水库。在江河源区建立水源保护林，以调节河流水量，解决防洪灌溉，发挥森林特有的水文生态功能，将天然降水“蓄水于山”“蓄水于林”，科学调节河水洪枯流量，合理利用水资源是一个为世人所公认的行之有效的方法。

## 5.1 重要水源保护区

### 5.1.1 水源涵养与水源保护

森林是陆地上最重要的生态系统，以其高耸的树干和繁茂的枝叶组成的林冠层、林下茂密的灌草植物形成的灌草层和林地上富集的枯枝落叶层以及发育疏松而深厚的土壤层截持和储蓄大气降水，从而对大气降水进行重新分配和有效调节。发挥森林生态系统特有的水文生态功能，即调节气候、涵养水源、净化水质、保持水土、减洪及抵御旱洪灾害等发挥巨大作用，就是森林的水源保护作用。

所谓森林的水源涵养作用是指通过森林对土壤的改良作用，以及森林植被层对降雨在再分配中产生的影响，使降雨转化成为地下水、土壤径流、河川基流比例增加的水文效应。森林的涵养水源、水土保持作用是通过林冠层、枯枝落叶层和土壤层实现的。

所谓水源保护林是指在江河源区及湖泊、水库、河流岸边发挥水源涵养与水土保持作用的森林。水源保护林的主要功能应当包括水源涵养、水土保持、水质改善三部分内容，水源保护林体系应该是一种以水源涵养、水土保持为核心的，兼顾经济林、薪炭林、用材林的综合防护林体系。因此，如何配置这一体系中的林种和树种以及开发相应的培育技术，使其发挥出最大的生态、经济和社会效益，是建立完善的水源保护林体系的关键。

### 5.1.2　水源保护区范围

生长在集水区、河流两岸的森林都具有水源保护作用。根据原林业部关于《森林资源调查主要技术规定》，将符合下列几种情况的森林划分为水源涵养林：一是流程在 500 km 以上的江河发源地集水区，主流道、一级与二级支流两岸山地，自然地形中的第一层山脊以内的森林；二是流程在 500 km 以下的河流，但所处自然地形雨水集中，对下游工农业生产有重要影响，其主流道、一级与二级支流两岸山地，自然地形中的第一层山脊以内的森林；三是大中型水库、湖泊周围山地自然地形的第一层山脊以内的森林，或其周围平地 250 m 以内的森林和林木。对于一条河流，一般要求水源保护林的范围占河流总长的 1/4；一级支流的上游和二级支流的源头，沿河直接坡面，都应区划一定面积的水源涵养林，集水区森林覆盖率要达到 50% 以上。

水源保护林的类型包括天然林、天然次生林、人工林、天然或人工灌木林。在大江大河的源区，一般都分布原始林或天然次生林；在沿河中下游一般都分布有天然次生林和人工林。

### 5.1.3　重要水源保护区

我国的江河发源地大体可以分为三个区域：发源于青藏高原东、南缘的大河，如长江、黄河、澜沧江、怒江和雅鲁藏布江等；发源于大兴安岭—晋冀山地—豫西山地—云贵高原一线的河流，如黑龙江、辽河、滦河、海河、淮河、珠江的上游西江和元江；发源于长白山—山东丘陵—东南沿海丘陵山地一线的河流，如图们江、鸭绿江、沭河、钱塘江、瓯江、闽江、九龙江、韩江、珠江的支流东江和北江。因此，我国水源林保护区也主要分布在以上三个区域，主要的水源保护林区简述如下。

1．西南水源林保护区

元江与南盘江水源林保护区：本区处于云贵高原向丘陵盆地过渡地段，是珠江等重要河流的发源地之一。主要河流包括元江（入越南后称为红河）、南盘江，右江的支流驮娘江、西洋江，其他如盘龙江、南溪河、大马河等流入越南。

三岔河与北盘江水源林保护区：本区是珠江和乌江的发源地。北盘江与南盘江汇合形成红河水，三岔河是乌江的水源区。其中，著名的黄果树瀑布是北盘江的支流之一。

青藏高原南部与东缘高山峡谷水源林保护区：本区包括藏南的雅鲁藏布江及其支流拉萨河、年楚河、尼洋河、易贡藏布、帕隆藏布、怒江、澜沧江、雅砻江、大渡河等水系，是我国重要河流的水源区。

### 2．东北水源林保护区

大兴安岭水源保护林区：本区是嫩江、松花江及黑龙江的重要水源区。东坡注入额尔古纳河的主要河流海拉尔河、贝尔赤河和根河；西坡注入嫩江的有甘河、诺敏河、多布库尔河及阿伦河等；北坡直接注入黑龙江的有呼玛尔河、阿穆尔河和盘古河等。额尔古纳河为黑龙江的上游，嫩江汇松花江也注入黑龙江入海。

小兴安岭水源林保护区：本区是黑龙江和松花江两个水系的重要水源区。北坡注入黑龙江的河流主要包括逊河、克尔滨河、乌云河和嘉荫河；注入嫩江的有库仑河、纳莫尔河和门鲁河；从南坡注入松花江的有汤旺河、呼兰河和梧桐河等。

东北东部山地水源林保护区：本区河流分属于松花江流域、辽河流域、图们江流域、鸭绿江流域、绥芬河流域等5个流域。主要河流有牡丹江、辉发河、乌苏里江、绥芬河、图们江和鸭绿江等，可分为长白山、牡丹江及完达山3个林区。本区的水资源、水能储量丰富，有大中小型水库及水力发电站，著名的有小丰满水电站及抚顺大伙房水库。

### 3．华北水源林保护区

鲁中南低山丘陵水源保护林区：本区的河流多数具有多源、流路短、流速高的特征，注入到淮河的有沂河、沭河，注入大运河的有汶河、泗河，直接注入渤海的有潍河、弥河、小清河、胶莱河等。本区容易出现暴雨山洪与干旱。

晋冀燕山太行山水源林保护区：本区是海河、黄河和淮河的重要水源区。主要河流包括大凌河、滦河、潮白河、永定河、拒马河、滹沱河、滏阳河、漳河、伊河、洛河、沁河、沙颍河和汝河等。各条河流的中下游修建有数以千计的大中小型水库，对华北平原和晋中南盆地的农业生产及京津等城市供水都有极为重要的作用。

陇秦晋黄土高原水源保护林区：本区是黄河中游支流的重要水源区。为黄土高原狭长的土石山地带，可以分为甘肃子午岭水源保护林区、陕西黄龙山乔山水源林保护区及山西吕梁山土石山水源林保护区等三个区域。主要河流保护汾河、洛河及直接注入黄河的其他支流。

### 4．西北水源林保护区

天山水源保护林区：本区的河流是其内陆湖泊的主要水源地。天山北坡较大的河流，包括伊犁盆地的特克斯河、巩乃斯河、喀什河汇集成伊犁河；准格尔盆地南缘自西向东有奎屯河、纳纳斯河、湖图壁河、头屯河、乌鲁木齐河、木垒河等；河流大多聚成内陆湖泊，小河流成潜流消失在荒漠中。较大的湖泊包括赛里木湖、玛纳斯湖和巴里坤湖等。

祁连山水源林保护区：本区河流密布，是内陆荒漠绿洲与青海湖的主要水源区，也是黄河的重要水源区之一。直接流向河西走廊的河流主要有黑河、疏勒河、北大河（上游称托莱河）、洪水坝河、梨园河和石羊河等，石羊河的主要支流包括西大河、东大河、西营儿河和杂木河等；大通河（上游称为耗门河）和庄浪河注入黄河；布哈河、沙柳河、哈尔盖河和倒淌河等注入青海湖。

黄河上游水源林保护区：本区有黄河的主要支流洮河、大夏河和隆务河等，是黄河的主要水源区，水力资源和水电资源都很丰富，有著名的龙羊峡水电站等国家重要水电设施。

六盘山水源林保护区：本区是黄河主要支流渭河、泾河的主要水源区。泾河、渭河的主要支流葫芦河及千河都发源于此地，是关中地区的农业灌溉与城市供水的重要水源区。

5．中南水源林保护区

秦巴山地水源保护林区：本区河流密布，是长江、黄河两大河流的重要水源区。南坡是汉江、嘉陵江、洛河的上游和发源地，其中汉江的主要支流包括黑河、消水河、牧马河、旬河、岚河、丹江和淅川，嘉陵江的支流主要有西汉水和白龙江等；北坡有72条水流流向关中平原注入渭河。其中的丹江口水库是我国南水北调中线的供水源区，具有重要的战略意义。

大别山及桐柏山水源保护林区：本区河流密布，是淮河、汉江、长江三大流域支流的主要水源区。淮河的主要支流有浉河、竹竿河、寨河和潢河等；汉江的主要支流包括唐白河。本区水资源丰富，水库较多，有的河流有一定的通航能力，但是受到枯洪流量的影响。

天目山水源林保护区：由天目山、黄山、怀玉山和四明山等山脉所组成。本区河系发育，水力资源十分丰富。直接注入长江的水系有青弋江、水阳江等，直接入海的有钱塘江（上游称富春江），注入鄱阳湖的有阊江、乐安江等。本区建有多座大中型水库，其中包括著名的新安江水电站。

6．华南水源林保护区

武夷山水源保护林区：本区河流密度大，水资源丰富，是东南地区的闽江、晋江、九龙江、木兰溪、抚河、信江和瓯江等主要河流的发源地。其中，抚河、信江注入鄱阳湖，瓯江从浙江直接入海，闽江、晋江、九龙江和木兰溪从福建直接入海。本区河流的主要特点是流量大、河流比降大、水流湍急。

赣闽粤山地水源林保护区：本区水资源丰富，是赣江、韩江和东江三大水系的发源地。其中，赣江水系由南向北流入长江，东江水系汇入珠江，韩江水系直接注入南海。建有多座大中小型水库，其中新丰江、枫叶坝和陡水等水库是本区重要的水电基地。

### 5.1.4 水源林的历史与现状

径流资源的开发与合理利用与河流的生态保护密切结合在一起，流域生态系统的保护是流域水资源开发的基础；如果没有有效的生态保护措施维持流域生态系统的平衡，任何流域水资源的开发将不会获得预期的效益，甚至导致灾难性的后果，这在当今已经成为一种共识。

在我国，关于水源涵养与水土保持林的营造技术的研究很早就已开始。在宋、明、清时代即有了对森林植被水源保护效益的详细记载与论述。例如，宋嘉定年间魏岘所著《四明它山水利备览・自序》中系统地论述了森林的水源保护作用与改善河川水文功能的机理。1951 年，全国林业会议就决定配合治水部门建立营林机构，在黄河、淮河、永定河、辽河等河流的上游水源区营造水源保护林，以改善这些河流的水文状况，控制洪水的泛滥。同时从 1950 年开始就进行了重要江河流域的封山育林工作，把封山育林作为快速恢复植被、治理水土流失的重要措施。从 1977 年以后，随着"三北"防护林等防护林工程的建设，以治理水土流失、改善生态环境为目标的水源保护林工程建设与科学研究进入了新阶段，全国十大防护林工程中都规划营造了专门的水源保护林。在 1980 年我国就进行了水源保护林（水源涵养林）区的初步规划。

长期以来，由于我国林业以木材等经济产品生产为主要目的，对主要江河源区的森林采取了掠夺式的开发，破坏了森林的水源保护作用，引发了严重的水土流失，降低了森林的水源涵养功能，削减了森林的水质净化作用，导致河川水文生态失调，流域蓄水调水能力不足，造成径流时间分配不均，下游河床淤积抬高引发洪水泛滥。1981 年 7 月四川出现特大洪灾，1998 年长江、松花江、嫩江同时出现特大洪灾，造成人民生命财产的重大损失，形成空前的大江大河的防洪压力。社会各界因此对此进行了思考与反思，除了降雨量大和大降雨时间过于集中之外，仅重视木材效益的情况下导致流域上游水源保护林遭到乱砍滥伐，流域生态环境恶化，调蓄降雨能力降低是另一个重要原因，从而推动了流域防护林工程的建设，是催生天然林保护工程及退耕还林工程的重要原因之一。

在水源保护林研究方面，在"七五""八五"期间，太行山生态林业工程项目已建成多处水源保护林试验示范基地，营造示范试验林数万亩。北京市与北京林业大学也建立了密云水库水源保护林土门西沟试验示范区，对多树种水源保护林建设模式进行了探讨。山西省太原市组织太原地区高等院校、科研单位，主要针对城市大型水源地的开发利用和保护问题，从"三水"的转化规律入手对水源保护进行了系统性、综合性多学科的研究。密云水库是北京市重要的饮用水源，为了保护首都这盆清水，1987 年 11 月北京市人大通过《关于营造密云水库水源涵养林》的决议。市政府将密云水库水源保护林的营造列入绿化治理重点工程；林业部也将潮白河流域的水源保护林工程列入"三北"防护林建设重点工程之一。

在水源保护林营造技术方面，因地制宜采取适宜的植被恢复措施，获得了研究与营林部门普遍的关注。一般来说应以加快恢复森林，形成稳定的森林植物群落，以较小的投入获得最大的林地生产力保持森林的永续利用和多种效益为根本原则。水源保护林培育期较长，有残存的植被时可充分利用自然恢复力，通过人工促进的方法加快植被恢复的速度，充分利用天然更新方式，人工诱导促进天然更新是水源保护林经营和植被定向恢复的发展方向。1988 年开始在大兴安岭林区，对兴安落叶松、樟子松采伐迹地进行人工促进天然更新研究，初步摸索出一套有效的人工促进天然更新措施。次生林皆伐迹地隔行栽植红松，通过人工诱导等技术措施，现已形成红松阔叶复层混交林。从 16 年生的混交林和纯林调查因子来看，无论从林分总生长量、树干形质、抗病虫性能，还是从土壤理化性质等方面，都显示出混交林的优越性。更新幼苗生长健壮，比天然苗快 0.6 ~ 1.0 倍，特别是促进天然更新作业成本低廉，仅为人工更新的 1/5。天然更新不论是在择伐迹地的更新还是在皆伐迹地的更新中都占有相当大的比重。有关祁连山水源涵养林更新的报道表明，青海云杉在林冠下的天然更新是极差的，更新不良和无更新面积达 47.2% 以上。而林缘和顺山坡的带状地带，因受人为干预、放牧等原因，天然更新良好。

## 5.2　水源保护林营造

水源保护林的营造包括三个方面：一是水源保护人工林的营造，主要是水源区内草坡、灌草坡和灌木林及其他宜林地的人工造林；二是现有水源保护林（天然林和人工林）的经营管理，主要是水源保护林的理想林分结构及培育（或作业法）；三是水源区内天然次生林，低价值（指涵养水源功能低）人工林、疏林的改造。

### 5.2.1　水源保护林结构

1. 空间配置

水库水量平稳不仅取决于上游和水库周围是否有足够面积的水源保护林，还取决于水源保护林的空间格局。在相同的土壤、森林结构和覆盖率条件下，集水区内群落空间分布格局对水源涵养功能有重大的影响。

根据景观格局的分析可知，高效的空间配置就是增加景观的多样性，降低景观的优势，提高景观的均匀度，降低景观的分离度，提高景观的分维数，降低景观被分割的破碎程度和破碎化指数。在“适地适树”与“因害设防”的原则下进行水源保护林体系的高效空间配置。

水源保护林高效空间配置和结构设计的目标是实施定向育林，形成混交、稳定、异龄复层林，从而保持土壤处于最佳水分调节状态，即吸水、保水、土内水分传输及水分过滤的状况均良好。为改善土壤水分状况，使其吸收降雨与过滤径流的能力保持最佳，必须保持良好的枯枝落叶层与土壤表层结构，防止地表裸露、表层土壤产生阻止水分入渗的结皮。同时，在水源保护林高效空间配置和结构设计中应注意天然林和人工林的区别，低效天然林的改造要尽量在保持原有生态学特性的情况下进行，人工林要近自然经营。

根据森林的水文效应，森林减缓洪水、涵养水源的效果，一般是通过植被冠层的降水截留、蒸发散、滞缓拦蓄地表径流、增强和维持林地入渗性能4种水文效应而获得的。因此，对于一个完整的中、小流域水源保护林体系的配置，要考虑地形地貌特征与水土流失规律，通过体系内各个林种合理的水平配置和布局，达到与土地利用合理结合，水土流失关键地段得到控制，分布均匀，有一定林木覆盖率，不同地形部位各林种间的生态、水文及水土保持效益互补，形成完整的防护林体系。同时，通过各林种内树种（或植物种）的立体配置，形成复层异龄的林分结构与良好的地被物覆盖层，林分具有生态学和生物学的稳定性，地被物层（活的或死的）具有较强的土壤改良与水文效应，从而充分发挥其改善生态环境、保持水土、改善水质及涵养水源等水源保护功能。在自然环境允许的条件下，通过土地的充分利用与经济价值较高树木（或其他植物）的合理配置，创造持续、稳定、高效的林业生态经济功能。

2．林分结构

一般来说，组成水源保护林的树种，应是生长速度快、冠幅大、叶面积指数高、根幅宽、根量多的深根性树种，形成蓄积量大、郁闭度高、枯枝落叶厚并分解良好的林分。实践证明：深根性与浅根性相结合、多种树种组成的复层异林龄，具有比较理想的水源涵养、水质改善与侵蚀控制作用。水源保护林的稳定林分结构设计主要是指以林分的生物学稳定为基础，从而实现林分的生态学稳定，即生物学稳定是基础，生态学稳定是目标。结合涵养水源、改善水质和防止土壤侵蚀三大水源保护功能，确定林分结构主要考虑林分的层次结构、合理林分密度、林分的适宜郁闭度及树种选择等方面。

水源保护林的主要任务是通过影响流域水文过程，达到削减洪峰，涵养水源的目的。虽然在涵养水源和削减洪峰两个方面所要求的林分结构大致相同，但从缓洪防洪角度看，合理的林分结构应具有降水截留量和蒸发散量大，拦蓄和滞缓地表径流功能强，林地具有比较高的入渗能力；而从涵养水源角度看，则应具有林冠截留少、林分蒸发散量小、地表径流比例小、林地下渗能力强、土内水分传输速度快的特点。也就是说，水源涵养林要求有大量的水分渗入土壤并且转化为土壤水或土内径流，并且有较高比例补充到地下水或河川基流，相对地上部分蒸发散（包括截留蒸发）则小些。因此，过密的林冠层截流损失过多也不一定好，特别是在较干旱地区中上游的河流集水区。而以减缓洪水为主要目标的森林则要求土壤入渗和蒸发散量比较大，地上部分截留损失越多越好，因此，复层异龄结构应是最好的。在实际应用中，江河上中游的水源保护林往往是水源涵养、削减洪峰两个作用都要同时考虑，根据当地的土壤、气候、水文条件在林分结构选择上要综合多方因素确定。

总的来看，缓洪防洪、水源涵养的最佳林型，大体上可以认为是异龄复层针阔混交天然林。当然，这还有待今后在森林流域试验中做进一步论证。日本的研究认为，以柳杉为主体的择伐林，或非皆伐复层林（即使是人工林）可作为最佳的（理想的）缓洪防洪林型。我国水源区的大部分森林是由云杉、冷杉、落叶松、油松、马尾松、栋、杨、桦等组成的，哪种为最佳林型，仍需进一步研究。一般原始林和天然次生林的水源涵养功能比人工林好，这可能主要是由于人工林结构单一、生物多样性差的原因。

从目前的研究成果来看，由于北方降水量小、气候干旱，林型应以水源涵养为主，林层不宜过多；南方降水量大，防洪是主要问题，林型应以缓洪为主，多层林结构最好。如东北地区落叶松林、红松林、桦树林，水源涵养功能好；华北及黄土高原地区落叶松林、油松林、杨桦林，水源涵养能力强；南方亚热带地区的常绿阔叶林、常绿落叶阔叶林及南方热带地区的热带雨林，水源涵养效果较好。

密度是否合理，关系到水源保护林能否正常发挥三大水源保护功能。树冠浓密的树种，密度过大会造成林内光照不足，林下植被难以生长，结果树冠虽能承受部分降水，但若超过其承受量，地表同样也会产生较大径流，引起水土流失。地表土壤侵蚀的根源是降水对地表的击溅作用，从而加速地表的冲刷。在森林树冠及林下灌木、草被和枯落物的防护下，就会大大减小雨滴对土壤的冲击力，可以削减其能量的95%。有关植被恢复过程与防止水土流失效果的研究表明：随着植被盖度的增加，地表径流过程缩短，径流洪峰流量降低，地表径流量减少，径流系数减小，土壤入渗量增加。虽然盖度不能完全等同于郁闭度，但一般来说随着林分盖度的增加，林分的郁闭度也会增加。郁闭度和林下植被盖度之间存在紧密联系，当郁闭度增大到一定程度时，因林下光照条件差，植被生长发育受到抑制；当郁闭度达到1时，即林分完全郁闭时，林下只有少量耐阴湿的植物可以生长。同时，密度与林分的郁闭度有密切关系。根据在北京密云水库的研究，当乔木层郁闭度较小时，灌草层盖度较大，郁闭度增到0.7时，灌草层盖度仍可达到80%的高峰值。但随着郁闭度的继续增大，超过0.7以后，灌草层盖度急剧下降。可见，郁闭度过大，不利于地面植物的生长发育，因此阻碍了水源保护林的水源保护功能的发挥。

### 5.2.2　水源保护林营造

#### 1. 水源保护区造林

（1）造林地选择与立地条件类型划分。

我国各河川的水源地区，多是石质山地和土石山区，一般都保存有一定数量的天然林或天然次生林，但是由于长期的毁林、放牧、开荒等原因造成森林面积缩小，林分质量退化，因此需要通过造林、封育等手段进行水源保护林的恢复。在水源保护林的区划范围内，由于所处的海拔、坡度、坡向、小地形、土壤及其母质的不同，形成非常复杂的立地条件。同时，这些石质山地和土石山区大都遭受过不同程度的人为破坏，存在着不同程度的水土流失。因此，水源保护区的立地条件比较复杂，在营造林时必须加以认真地分析研究，对立地质量做出确切的评价是水源保护林规划、设计、造林、经营管理的前提。规划设计时将根据立地条件类型确定造林树种、造林技术措施以及林分经营措施。

在实际立地条件类型划分中需要详细地调查造林区的立地因子，进行综合分析，按照立地条件类型划分的一般方法进行具体划分。一般情况下，需要考虑的因子主要包括地貌类型、海拔、坡向、土层厚度和母质风化状况等。

（2）树种选择与适地适树。

我国的水源涵养林多处在边远深山、地广人稀、交通不便的地方，因此，选择营造水源涵养林的树种时，应遵循以下几方面的原则：① 要从实际出发，以乡土树种为主。这不仅符合植物区系和类型规律，形成的林分较为稳定，而且在组织造林时比较方便。② 水源涵养林组成树种的寿命要长，不早衰，不自枯，且自我更新能力强。③ 选择树种以深根性、根量多和根幅宽树种为主。④ 选择树种要树冠大，枝叶繁茂，枯枝落叶量大。为使混交树种具有固土改土的作用，最好是选择一些根瘤固氮的树种。

根据水源保护林的理想林分结构，不论在哪一种造林地上，若水源涵养林以混交复层林为主，将形成具有深厚松软的死地被物层。因此，要注意乔灌结合、针阔结合、深浅根性树种的结合。水源涵养林一般应由主要树种、次要树种（伴生树种）及灌木组成。北方主要树种可选落叶松、油松、云杉、杨树等；伴生树种可选垂柳、椵树、桦树等；灌木树种可选胡枝子、紫穗槐、小叶锦鸡儿、沙棘、灌木柳等。南方主要树种可选马尾松、侧柏、杉木、云南松、华山松；伴生树种可选麻栎、高山栎、光皮桦、荷木等；灌木树种可选胡枝子、紫穗槐等。水源涵养林的造林密度，可根据造林地的具体情况确定，一般可适当密一些，以便尽快郁闭，及早发挥作用。

适地适树就是指造林树种的特性（主要是生态学特性）与造林地的立地条件相适应，对于水源区而言，意味着所选择的树种能在较干旱、贫瘠的立地上正常生长，能固持土壤、涵养水源，林木不过分消耗水分，而且能生长发育形成稳定的林分。衡量水源保护区的适地适树，有一个相对科学的客观标准：① 形成稳定的林分。所营造的林分不易受病虫危害，在干旱气象条件下不易枯梢死亡。② 水土流失量减小。林分的作用（而非工程措施），使土壤侵蚀模数降低。③ 水质得到改善。通过林分的净化作用，提高了水质等级或保持原有高等级的水质标准。④ 土壤得到改良。枯落物丰富，土壤有机质含量增加，土壤养分含量提高。

（3）水源保护林营造技术。

水源保护林应当尽量营造混交林。营造混交林的主要技术是通过混交树种的选择，混交类型、混交比例和混交方法的确定，以及栽培抚育等技术措施调节好树种间的关系，尽量使目的树种受益，确保混交林的自我更新、发育，维持较高的混交效益。

首先要确定混交类型，选择混交树种，在此基础之上确定好混交比例与混交方法，然后采取适当的栽培技术与抚育管理措施。混交类型尽量选择阴阳混交、乔灌混交等较稳定的混交类型，避免选择需要进行人工过多干涉的混交类型；选择的混交树种不当会压抑或取代主要树种，也可能被主要树种排挤出去，需要根据辅佐、护土、改土的基本原则进行选择，并注意其萌芽繁殖能力、病虫害、生长速度、经济利用潜力等因素；混交比例的不同，影响着种间关系的发展和混交效果，一般来说伴生树种或灌木树种的比例，保持在25%～50%即可；具体的混交方法根据树种、立地，考虑种间矛盾出现的早晚、激烈程度选择行间混交、带状混交、块状混交等方法皆可采用；通过造林时间、造林方法、苗木年龄调节种间矛盾将竞争力强的树种延迟一段时间造，或选择苗龄小的造或播种等。通过改变立地条件（如施肥、细致整地、灌溉等）以减缓竞争。通过抚育措施（如平茬、修枝、间伐，以及环剥、去顶根和生长调节剂等）调节种间关系，保证混交成功。

水源保护林多配置在中高海拔的土石山区，其整地技术与常规造林基本相同。一般来说，水源保护林造林地多处高山地区，降水量大，造林易于成活，因此主要是要做好林地清理和整地工作。整地以带状整地为主，如水平沟、水平阶；条件好的地方也可全面整地。由于交通多不方便，应选择较为平坦肥沃的土地作为临时苗圃地，就地育苗、就地栽植，不仅能够有效提高造林成活率，而且可以节约投资。苗圃地起苗时可按一定的株行距留苗，造林结束后，苗圃地就变为林地了。另外，水源保护林造林地多灌木，幼龄期抚育，特别是割灌非常重要。

#### 2．水源保护区植被恢复

（1）水源保护区植被恢复原则与途径。

水源保护林植被恢复，从本质上讲，就是对水源区森林进行更新改造、定向恢复，进行可持续经营和管理。

当前，水源保护林经营归结起来应遵循以下原则：① 近自然经营森林。② 加强天然更新。③ 依照土壤与气候条件选择树种。④ 水源保护林区只准对过熟木、病腐木和枯死木等进行卫生择伐，严禁皆伐，允许小面积抚育伐；水源保护林区附近的用材林区，也不宜大面积皆伐。⑤ 促进稀有、高生态价值的树种繁衍生长。⑥ 建立天然林保留地。⑦ 保留一些枯立木和倒木。⑧ 根据水源保护林整体功能要求，对生态价值高的林分，要采取相应的保护措施，控制人为干扰。⑨ 严禁使用化学药剂，如化肥、除草剂、杀虫剂等。⑩ 水源保护林区在不妨碍水源涵养、水土保持、净化水质功能原则下，可小规模进行林副产品和林产品生产，如栽种经济林、果木和林下种植药材等。

人工诱导天然混合更新是一种切实可行的高速树种结构更新方式，在渐伐改造迹地采取人工诱导培育混交林技术是可行的。通过多种方法改良林分，提高林分质量和生产力，最终实现永续利用的目的。因此，掌握人工促进天然更新过程的客观规律，依靠人工促进天然更新为主的方法恢复森林是水源涵养林区恢复植被，特别是恢复混交林的良好途径。

（2）水源保护区植被恢复技术。

① 水源区人工促进植被恢复。水源保护林由于培育目的多样，培育期较长，可充分利用人工天然更新方式进行更新，加快恢复森林植被，形成稳定的森林植物群落，以较小的投入获得最大的水源保护林防护功能，保持其永续利用和多种效益。人工诱导促进天然更新是其经营和定向恢复的发展方向，是一种切实可行的调整树种结构的

更新方式。依靠人工促进天然更新为主的方法恢复森林是水源保护林区恢复混交林的良好途径。促进天然更新受到种源、土壤、植被和气候条件的严格制约。人工促进天然更新的效果，主要取决于种源、出苗环境、幼苗生长环境三个条件的限制。在以上三个条件适合的前提下，应大力进行水源保护林人工诱导定向恢复技术措施。人工诱导促进天然更新兼有人工更新和天然更新的优点，能合理利用时间、空间、林地资源；节省苗木整地、造林等投入，大大降低生产成本；由于在林地内天然更新的树种适应性强，生长迅速，若在其生长过程中加以人工抚育，其生长速度更快；提高林分对病、虫等灾害的抗性和自身的稳定性。

其中，封山育林是对被破坏了的森林，经过人为地封禁培育，利用林木天然下种及萌蘖更新能力，促进水源保护区新林形成的一项有效措施。开展封山育林，要“封”和“育”相结合，在封闭管理减少人为植被破坏的基础上，根据封育区的植被、种源、立地情况采取不同的管理措施，进行人工育林。封山育林的内容包括封禁、培育和管护设施建设几个方面。所谓封禁，就是建立行政管理与经营管理相结合的封禁制度，分别采用全封、半封和轮封，为林木的生长繁殖提供休养生息条件。所谓培育，一是利用林草资源本身具有的自然繁殖能力，通过人为管理改善生态环境，促其生长发育；二是通过人为的一些必要措施，即封育初期在林间空地进行补种、补植，中期进行抚育、修枝、间伐，伐除非目的树种的改造工作等，不断提高林分质量，增强林分稳定性。

② 水源区低效林改造。林分改造是指将生产力低、质量不良和稀疏的林分，通过综合的林学措施，改变为高生产力和高质量的林分，以充分发挥林地的生产潜力和森林的各种防护效益。所谓生产力低和质量不良的林分是指那些在组成、林相、起源、疏密度和材质等方面不合乎经营要求、水源涵养与水土保持效益低下的林分。

林分改造的目的，在于调整树种组成与林分结构，增大林分密度，提高林分的质量和生态经济价值。为此，对不够抚育条件，又不到成熟龄的劣质林分，采用人为营林措施进行改造，变疏林为密林，变萌生林为实生林，变低价值林分为高价值林分，变纯林为混交林。但在实施时，必须严格掌握上述的目的要求，不能把有培育前途的林分予以改造。

林分改造一般以局部砍除下木和稀疏上层无培育前途的林木为主，不采取全面清除植被的办法，并在针阔混交林适生地带尽可能把有条件的林分诱导为针阔混交林。由于各地经济条件和林分状况不一，改造办法也不相同。例如，在有可能天然更新成为较好林分的地段，或劳力紧张而优良木较多的低产林，就可以采取封山育林办法而不急于改造。在实施改造时应注意以下几点：第一，注意保护森林生态环境；第二，充分发挥林地的生产力以及原有林木的生产潜力，特别要保留好有培育前途的林木与可天然下种更新的目的树种；第三，尽量使新栽种的优良树种同保留林木形成良好的混交林。

确定林分改造对象时，要综合考虑当地的经济条件，林分组成和演替趋向。同一树种组成的林分，在不同的经济条件下，有可能在一个地区需要改造，而在另一个地区不需改造；即使在同一个地区，由于林分所处的立地条件不同，虽然现阶段林分组成相同，但其演替趋向不一定相同。如果不掌握这些规律，林分改造难以收到预期效果。

一般来说，具有下列自然特征的森林，应列入改造对象：① 林分立木度过低、地被物稀少的疏林，林分水源涵养效益低下，水土保持功能达不到侵蚀控制要求标准；② 在具体的立地条件下，现有的林分不能发挥土地的最大生产潜力和生态效益；③ 林分起源不符合经营要求，没有培育前途，不符合多种效益兼顾的要求；④ 从兼顾用材来说，木材质量太差，心腐病严重。

具体确定为林分改造对象的主要有以下几种类型：① 多代萌生无培育前途的灌丛；② 经过多次破坏，天然更新不良的残败林；③ 生长衰退无培养前途的多代萌生林；④ 由经济价值低劣，而且生产力不高、生态效益低下的树种组成的林分；⑤ 郁闭度在0.3以下的疏林地；⑥ 遭受过病虫害和火灾的残败林。

简言之，林分改造应遵循的原则为：次生林的改造一定要在注意森林环境保护的前提下，一般是改灌丛为乔林，改疏林为密林，改低产的萌芽林为实生林，改低产、低值的阔叶林为高产、高值的阔叶林或针阔叶混交林，增强林分的改土、护土、蓄水等功能，达到水源涵养与水土保持的要求。

疏林的改造方法。黑龙江、辽宁等地对林分郁闭度0.4以下、生长量低的疏林，选择比较耐荫或幼年耐荫的树种（如云杉、红松），实行林冠下造林，使其在林冠的庇护下生长，待幼林生长稳定后，根据幼林对光照的要求，逐渐采伐上层林木。这种改造方法的优点是森林环境变化小、幼苗易于成活，杂草和萌条也受到抑制，还可减轻幼林抚育的工作量，但对栽植幼树的选择一定要适地适树，同时注意幼树对光照的需求及时采伐上层林木。甘肃小陇山地区疏林的林木一般呈单株或簇团状分布，极不均匀；团状分布的林木，大多位于梁脊、山顶、沟塬或坡的上部，质量尚好。改造时，保留团、块状分布林木，并进行轻度抚育间伐，促进天然更新。保留这种团、块状分布的阔叶林木，具有维持生态环境、形成混交和隔离带等多种作用。在保留团、块状林木之间，清除杂灌木，引进目的树种。

在林冠下造林，上述各地经验为：如果林间空地宽度仅相当原有树高的1倍左右，且立地条件较好，宜选用耐荫树种；如果林间空地宽度超过保留木树高的2～3倍，立地条件又较差时，则应选择喜光树种。块状整地的大小为1 m×1 m或1 m×2 m，每块地栽3～5株，这样既方便经营管理，又能提高造林质量。

多代萌生矮林与灌林的改造方法。甘肃小陇山林区对郁闭度较低的多代萌生林（对郁闭度较高的多代萌生林可进行封山育林和抚育间伐），采用抚育间伐结合更新的方法进行改造，适当间伐后在林木稀疏处和林窗引进较耐荫的针、阔叶目的树种。经过抚育间伐还能促进林木生长与天然下种更新。黑龙江、辽宁、北京等地，常采用水平带状皆伐后，栽植目的树种。水平带状比垂直带状（顺山带）不仅有利于水土保持，且温度变幅小，相对湿度和土壤含水量高，造林成活率高。带的宽度取决于立地条件和栽植树种的生物学特性。喜光树种或立地条件好的林地可宽一些；在地形较陡的林地宜窄些。一般是保留带宽度与林分高度相等，砍伐带宽为保留带的 2 ~ 3 倍。这种改造方法的优点是能保持一定的森林环境，侧方庇荫，有利于幼树的生长发育，施工也比较容易，有的还适于机械作业。坡度很小的林地也可以采取顺山带伐开作业法。

残败林的改造方法。残败林主要表现为树种繁杂，稀稠悬殊，老幼参差，良莠不齐。甘肃小陇山林区对残败林的改造方法是，伐去老朽木、病虫害木、风折木和干形低劣的林木，保留各种有培育前途的中、小径木，优良的母树、幼树、幼苗和有益灌木，彻底清理林场，在林木稀疏处和林窗进行补种补栽，将残败林改造为复层异龄林。

针阔混交林的诱导方法。通过林分改造，在针阔混交林适生地带，要将其尽可能诱导为针阔混交林。这是根据多数阔叶次生林的特点，促进次生林进展演替，变劣质低产为优质高产高效的一种极为重要的改造方法。因为次生林中有良好的伴生阔叶树种，有天然下种或有较强的萌芽更新能力，较易诱导为理想的针阔混交林，提高其生产力和多种效益。诱导针阔混交林的方法主要如下：

① 择伐林冠下栽植针叶树。在改造异龄复层阔叶次生林时，通过择伐作业，保留中、小径木和优良幼树，清除杂草、灌木后，在林间隙地种植耐荫针叶树，逐步诱导成针阔混交林。

② 团、块状栽植针叶树。对阔叶次生林采伐迹地，不立即进行人工造林，待更新阔叶树出现后，再在没有更新苗木和没有目的树种的地方，除去杂草、灌木和非目的树种，然后呈团、块状栽植针叶树，使其形成团、块状针阔混交林。

③ 人工营造针叶树与天然更新阔叶树相结合。这种方法适用于有一定天然更新能力的皆伐迹地和南方亚热带地区。当种植地针叶树成活、天然的阔叶幼苗成长起来后，在幼林抚育时，有目的地保留生长良好的针阔叶树种与具有增加土壤肥力的灌木，使其形成针阔混交林。

## 5.3 水库及河岸防护林

### 5.3.1 水库及湖泊周围防护林

池塘水库及湖泊防护林的配置包括三大部分：上游集水区的水源涵养林、水土保持林，塘库沿岸的库岸防护林，坝体前面以高的地下水为特征的一些地段的人造林。

在设计塘库沿岸防护林时，应该具体分析研究塘库各个地段库岸类型、土壤母质性质以及与塘库有关的气象、水文资料（如高水位、低水位、常水位等持续的时间和出现的频率，主风方向，泥沙淤积特点等），然后根据实际情况和存在的问题分地段进行设计，而不能无区别地拘泥于某一种规格或形式。沿岸的防护林重点应设在由疏松母质组成和具有一定坡度（30° 以下）的库岸类型。

（1）库岸防护林组成。

库岸防护林由靠近水位的防浪灌木林和其上坡的防蚀林及位于二者之间的防风

林组成。但要视具体情况而定，例如，如果库岸为陡峭类型，其基部又为基岩母质，则无须也不可能设置防浪林，视条件只可在陡岸边一定距离处配置以防风为主的防护林。

（2）库岸防护林起点。

确定护岸林防止浪蚀界线与水位的变动范围，对于确定塘库沿岸防浪灌木林带的设计起点是很重要的。确定防波林或水库防护林起点可选择下列5种情况：① 由高水位开始；② 由高水位和正常水位之间开始；③ 由常水位开始；④ 由常水位和低水位之间开始；⑤ 由低水位开始。具体一个水库设置沿岸防护林应由何点作为起始线，在分析有关资料时考虑如下的原则：如果高水位和常水位出现频率较少和持续时间较短而不至于影响耐水湿乔灌木树种的正常生长时，林带应该尽可能由低水位线和常水位线之间开始。这样，一方面可以更充分合理地利用水库沿岸的林地作为林木生长用地，另一方面也可使塘库沿岸的防护林充分发挥其降低风速和防止水面蒸发的防护作用，使更大的水面处于其防护范围之内。防护林带的设计起点多建议由正常水位线或略低于此线的地方开始。

（3）库岸防护林宽度。

塘库沿岸防护林带的宽度应根据水库的大小、土壤侵蚀状况及沿岸受冲淘的程度而定。即使同一个水库，沿岸各个地段防护林带宽度也是不相同的。当沿岸为缓坡且侵蚀作用不很剧烈时，林带宽度可达30～40 m；当坡度较大，水土流失严重时，其宽度应扩大到40～60 m；在水库上游进水凹地泥沙量很大时，林带宽度甚至可达100 m以上。一般只有在平原地区较小的池塘，其沿岸防护林的作用以防风、美化景观为主时，林带宽度才可采用10～20 m的宽度或更小些。

（4）库岸防护林结构。

库岸防护林的具体组成和结构主要取决于防护作用的要求及立地条件的变化，基本上由防浪灌木林和兼起拦截上坡固体径流与防风作用的林带所组成。配置在常水位线或其略低地段的防浪灌木要由灌木柳及其他耐湿的灌木组成。在库岸防护林带以下，可以种植一些水生植物作为防止风浪冲淘作用的补充措施。根据水位变动情况，可以在靠近林带的区域种植挺水植物，以下区域种植沉水植物。在常水位以上的高水位之间，采取乔灌木混交型。一般乔木采用耐水湿的树种，灌木则采用灌木柳，使其能形成良好的结构。在高水位以上，立地条件常变得干燥，应采用较耐干旱的树种，特别是为了防止库岸周围泥沙直接入库及防止牲畜的进入，可在林缘配置若干行灌木，形成地上地下的紧密结构型。对于坝体前面或其低湿地，宜用作培育速生丰产林基地，选择耐水湿和盐渍化土壤的不适耕地，在进行林业生产的同时，对这些地方进行土壤改良。同时，栽植成块或片状林，通过林木强大的蒸腾作用可以降低该地的地下水位，有利于附近其他用地的正常生产。在塘库沿岸一些特殊的地段，如有崩塌、滑落等危险时，应采用加固基础的措施，给人工造林恢复自然风貌创造适宜的条件，主要有土柳护岸工程、土壤改良工程等。

### 5.3.2 河岸防护林

1. 护滩林配置

河川缓岸的河滩地属河川的滩地，枯水期不浸水，在洪水期仍有浸水的可能。在洪水期可能短期浸水的河滩外缘（或全部）栽植乔灌木树木，达到缓流挂淤，保护河滩的目的。即使在陡岸进行必要的工程防护之后，也可自然形成滩地进行造林，以巩固陡岸。常见的护滩林有雁翅柳、沙棘造林等。

（1）雁翅柳（雁翅形造林）。

当顺水流的河滩地很长时，可营造雁翅式护滩林，即沿河流两岸（或一岸）河滩地进行带状造林，顺着规整流路所要求的导线方向，林带与水流方向构成 30° ~ 45° 角，每带栽植 2 ~ 3 行杨柳，每隔 5 ~ 10 m 栽植一带，其宽度依滩地的宽度和土地利用的要求而定。树种主要采用柳树（或杨树），行距为 1.0 ~ 1.5 m，株距为 0.5 ~ 0.75 m。造林方法是埋干造林，应深埋不宜外露过长，插干采用 2 ~ 3 年生枝条，长 0.5 ~ 0.7 m，主要依地下水的深度而定。林带的位置和角度应因地制宜，被河水冲刷的一面，林带可伸展到河槽边缘，林带与水流所成的角度宜小，带距可缩短（图 5.1）。

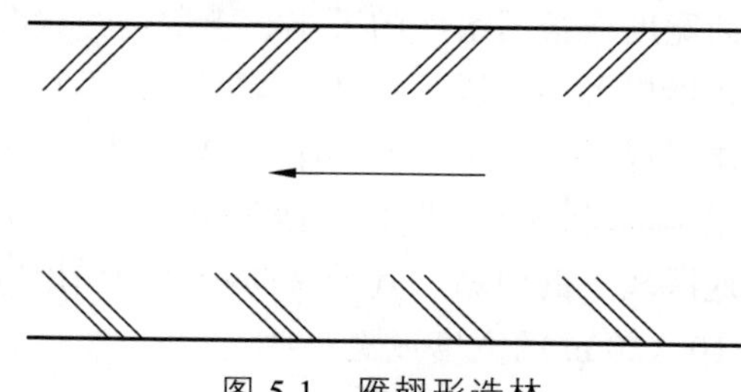

图 5.1　雁翅形造林

（2）沙棘护滩工程。

我国北方一些季节性洪水泛滥的河流，多具有冲积性很强的多沙河滩，河滩宽阔，河床平浅，河道流路摇摆不定，河岸崩塌严重，从而造成洪水危害，威胁河流两岸川地和居民区的安全。按治河规划，河川流路水文计算，留出足够的河床过水断面，在规整流路所要求的导线外侧，营造以灌木沙棘为主（其中稀植适生杨柳类乔木）的护滩林。沙棘迅速覆盖滩地，有利于多沙水流漫洪挂淤，水平根系网结构严紧，有利于河岸稳定，逐步转变成缓式谷坡河岸。同时，还可从中获取薪柴等经济效益。

2. 河川护岸林

根据河岸的特征，河川护岸林可分为以下几种类型：

（1）人工开挖河道护岸林。

① 梯形断面：梯形断面是最常用于人工开挖河道和小流域治理的断面形式。在河道断面流水线以上部分，沿岸堤采用以乔木、灌木为主的植被措施，多营造 2 行以上的护岸林（图 5.2）。它既有一定的生产价值，又有美学功能。这种方法多选择杨、柳；南方可选择杉木、桉树等进行种植。

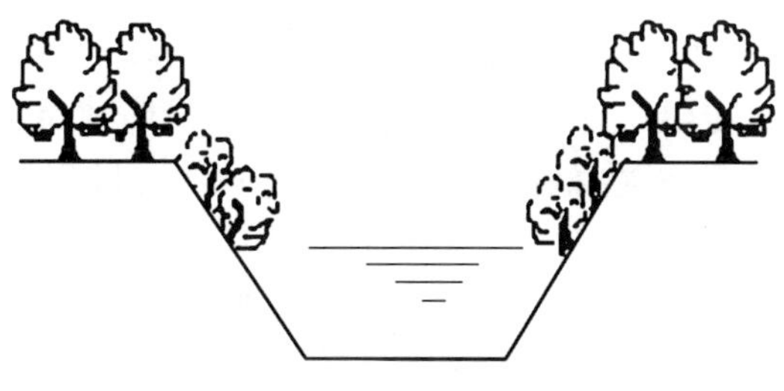

图 5.2 梯形断面

② 复式断面：复式断面是在较大河流的河槽整治中常采用的断面形式。一般河岸浅滩造灌木林（注意在河道通过居民区的地段，浅滩上不造林，以保持河槽的最大过水能力，并作为洪水波浪的缓冲容积），浅滩以上栽植乔木 2 行至多行，其目的是稳定河岸、美化景观，并改善当地的气候环境（图 5.3）。

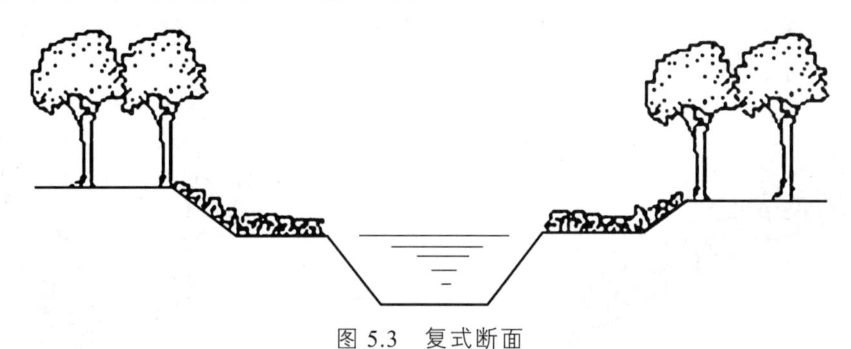

图 5.3 复式断面

（2）天然河道护岸林。

① 平缓河岸的护岸林。一般在平缓河岸上的立地条件较好，护岸林的设置可根据河川的侵蚀程度及土地的利用情况来确定。在岸坡上可采用根蘖性强的乔灌木树种来营造大面积混交林，在靠近水位的一边栽 3 ~ 5 行灌木。如果是侵蚀和崩塌不太严重的平缓岸坡，洪水时期岸坡浸水幅度不太大时，紧靠灌木带，应用耐水湿的杨、柳类等营造 20 ~ 30 m 宽以上的乔木护岸林带。如果岸坡侵蚀和崩塌严重时，造林要和保护性水利工程措施结合起来。靠近崩塌严重的内侧栽植 3 ~ 5 行的灌木，河岸上部比较平坦的地方沿河岸采用速生和深根性的树种，如刺槐、杨树、柳、臭椿、白榆等，营造宽 20 ~ 30 m 的林带（图 5.4）。

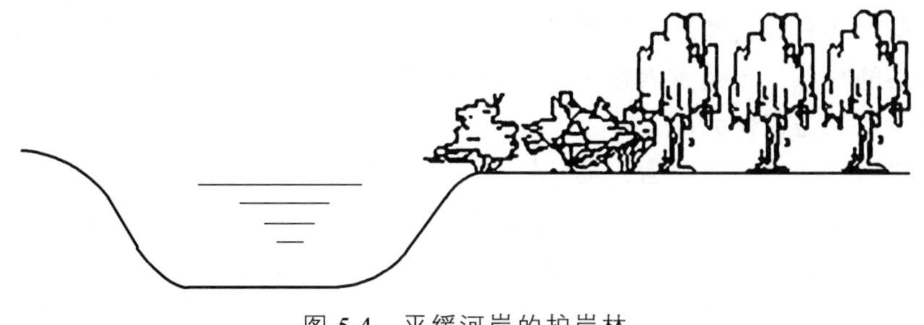

图 5.4 平缓河岸的护岸林

② 陡峭河岸的护岸林。一般河流陡岸为河水顶冲地段，侧蚀冲淘严重，易倒塌。因此，护岸林应配置在陡岸岸边及近岸滩地上，以护岸防冲为主。陡岸岸上造林，除考虑河水冲淘外，还应考虑重力崩塌。在 3 ~ 4 m 以下的陡岸造林可直接从岸边开始造林；在 3 ~ 4 m 以上的陡岸造林，应在岸边留出一定距离，一般以从岸坎临界高度的高处按土体倾斜角（即安息角，黄土、沙黄土为 32° ~ 45°）引线与岸上之交点作起点。

陡峭河岸的立地条件比较恶劣，护岸林的营造最好采用乔灌木混交方式，适宜的树种为刺槐、柳、杨、臭椿、楸、沙棘、柠条、紫穗槐等。林带的宽度可根据河川的侵蚀状况及土地的利用情况而确定，尽可能应用农田与河岸间的空地，包括近岸滩地林带，宽为 20 ~ 40 m（图 5.5）。

③ 深切天然河槽护岸林。深切天然河槽在南方最为常见，沿岸布设护岸林带，使之与山谷边缘森林连接，既保护了河岸，又提高了景观价值。树种多选择棺木、杉木、马尾松、灌木柳等（图 5.6）。

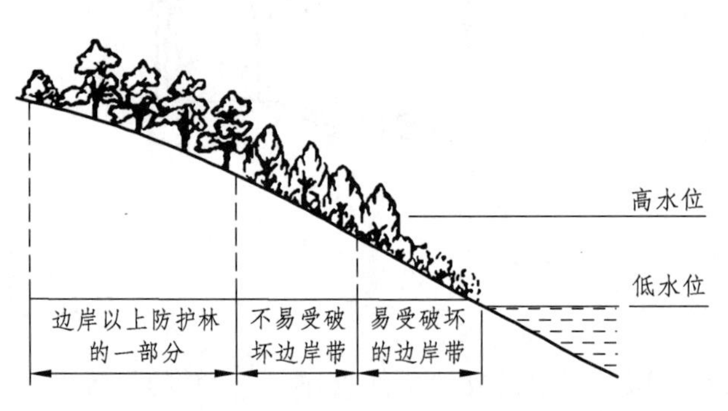


图 5.5　陡峭河岸的护岸林

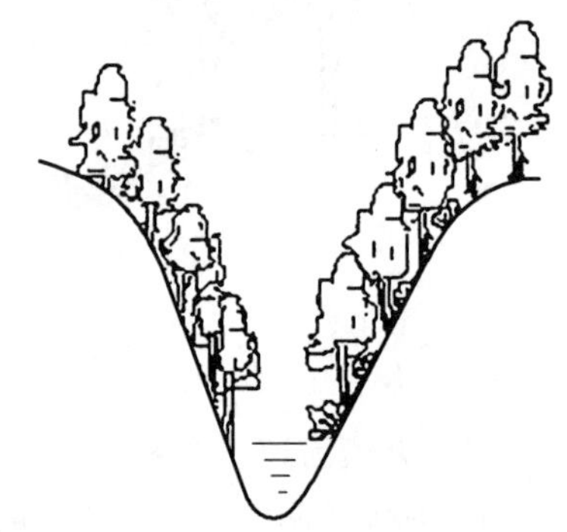

图 5.6　深切天然河槽的护岸林

④ 防浪护堤林。江河中下游，河道宽阔，湖泊星罗棋布，每遇汛期，为防止洪水危害，多在沿江（河）、沿湖修筑防洪大堤，为保障大堤安全，年年必须投入大量人力和物力，以保证无决堤漫溢的危险。

影响江河和湖区大堤安全的因素主要为：汛期洪水涨潮，风至浪起，惊涛拍岸，引起大堤破坏决口；另外，高水潜流，对大堤基部的冲淘、侵蚀引起决口等。对于大堤的险工险段，必须采取护堤固坡的水利工程措施，对于大范围的土质大堤，营造护岸防浪林是行之有效且费省效宏的措施。同时，堤内外立地条件多具有土层深厚，地下水位较高的特点，正是发展速生丰产林和其他林业产业的重要基地，林业本身创造的经济收益往往是很巨大的。

护堤防浪林的规划原则为：堤外挡浪，堤内取材（木材）；因地制宜，因害设防；长短结合，以短养长，充分发挥已有资源优势，迅速增加经济收入，力争做到多林种、多树种，立体配置；防浪林宽度，应不影响行洪，要充分利用外滩地，同时防浪林要依据树木根系分布范围离开大堤一定距离（一般 10 m 以上），同时要挖断根沟，以防止根系对大堤的破坏；防浪林的高度一般当比堤顶高 1～2 m 为宜，树种要选择树冠大、枝叶茂密、枝条柔软的树种（图 5.7）。

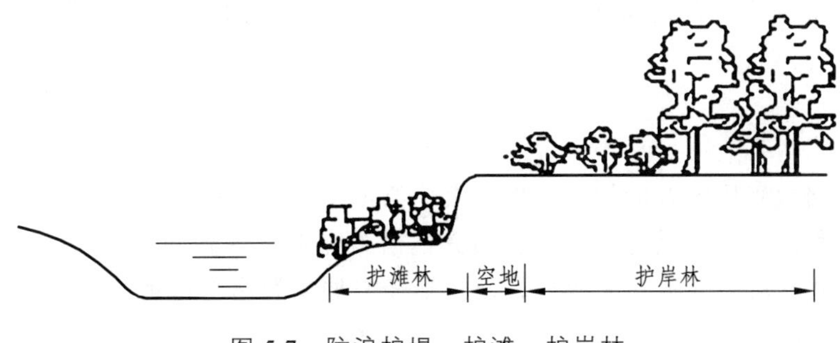


图 5.7　防浪护堤、护滩、护岸林

### 5.3.3　河岸生物工程

为了维持和保持河岸带生态系统的稳定性，恢复河岸带植被，首先需要对河岸进行稳定，防止河岸的冲淘、崩塌、滑坡等侵蚀的发生。对于河岸稳定的工程措施有很多种类型，在河道治理中已经有了广泛的应用。但是在一些河段完全采取工程措施，对河岸进行硬化处理，不仅造价高且还会引起一系列的生态问题，因此近年来河岸治理的生物工程方法得到重视，并迅速发展。其中，美国农业部林务局颁发了《河湖岸稳定的土壤生物工程指南》*A Soil Bioengineering Guide for Streambank and Lakeshore Stabilization*，以下是指南中提倡的一些方法。

#### 1．灌丛枝条填充

该法用于维修堤岸上出现的范围较小的局部坍塌和洞穴时，一层枝条一层土交替填充，夯实土层。随着枝条根系在土层中扩展土壤固结的一起，而同时枝条可以拦截地表泥沙填充塌陷部分。

效果：滞缓径流，防止侵蚀与冲刷，为乡土树种侵入创造条件。

#### 2．灌丛枝条层积

该法是将切条沿等高线或者河岸边水平放置，一般枝条与坡面垂直，起到减缓岸边水流流速、滞缓坡面径流防止土壤侵蚀的作用，枝条的张力作用起到增强土壤内聚力稳定边坡的作用。

效果：增强土壤抗剪力，拦截泥沙，改善微气候条件，提高种子发芽率与自然更新能力。

#### 3．植物挂淤

该法主要用于保护岸边与恢复植被，适用于溪流与湖泊，以防止风浪侵蚀。植物挂淤和风浪相垂直，死的与活的枝条可以起到及时与长期的稳定、覆盖及鱼类生境保护作用。方法是挖“V”字形沟槽，岸边相对的一侧放置活的插条，并用土壤填实，靠近岸边的一侧装填一层土壤一层石块，以保持枝条的稳定性。

效果：减小水与风的速度，沉积泥沙，增加了土壤的抗剪力，促进了本地种的生长。

4．灌木沉床

该法是将放置固定好的枝条捆作为沉床给河岸水位波动区域提供保护。这种方法一般与稳定坡脚的其他措施相结合，为其他措施应用提供基础。

效果：用于陡坡急流段效果好，能迅速恢复原生河岸与植被，捕获泥沙，有利于乡土植物定居。

5．椰壳、黄麻等纤维捆

该法是用椰子壳纤维、黄麻、稻草与长的枝条制成，通常放置在高水位线，堆放或单个放置，然后用绳子绑在一起。植物在卷捆与后面的土壤之间生长。也可作为防浪堤应用在水面较平静的湖岸边，减小波浪的能量有助于湿地群落的发育。

效果：植物发芽后有效固结岸边，防止浅层滑坡与毁岸，促进植物生长。

6．活木框体墙

该法用于重修近似垂直的岸边。由原木或木条做成箱状结构，箱内底部用石块装填，上部用土壤装填并与通常的高水位平齐。头朝外、根在土壤中分层放置，活枝条在栅栏中。当枝条成活后植被逐渐替代栅栏的木作用。

效果：水流湍急的地方效果好，能有效防止侵蚀形成沟道，改善生境的作用强。

7．活柴笼

该法用于地表侵蚀控制，成活后根系在地表的扩展有助于稳定岸边。柴笼由活切条捆绑而成，沿等高线放置在干燥坡面的沟槽中以增加水分或以一定的角度放置在湿润的坡面上以利于排水。

效果：防止浅层滑坡，减少土壤侵蚀，改善植物生长的微气候条件，促进植物的定居与生长。

8．植物捆

该法用于建立草皮、莎草和芦苇，可在确保河流与湖泊岸边稳定的同时将植物引入。用粗麻布与麻绳做成卷状物，把有丛生植物的草皮紧密地放置在像腊肠一样的卷状物中。

效果：提供微环境帮助植物生长与侵入，淤积泥沙，快速起到保护作用。

9．植物垫

该法应用于需要紧急覆盖的地方。由已经种植生长的植物与无纺材料组成，2～3 in（50.8～76.2 mm）厚，无纺材料为椰子壳纤维用有机质胶结在一起，并在其上植入生长基质，常常种植草本植物，如沙草或水草等。

效果：重量轻，便于运输，即刻改善生境，沉积泥沙，作应急用。

10．树木、伐根、原木护岸

该法对岸边起到直接保护作用，防止风浪侵蚀，与其他的土壤生物工程一起使用稳定岸边。整株树木用绳线绑在一起，固定在岸边；树枝减缓流速，沉积泥沙，为鱼类提供小生境。有时用原木铺面，即去掉一部分或全部树枝，目的是更加紧密堆放，适用于湖边与水库岸边以减缓波浪，阻止杂物冰块对岸边的破坏，沉积泥沙。

效果：增加岸边的抗冲能力，可以为昆虫、鱼等提供上方覆盖、防风、静止区，增加河流走廊生物多样性。

11．植被土工格框

该法适用于河岸的重修。除了用土工布包裹土壤外，其做法与灌木压条相同。按层放置活的枝条。

效果：沉积泥沙，进一步稳定岸边，为植物侵入创造环境，迅速恢复植被。

12．网络固结栽植

将这种方法应用于堆积石护坡，可以提供生境和美化环境。植物根系有助于保持岩石中的土壤。当放置岩石在坡面时，可以把活树桩放置在里面，或者扒开已堆积的岩石放置进去。

效果：第一年需要灌溉保证成活率，根系可以防止岩石间细土的流失，到洪水位时消减能量。

## 本章小结

水源保护林是指在江河源区及湖泊、水库、河流岸边发挥水源涵养与水土保持作用的森林。水源保护林的主要功能应当包括水源涵养、水土保持、水质改善三部分内容，水源保护林体系应该是一种以水源涵养、水土保持为核心的，兼顾经济林、薪炭林、用材林的综合防护林体系。

水源保护林的营造包括三个方面：一是水源保护人工林的营造，主要是水源区内草坡、灌草坡和灌木林及其他宜林地的人工造林；二是现有水源保护林（天然林和人工林）的经营管理，主要是水源保护林的理想林分结构及培育（或作业法）；三是水源区内天然次生林，低价值（指涵养水源功能低）人工林、疏林的改造。

池塘水库及湖泊防护林的配置包括三大部分：上游集水区的水源涵养林、水土保持林，塘库沿岸的库岸防护林，坝体前面以高的地下水为特征的一些地段的造林。

河岸防护包括河岸防护林，河滩防护林，以及河岸带的生物防护工程措施。

思考题

QUIZ

1. 试述森林的水源涵养作用。
2. 试述一般水源保护区的范围包括哪些。
3. 试述水源保护林的林分结构与水源保护效益如何。
4. 水库、河岸等滨水地带防护林营造的技术特点有哪些?

# 第 6 章 高原、平原农田防护林工程

西藏自治区位于我国的西南地区、青藏高原的西南部，面积 $1.228\,4\times10^{6}$ km$^{2}$，约占我国陆地面积的 1/8，仅次于新疆维吾尔自治区，南北最宽约 1 000 km，东西最长达 2 000 km。目前，西藏拥有宜农耕地 $4.533\times10^{5}$ hm$^{2}$，约占全区土地总面积的 0.42%；净耕地面积 $3.49\times10^{5}$ hm$^{2}$，约占全区土地总面积的 0.31%。

我国平原地域辽阔，总面积约为 $1.150\times10^{6}$ km$^{2}$ 占国土面积的 12%，主要有东北平原、华北平原、长江中下游平原、珠江三角洲平原等。我国平原地区有人口 3 亿多，耕地面积近 $4\times10^{7}$ hm$^{2}$，是我国农产品的主要生产基地，也是经济文化发达的地区，在国民经济中占有重要地位。

长期以来，我国平原地区植被稀少，东北西部、华北永定河下游、冀西沙荒地、豫东黄河故道等地，风沙侵蚀危害农田严重，粮食产量低而不稳，群众用材、烧材缺乏，生产生活比较困难。中华人民共和国成立后，广大人民群众在党和政府的领导下，首先在这些地方轰轰烈烈地开展起了以治沙为主要目标的造林运动。70 多年来，造林地域不断扩大，从沙荒造林、“四旁”植树、农林间作，发展为目前的以建设农田林网为主，结合“四旁”植树、农林间作、成片造林，带、网、片、点相结合的多林种、多树种、多功能的综合性防护林体系。

## 6.1 防护林理论基础

### 6.1.1 平原防护林类型

平原区防护林实际是以农田防护林和草牧场防护林为主体框架的，包括固沙林、水土保持林、盐碱地造林、小片用材林、薪炭林及“四旁”绿化与其他林种相结合的防护林业生态工程体系。我国平原区，可分为平原农业区和风沙区。平原农业区以农田防护林网为主体；风沙区（含农田的牧场）以防风的固沙林为主体。因此，本章重点叙述农田生态防护林和草牧场防护林。

### 6.1.2 平原防护林与农业可持续发展

人类历史发展到今天，已经达到了能否与自然资源和环境维持平衡的关键阶段。“我们只有一个地球”，而地球上的自然资源是有限的，地球上的自然环境也正向不利于人类生存的方向演变。现代人类活动的规模和性质已经对人类后代的生存构成了威

胁。在这个背景下，可持续性就成为对所有自然资源开发利用及一切人类经济活动的准则，当然也是平原地区人类活动的准则。

平原防护林应该能够有效地消除或减轻平原地区存在的尘风暴、干热风、风灾、低温冷害、旱涝、土壤盐渍化等自然灾害，能够增强一个地区人工生态系统的抗干扰能力，从而有利于提高该地区可持续发展的水平。

### 6.1.3 平原防护林效益

1．平原防护林的防风效应

防护林带作为一个庞大的树木群体，是害风前进方向上的一个较大障碍物。林带的防风作用是由于有害风通过林带后，气流动能受到极大地削弱。实际上害风遇到林带后一部分气流通过林带，由于树干、树枝、树叶的摩擦作用将较大的涡旋分割成无数大小不等、方向相反的小涡旋。这些小的涡旋互相碰撞和摩擦，又进一步消耗了气流的大量能量。此外，除去穿过林带的一部分气流受到削弱外，另一部分气流则从林冠上方越过林带迅速和穿过林带的气流互相碰撞、混合和摩擦，气流的动能再一次削弱。

（1）林带对气旋结构的影响。

当害风遇到紧密结构的林带时，在林带的迎风面形成涡旋（风速小、压力大），后来的气流则全部翻越过林冠的上方，越过林冠上方的气流在背风面迅速下降形成一个强大的涡旋，促使越过林带的气流不断下降，产生垂直方向的涡动。这种状况是由于上下方的风速差、压力差和温度差的共同作用造成的。因此，在紧密结构林带的背风贴地表层形成一个比较稳定的气垫层，它促进空气的涡旋向上飘浮和林带上方的水平气流相互混合和碰撞，并继续向前运动乃至破坏和消失。

当气流遇到透风结构的林带时，一小部分气流沿林冠上方越过林带，另一部分则从林带的下方穿过林带，使透风面的气流产生压缩作用，而在林带的背风面形成强大的涡旋，这种涡旋被林带下方穿过来的气流冲击到距离背风林缘较远的地方，背风面所形成的强大涡旋一般在树高 5 ~ 7 倍的地方。

当气流遇到疏透结构的林带时，在林带背风面，由林冠上方越过而下降的气流所形成的涡旋，不是产生在背风林缘处，而是在距林带树高 5 ~ 10 倍处并产生涡旋作用。这是因为较均匀地穿越林带的气流直接妨碍着涡旋在背风林缘处的形成。所以，气流通过疏透结构林带时，遇到树干、树叶的拦阻和摩擦，使大股的气流变成无数大小不等、强度不一和方向相反的小股气流。

（2）林带对风速的影响。

不同结构的林带对空气湍流性质和气流结构的影响是不同的，因而它们对降低害风风速和防护效果也是不同的。目前，许多林学家对于林带降低风速的有效范围持不同的见解。从大量的实际观测资料来看，多数人认为降低空旷地区风速的 25%为林带的有效防风作用。这样，林带背风面的有效防护距离一般为林带高度的 20 ~ 30 倍，平均采用 25 倍；而迎风面的有效防护距离一般为林带高度（$H$）的 5 ~ 10 倍。实际上，平原防护林带的防护作用和防护距离与其结构、高度、断面类型有直接的关系。

紧密结构的林带对气流的影响是使林带前后形成 2 个静高压气枕，越过林带上方的气流成垂直方向急剧下降，因而在林带前后形成 2 个弱风区。紧密结构的林带其特点是整个林带上、中、下部密不透光，疏透度小于 0.05，中等风速下的透风系数小于 0.35 背风面 1 m 高处的最小弱风区位于林带高度的 1 倍处，防护有效距离相当于树高的 15 倍。因此，紧密结构的林带附近风速降低最大，但是它的防护距离较短（图 6.1）。

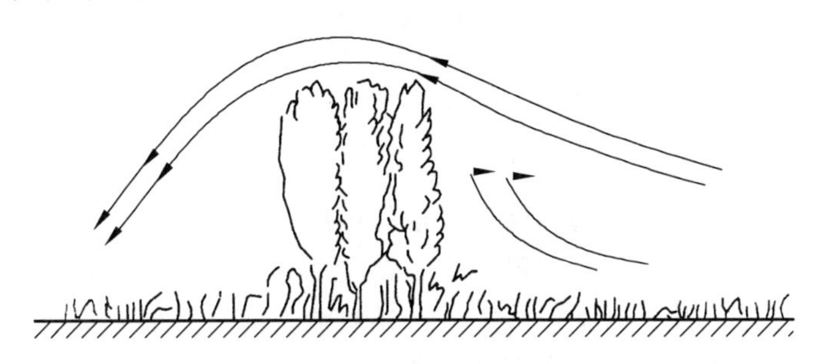

图 6.1　紧密结构

透风结构的林带不同于紧密结构的林带。由于透风结构的林带下部有一个透风孔道，这种林带结构是以扩散器的形式而起作用的。从外形上看，上半部为林冠，下半部为树林冠层的疏透度为 0.05 ~ 0.3，而下部的疏透度大于 0.6°，透风系数 0.5 ~ 0.75。背风面 1 m 高处最小弱风区位于林带高度 6 ~ 10 倍处。林带的下部及其附近的风速几乎没有什么降低，有时甚至比空旷地的风速还要大一些。所以，透风结构的林带下部及其附近很容易产生风蚀现象。但是，透风结构的林带在防护距离上比紧密结构的林带要大得多，在 25$H$ 处害风的风速才恢复到 80%（图 6.2）。

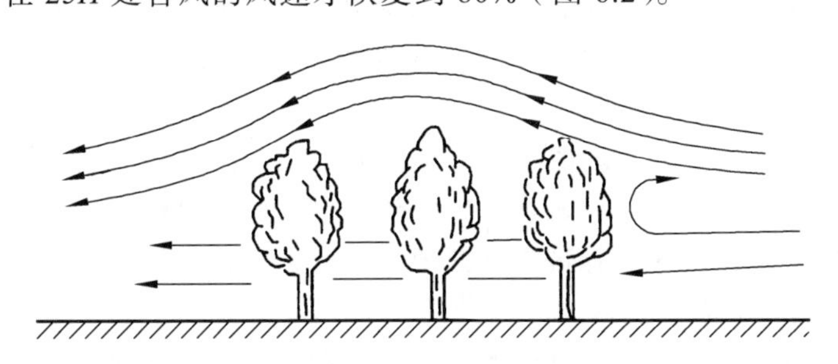

图 6.2　透风结构

疏透结构的林带是 3 种结构林带中较理想的类型。疏透结构的林带不仅能较大地降低害风的风速，而且防护距离也较大。在背风面的 30$H$ 处，害风的风速才恢复到 80%。从外形看，林带上、中、下部枝叶分布均匀，有均匀的透光孔隙。其疏透度 0.1 ~ 0.5，透风系数 0.35 ~ 0.6。其背风面 1 m 高处的最小弱风区出现在相当于林带高度的 4 ~ 10 倍处（图 6.3）。

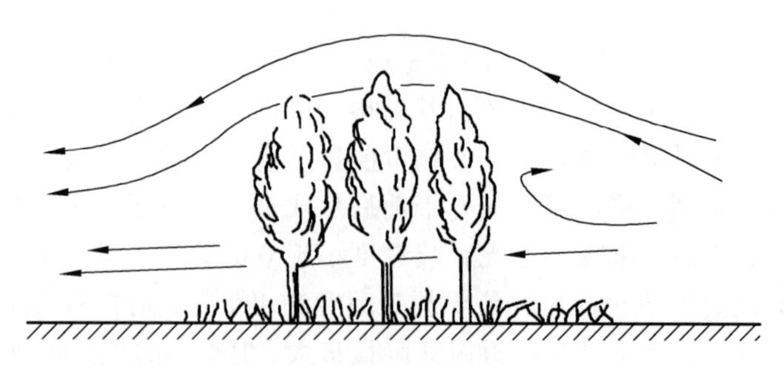

图 6.3　疏透结构

2．平原防护林带对温度的影响

（1）林带对气温的影响。

农田林带具有改变气流结构和降低风速的作用，其结果必然会改变林带附近的热量收支，从而引起温度的变化。一般地说，在晴朗的白天，由于太阳辐射使下垫面受热后，热空气膨胀而上升并与上层冷空气产生对流，而另一部分辐射差额热量被蒸发蒸腾和地中热通量所消耗。这时在有林带条件下，由于林带对短波辐射的影响，林带背阴面附近及带内地面得到太阳辐射的能量较小，故温度较低，而在向阳面由于反射辐射的作用，林缘附近的地面和空气温度常常高于旷野。同时，在林带作用范围内，由于近地表乱流交换的改变导致空气对流的变化，均可使林带作用范围内的气温与旷野产生差异。在夜间，地表冷却而温度降低，越接近地面气温降低越剧烈，特别是在晴朗的夜间很容易产生逆温。这时由于林带的放射散热，温度较周围要低，而林带内温度又比旷野的相对值高。

总体上看，在春季，林带附近气温比旷野要高 0.2 °C 左右，且最高气温也高于旷野，这有利于作物萌动出苗或防止春寒。而夏季林带有降温作用，1 m 高处气温比旷野低 0.4 °C，20 cm 高处比旷野低 1.8 °C。9 月和春季相似，冬季林带有增温作用。

（2）林带对土壤温度的影响。

林网内地表温度的变化与近地层气温有相似的规律性。观测资料表明，林带对地表温度的影响要比对气温的影响显著。中午林带附近的地温较高，而早晨或夜晚林缘附近的地温虽然略高，但 5 倍林带高度处地温较低，尤其是最低温度较为明显，其原因是在 $5H$ 处风速和乱流交换减弱的最大。

在晴天风力微弱的条件下，林带提高了林缘附近的最低温度。早晨 5：00，向阳面和背阴面均比旷野高 1 ~ 3 °C，林带内比旷野高 5 °C；林带提高了向阳面的地表温度，但降低了背阴面的最高地温，即减小了背阴面及林带内的地温日振幅。

3．平原防护林带的水文效应

（1）林带对蒸发蒸腾的影响。

大量的观测资料表明，林网内部的蒸发要比旷野的小，故可减少林网内的土壤蒸发和作物蒸腾，改善农田的水分状况。一般在风速降低最大的林缘附近，蒸发减小最大，可达30%。其中，透风结构的林带，对蒸发的减少作用最佳，在25*H*范围内平均减少了18%；紧密结构林带为10%左右。此外，林带降低蒸发作用所能影响到的范围也取决于林带结构，在疏透度为0.5的林带至少可达20%，而在紧密结构林带的条件下，由于空气乱流的强烈干扰，这个范围就会受到较大限制。

在林带对蒸发的影响中，风速起着主导作用，同时气温的影响也是相当大的。在空气湿度很小和气温较高的情况下，林缘附近因升温作用而助长的蒸发过程，往往可以抵消由于林缘附近因风速降低所引起的蒸发减弱作用。在这种情况下，尽管风速的变化仍是随林带距离而增大，但蒸发却没有多大差异。这说明林带对蒸发蒸腾的影响相当复杂，在不同自然条件下得到的结果差异很大，即林带对蒸发的影响是多种因子综合作用的结果。

（2）林带对空气湿度的影响。

在林带作用范围内，由于风速和乱流交换的减弱，使得林网内作物蒸腾和土壤蒸发的水分在近地层大气中逗留的时间相应延长，因此，近地面的绝对湿度常常高于旷野。一般绝对湿度可增加水汽压50～100 Pa，相对湿度可增加2%～3%。增加的程度与当地的气候条件有关，在比较湿润的情况下，林带对空气湿度的提高不很明显；在比较干旱的天气条件下，特别是在出现干热风时，林带能提高近地层空气湿度的作用是非常明显的。但在这里必须指出，在比较干旱的天气条件下，林带可明显提高空气湿度，而在长期严重干旱的季节里，林带增加湿度的效应就不会明显了。

此外，相对湿度的大小与气温有关，温度越高相对湿度越低。所以，林缘附近的地层气温的变化也是影响相对湿度的重要原因之一。

（3）林带对土壤湿度的影响。

土壤湿度取决于降水和实际蒸发蒸腾，而林带可以使这两个因素改变，它既可以增加降水（特别是固体降水），也可减少实际的蒸发蒸腾，因而在林带保护范围内，土壤湿度可显著增加。在降雪丰厚的地方，第一个作用就具有头等的重要性，而在气候比较温和的地区，实际蒸发蒸腾量的减少便成为增加土壤湿度的决定性因素。但是在干旱的气候条件下，由于林带能使实际蒸发蒸腾量增加，因而受保护地带的土壤就有可能比旷野还干燥。此外，在距林带很近的距离内，因林带内树木根系从邻近土壤中吸收大量水分用于蒸腾作用，常常使这些地段的土壤湿度降低。背风面5*H*处的土壤湿度比旷野可提高2%～3%。在生长期，土壤湿度的差异不太明显，林带对提高土壤湿度、延缓返盐的作用是很明显的。

在不同的年份，林带对土壤湿度的影响不同。比较湿润的年份，林带对土壤水分的影响不大，在干旱的年份却非常明显。

（4）林带对降水的影响。

林带影响降水的分布表现在林带上部林冠层阻截一部分降水，约有10%～20%的降水被林带的林冠截留，大部分蒸发到大气中去，其余的则降落到林下或沿树干渗透到土壤中。当有风时，林带对降水的分布影响更为明显。在林带背风面常可形成弱雨或无雨带，而向风面雨量较多。当降雪时，林带附近的积雪比旷野多而且均匀。林带除了影响大气的垂直降水外，还常常引起大量水平降水，在有雾的季节和地区，由于林带阻挡，常可阻留一部分雾水量，尤其在海滨地带，海雾较多，随海风吹入内陆，林带可阻留相当数量的雾水量。另外，林带枝叶面积大，夜间辐射冷却，往往产生大量凝结水，如露、霜、雾、树挂等，其数量比旷野大。

（5）林带对地下水的影响。

在干旱的灌溉农区，由于渠道渗漏和灌溉制度的不合理，以及因排水不良而造成地下水位逐年上升，最终导致土壤次生盐渍化。

在渠道的两侧营造林带，既能改善小气候，也能起到生物排水作用。一棵树好似一台抽水机，依靠它庞大的林冠和根系不断把地下水蒸发到空气中去，使地下水位降低。林木的这种排水作用不亚于排水渠。从这个角度上讲，灌溉地区的林带对地下水的降低和防止或减轻渠道两侧的土壤盐渍化有明显的作用。新疆石河子地区测定，5～6 年生 18 m 宽的白柳林带，林带每侧 16 m 范围内，平均降低地下水位为 0.34 m。脱盐范围林带每侧可达 100 m，0～40 cm 深土层内含盐量在林带内为 0.26%；距离林带 15 m 为 0.34%；距离林带 50 m 为 0.43%；距离林带 100 m 为 0.58%；距离林带 150 m 土壤含盐量为 1.0%。

另据国外研究材料表明，林带能将 5～6 m 深的地下水吸收上来蒸发到空气中去，13～15 年生的林带平均能降低地下水位 160 cm，影响水平范围可达 150 m。林带的生物排水作用，根据树种不同而异。树种不同，其蒸腾量也是不同的。

所以，林带对地下水位的影响是由林带的蒸腾作用决定的，正是由于林木能大量地将地下水蒸发到空气中去，才能使地下水位有明显的降低。林带在不同季节对地下水位的影响，也随不同季节林木蒸腾作用的强弱而异。大量的研究结果表明，几乎整个生长季林带都能使地下水位不断地降低，而林带降低地下水位最盛的时期也正是林木在生长季生理活动最旺盛的时期。一般是春季排水作用较小，从夏季到秋季排水效果明显，地下水位降低较大，7～8 月为甚，初冬后，地下水位又略有回升。

林带对地下水位影响的日变程，也是随林木蒸腾作用日变化而变化的。一天中，林木蒸腾作用最强的时刻也正是地下水位降低速率最大的时刻。

总的来讲，林带的生物排水作用表现在水平和垂直两个方向上。距离林带越近，降低地下水位的效果越明显，而且地下水位的日变化的变幅也越大。从大量的观测资料来看，林带对地下水位影响的变化趋势是基本一致的，但在不同的地区，由于自然条件的不同，其观测结果常有很大的差异。林带的树种组成、搭配方式会影响林带的生物排水效果和范围。

#### 4．平原防护林带的增产效果

国内外大量的生产实践及科学研究表明，林带对农作物的增产效果是十分明显的，一般增产幅度为 10%～30%。

我国各农田林带区的气候条件、土壤类型及作物品种、耕作技术等差异较大，各区林带、林网对农作物的生长发育都有明显的影响，对作物产量和产品质量都有明显的提高。

东北西部内蒙古东部防护林区，该区主要农业气象灾害是风沙、干旱。东北林业大学陈杰等（1987）对黑龙江省肇州县农田林内的玉米产量做了调查。结果表明，在1～30$H$范围内，平均产量比对照区增产49.2%，而且增产的最佳范围是5～15$H$。同时，农田林带网内的玉米质量也有明显的提高，玉米中淀粉、蛋白质、脂肪含量高于对照地。

华北北部农田防护林区，如河北坝上、张北地区，地势高寒，作物以莜麦、谷类为主。在20$H$范围内，林带对黍子和莜麦的产量有明显的增产效果，黍子平均增产50%，莜麦平均增产14.2%。

华北中部农田防护林区，该区是我国主要农作区，主要作物有小麦、棉花。河南、山西、山东等地的调查表明，林网保护下的小麦平均增产幅度10%～30%。华北平原许多地区常采取小麦-玉米复种，经河南修武调查，在林网保护下后茬作物秋玉米可增产21.5%。山东省林业科学研究所于1980年观测研究了林网对棉花产量的影响，结果表明在林网保护下的棉田产量明显高于对照地，增产区增产率为16.4%，考虑到林缘树根等争夺土壤水分、养分和遮荫的原因减产，林网内平均增产率仍可达13.8%。

西北农田防护林区、河西走廊张掖灌区的调查表明，受林带保护的农田比无林带保护的农田，春小麦平均增产8%。主林带间距100～250 m，副林带间距为400～600 m，网格面积4～15 $hm^2$，其中林带胁地减产区面积（林网负作用区）占6.9%～17%，平产区面积占5.2%～11.8%，增产区面积占71.2%～86.9%。

#### 5．林带胁地与对策

林带胁地是普遍存在的现象，其主要表现是林带树木会使靠林缘两侧附近的农作物生长发育不良而造成减产。林带胁地范围一般在林带两侧1～2$H$范围内，其中影响最大的是1$H$范围以内。林带胁地程度与林带树种、树高、林带结构、林带走向和不同侧面、作物种类、地理条件及农业生产条件等因素有关。一般侧根发达而根系浅的树种比深根性侧根少的树种胁地严重；树越高胁地越严重；紧密结构林带通常比疏透结构和透风结构林带胁地要严重；农作物种类中高秆作物（玉米）和深根系作物（花生和大豆）胁地影响范围较远，而矮秆和浅根性作物（小麦、谷子、荞麦、大麻等）影响较轻；通常南北走向的林带且无灌溉条件的农作物，林带胁地西侧比东侧严重，东西走向的林带南侧比北侧严重，在有灌溉条件下的农作物，水分不是主要问题。由于林带遮荫的影响，林带胁地情况则往往与上面相反，北侧重于南侧，东侧重于西侧。

产生林带胁地的原因主要有：林带树木根系向两侧延伸，夺取一部分作物生长所需要的土壤水分和养分；林带遮荫，影响了林带附近作物的光照时间和受光量，尤其在有灌溉条件、水肥管理好的农田，林带遮荫成为胁地的主要原因。

在林带胁地范围内作物减产程度是比较严重的。黑龙江安达市和泰来县等地调查表明：在1$H$范围内，作物减产幅度在50%～60%。辽宁章古台防护林实验站的调查，在林带两侧 1$H$范围内，谷子减产60%，高粱减产52.7%，玉米减产55.9%。山西夏县林业局调查：南北走向的林带对两侧小麦的影响是东侧距林带 4 m 处，小麦减产 20%；西侧距林带 4 m 处，小麦减产 8%。一个网格内胁地情况为：林带胁地宽度东面为 4.4 m，西面 3.6 m，北面 4.2 m，南面 2.5 m。

减轻林带胁地的对策如下：

（1）挖断根沟。

在以林带侧根扩展与附近作物争水争肥为胁地主要因素的地区，在林带两侧距边行 1 m 处挖断根沟。沟深随林带树种根系深度而定，一般为 40 ~ 50 cm，最深不超过 70 cm，沟宽 30 ~ 50 cm。林、路、排水渠配套的林带、林带两侧的排水沟渠也可以起到断根沟的作用。

（2）根据林带“胁北不胁南，胁西不胁东”的规律进行防护林树种配置。

在林带遮荫胁地较重的一侧，尽量避免配置高大乔木树种，而以灌木或窄冠型树种为宜，如沟、渠、路为南北走向，林带宜配置在东侧；如为东西走向，宜配置在南侧。尽量使林冠阴影覆盖在沟、渠、路面上，从而减轻林带的遮荫胁地影响。

（3）合理选择胁地范围内的作物种类。

在胁地范围内安排种植受胁地影响小的作物种类，如豆类、菌麻、牧草、薯类等，能在一定程度上减轻胁地影响。

（4）树种的选择及适宜的造林密度。

选择深根性树种（主根发育，侧根较少），并结合沙漠、道路、沟壕合理配置林带，可减少相对应的胁地距离。选择生理活动期短的树种或发叶期晚与作物生长发育期避开的树种。造林的初植密度不宜过大，尽量减少林冠郁闭后树木间、树木与农作物间对营养空间的竞争。对冠形较窄的树种（水杉、池杉等）的株距可小些，以 2.5 ~ 3 m 为宜；速生杨树的株距要大些，以 4 ~ 6 m 为宜。

（5）其他方法。

加强作物的水肥管理，保证充足的水分供应和增施肥料，深耕、深植等造林技术，也是减少胁地影响的有效措施。

## 6.2 高原农田生态防护林

农田生态防护林是以一定的树种组成、一定的结构成带状或网状配置在田块四周，以抵御自然灾害（风沙、干旱、干热风、霜冻等），改善农田小气候环境，给农作物的生长和发育创造有利条件，保证作物高产、稳产为主要目的的人工林生态系统。

### 6.2.1 农田生态林结构类型

农田生态林，按其外部形态和内部特征，即按着透光孔隙的大小、分布以及防风特性，通常把林带结构划分为 3 种基本类型，即紧密结构、疏透结构和透风结构。

1．紧密结构

这种结构的林带是由主要树种、辅佐树种和灌木树种组成的三层林冠，上下紧密，一般透光面积小于5%，林带比较宽。中等风力遇到林带时，基本上不能通过，大部分空气由林带上部越过，在背风林缘附近形成静风区，风速很快恢复到旷野风速，防风距离较短。很宽的乔木林带及株行距小并且经常平茬的灌丛，也可以形成紧密结构林带。

2．疏透（稀疏）结构

疏透（稀疏）结构由主要树种、辅佐树种和灌木树种组成的三层或二层林冠，林带的整个纵断面均匀透光，从上部到下部结构都不太紧密，透光孔隙分布均匀。风遇到林带分成两部分：一部分通过林带，如同从筛网中筛过一样，在背风面的林缘形成许多小涡流；另一部分气流从上面绕过。因此，在背风的林缘附近形成一个弱风区，随着远离林带，风速逐渐增加，防护距离较大。

3．透风（通风）结构

这种结构的林带是由主要树种、辅佐树种和灌木树种组成的二层或一层林冠，上部为林冠层，有较小而均匀的透光孔隙，或紧密而不透光；下层为树干层，有均匀的栅栏状的大透光孔隙。风遇到林带，一部分从下层穿过，一部分从林带上面绕行，下层穿过的风由于万德利（Venturi）效应，风速有时比旷野还要大，到了背风面林缘开始减弱，在远的地方才出现弱风区，这段距离有的成为林带的“混合长”。在此之后，逐渐恢复，因此，防护距离也较大。

### 6.2.2　农田生态林营造技术

农田生态林主要是在平原的田边、路旁、渠侧等处进行造林，立地条件较好。但是，保证形成生长整齐、结构合理、效益较高的林带并非易事，在造林技术上有它自己的特点与要求。

1．农田生态林的造林技术要点与要求

营造农田生态林的地区，一般为粮棉生产基地，人多地少，地形平坦，其中部分农田生态林是在原有耕地上营造的。农田林网的规划设计多与道路、渠系建筑结合配置。整地造林技术措施可以因地制宜，多种多样，必须与道路、沙漠的施工建设结合进行。

营造护田林带以改善农业生产条件，保护农作物不受风沙、干旱等自然灾害的危害为主要目的。同时，护田林带也会受到恶劣条件的影响，在树种选择上应做到适地适树外，必须通过科学的造林技术措施，保证护田林带的成功营造。在风、沙、旱、涝、盐碱等不同条件的地方，选择适宜的整地、造林等技术措施。

营造护田林带是在指定的窄长地带的土地上进行的，营造时需建立有效的造林技术组织和劳动组织，以提高劳动生产率，保质保量地完成造林工作。特别是营造不同类型的混交林，在苗木的准备、造林技术组织或劳动组织上，要求更为严格，施工技术难度也比较大。

2．划分立地类型，适地适树

平原地区由于地形单一，水热再分配问题不太明显，因此，往往对适地适树问题不够重视。实践证明，平原地区立地类型复杂多样，长期的树种单一问题已经引起了严重的后果，适地适树仍然是一个关键性技术措施。

（1）土壤含盐量与盐分构成。

东北、内蒙古、西北以及华北、中原的耕地中，有一部分为轻盐碱地。由于土壤水分中含有较高浓度的碳酸盐、硫酸盐、硝酸盐，对树木产生不同程度的毒性，使耐盐性较差的树种不能成活和生长。其中，以碳酸盐的毒性最大，硝酸盐次之，硫酸盐较轻。以氯化钠为主的土壤含盐量 0.2% ~ 0.25% 的轻盐土，会造成小叶杨、小青杨、毛白杨、加杨、泡桐、水杉、旱柳等主要树种生长不良或死亡，只有刺槐、白榆、臭椿、苦楝、乌桕、绒毛白蜡、桑、紫穗槐、柽柳等可以适应。以碳酸盐为主的东北西部地区含盐量 0.2% ~ 0.3% 的轻盐碱地，杨、柳类树种多不能适应，仅刺槐、白榆、臭椿、杜梨、胡枝子、柽柳等少数树种可以适应。而以硫酸盐、氯化钠各半的华北、中原地区含盐量 0.2% ~ 0.3% 的轻盐碱地，毛白杨、八里庄杨、山海关杨、加杨、旱柳等可以适应；含盐量 0.3% ~ 0.5% 的盐碱地，枣、侧柏、白榆、刺槐、臭椿、紫穗槐、柽柳等也可以生长。

（2）地下水位深度及排水状况。

地下水位（1 ~ 1.5 m）虽然在西北干旱地区，对部分耐盐树种，如胡杨、梭梭、沙枣、沙棘等是适宜的，但在半湿润的华北、中原地区和湿润的长江中下游平原地区，对多数树种并不适宜。据河南许昌地区林业研究所对泡桐的研究，地下水位越高，泡桐生长越差。地下水位 0.5 ~ 1 m 的 7 年生泡桐的生物量，只相当于地下水位 3 ~ 3.5 m 的同龄泡桐的 53.2%。

根据各地造林经验，湿润、半湿润地区，只有旱柳、池杉、落羽杉、枫杨、乌桕、桑、鸡婆柳等少数树种可以适应常年地下水位 1 m 左右的地带；加杨虽可以生长，但受到抑制；泡桐、刺槐长成小老树或死亡。

在季节性积水地，大多数树种生长不良或死亡。只有上述耐高地下水位的树种以及加杨、109 杨、1-72 杨、1-63 杨等少数树种可以忍耐。

（3）土壤肥力。

农田防护林营造在耕地边缘，土壤肥力一般较高。但各类土壤之间，肥力差别很大，适于肥沃土壤生长的树种，如北京杨，在沙地则生长不良。同是沙土地，其肥力也因沙下壤（黏）质间层的深浅或有无而有较大不同。

（4）干旱、半干旱地区的水源灌溉条件。

西北干旱地区的绿洲农区虽有灌溉条件，但经常过水的渠道与一年中只几次过水的渠道，其水肥条件差别很大。对于灌溉次数较少地带的林带，应选用耐旱树种，如白榆、胡杨、沙枣、程柳、锦鸡儿等；对于灌溉次数多的地带，可以营造杨树、白蜡、白柳、旱柳等喜水肥树种。半干旱地区的栗钙土类，其下钙积层不明显而有灌溉条件的，杨树多能生长良好；无灌溉条件的，仅白榆、山杏、沙棘、柠条、毛条等能够适生。

（5）钙积层的厚度与深浅。

多年来，在东北西部、内蒙古、河北坝上地区黑钙土、栗钙土类造林的实践证明，钙积层的深浅、富集程度常成为限制树木生长的重要因子。如果钙积层富集成厚盘状，而且钙积层上的土壤不足 40 cm，土壤的透水、透气性不良，肥力不足，容易积涝或干旱，石灰性反应强，杨、榆等乔木树种难以扎透钙积层顺利成长，而成为小老树。如果钙积层分散，树根可以穿过，或虽呈厚盘状，但深达 50 cm 以上，尚可允许乔木生长到一定高度。

### 3．整　地

造林前的整地是保证护田林带营造成功的重要环节，细致整地可以改善造林地土壤的理化性质，消灭杂草，蓄水保墒，从而为幼林的成活、生长创造有利条件。

（1）整地方法。

护田林带的整地方法分为全面整地和局部整地两种，具体请参阅“4.1.2 整地的方法”。

（2）整地季节。

选定适宜的整地季节，可以较好地改善立地条件，提高整地效果，保证较高的造林成活率。在北方干旱半干旱地区，土壤水分往往是影响林带造林成活率的主要因子，掌握适宜的整地季节，对于提高土壤含水率至关重要。为了保证造林时期有充分的土壤水分含量，整地季节的选择要考虑当地的气候条件、土壤条件、造林的土地利用状况、农忙与农闲季节。一般应提前整地，雨前整地，农闲整地，这样不仅有利于土壤吸收降雨贮蓄水分，消灭杂草，促进杂草及植物残体的腐烂分解，还可以调节使用农业劳动力，不误农事，也不误造林。多年的农耕地或风蚀严重的地区，可以随整地随造林。

（3）不同土壤类型的整地。

关于农田防护林造林整地的方法，以上所述是原则性的整地方法和整地季节。由于我国农田防护林地区包括多种地带性土壤气候条件，应根据各类土壤所处的地带性和气候条件，特别是降雨条件的特点以及土壤性质的不同，分别采取不同的整地形式、季节和规格。

① 栗钙土类造林地的整地。栗钙土类（包括浅栗钙土、棕钙土、灰钙土等）造林地主要集中在“三北”干旱半干旱草原地带。降水少，蒸发量大，土壤水分循环深度

只有几十厘米；腐殖质层薄，有机质含量一般只有 1% ~ 2%；土壤中沉积有比较深厚的钙积层，厚度通常为 20 ~ 40 cm，埋藏深度 30 ~ 80 cm；地下水位深，一般在 10 m 以下。所有这些特点都是林木生长发育的障碍因子。因此，栗钙土类造林整地一定要解决两个关键问题：一要多蓄水分；二要打破坚实的钙积层。在地势平坦地区可进行全面整地，提前 1 ~ 2 年逐次深耕休闲整地，即雨季前深翻，及时进行耙地保墒、休闲管理。缓坡丘陵雨蚀栗钙土地区，根据实践经验以水平沟整地为宜，沟深、宽各 1 m，长 4 m，等高排列取出沟内钙积层的土壤，换上表土 50 cm 以上，以提前 1 年的春季整地为好。台地风蚀栗钙土地区，在土层深厚、平坦的地段，可利用机械化带状整地，宽 1 m，深 5 cm。土层薄钙积层埋藏的地段，宜采用水平沟整地，还可以施入牛、马粪作为底肥，以改良土壤。

② 褐色土类造林地的整地。褐色土类（包括褐色土、黄土等）造林地主要分布在华北农田防护林地。土层深厚，但地下水位较深，达 4 ~ 10 m 以下，春季少雨、风大，温度回升迅速，因此，造林整地的主要目的是提高土壤蓄水能力。最好采用全压整地方法，如陕西定边井子林场的“三耕两耙一镇压”的整地方法，第一年秋深耕，第二年春耕、耙后秋季再耕一次，第三年春季镇压后造林，蓄水保墒效果很好，全部作业均可实现机械化。

③ 黑土类造林地的整地。黑土类（包括黑钙土、黑土等）造林地主要分布在东北西部、内蒙古东部防护林区。地下水位较深，一般在 5 ~ 10 m 以下；土壤水分来源主要靠降水，主要问题是春旱，表层土壤易干燥，常有风蚀发生。在一般风蚀不严重地区可以实行全面整地，秋翻休闲整地为宜。风蚀较严重地区可采用块状或穴状整地。

④ 草甸土类造林地的整地。草甸土类（包括草甸土、潮土等）造林地主要分布在东北西部和沿河两岸低阶地，其中潮土分布在黄河、长江中下游平原。地势平坦，土层深厚，地下水位较高，一般达 1 ~ 2.5 m，强烈参与土壤水分循环过程，水分比较丰富；半干旱地区草甸土，土壤厚度 5 ~ 6 m，因蒸发量大，土壤湿度有可能降低到毛管破裂而出现旱象。一般用全面整地，深度 30 ~ 40 cm，耙压保墒；在低洼易涝地区的潜育草甸上，应采用起垄台整地，并使台田沟与渠道沟相通，以利排水，如高垄整地（带状整地），用单铧犁进行，筑成高 20 ~ 30 cm，宽 30 ~ 70 cm 的大垄台为栽植面，犁沟可排水；不宜垄作的地块可用高台整地，台高 20 ~ 30 cm，宽 1 m，长 1 ~ 2 m 或更长，挖方的坑穴则可排水。

⑤ 盐渍土类造林地的整地。盐碱土主要分布在“三北”地区和沿海一带，并与其他土壤成复区分布。由于含盐量高，对植物毒性很大，造林成功与否与整地有很大关系。造林整地以改良盐渍土为主要目的，改良的中心是脱盐、排盐和降低地下水位。因此，整地不是一般农业耕作措施所能完成的，而是一项比较艰巨的土壤改良工程措施。无论是内陆盐渍土还是滨海盐渍土，通常都采用台田整地方式（带状或块状台田），要求台面与地下水的距离不小于 1.5 m，台田沟即为排水沟，台面平整，打畦作埴，高、宽各 40 cm，用以蓄水、保水、淋盐、压碱。

在中度或轻度盐渍土地区，采用修建条田或沟洫围田的方法进行整地，条田宽20～30 m，排水毛沟的深度最好不小于1.5 m，田面要求平整。

盐渍地存在着碱、毒、瘦、板、渍等多种不良因素，在盐地上造林要采取必要地改土措施和相应的造林技术措施，以排除或减少盐碱对树苗的危害。由于含盐程度和化学组成不同，对树木产生不同的影响，树种不同抗盐极限也不同，因此一般以根层土壤含盐量0.3%作为是否采取工程改良措施的指标。

### 4．造林方法

（1）植苗造林。

植苗造林常用的苗木有实生苗、移植苗和打插苗。营造护田林带时，选择速生树种造林，多采用1～2年生的苗木，目前也有广泛采用3～5年生的大苗。一般认为，采用大苗时，如果采取相应的技术措施，可以使林带迅速郁闭，并及早发挥防护作用。同时，可以节约部分郁闭前的抚育工作及费用。在“三北”地区，气候和土壤条件均较恶劣，地广人稀，经营管理条件较差，采用大苗造林尤为合适。

为了防止苗木生理失水过多，栽植前可对苗木地上部分进行截枝、修枝、剪叶等措施，这对于在干旱或半干旱地区秋季造林栽植萌芽力强的阔叶树种尤为重要。

护田林地植苗造林前，应在整好的造林地上，根据林带株行距的设计画线定点，做出标志，然后按照植苗造林的技术要求进行栽植。

（2）埋干造林。

埋干造林也称卧干造林，是目前普遍采用的一种造林方法，一般以树枝或树干为材料，截成一定长度，平放于犁沟中，再用犁覆土压实。但埋干造林萌条形成的幼树株距不等，需要在造林后第二年或第三年早春解冻进行第一次定干，每隔1 m保留健壮萌条2～3株，其余除去。在第三年、第四年进行第二次定干，每米保留1株。在沿河低地或湿润沙土地上采用埋干造林可获得较好的效果。

（3）扦插造林。

扦插造林也是分殖造林的一种，适用于取材丰富、萌芽力强的阔叶树种的造林。如南方的杉木，北方的杨树、柳树等。按插穗的大小又可分为插干或插条两种方法。

插干造林选用较粗的基干或树枝作为造林材料，一般选取粗3～8 cm，长2～3 m，2年生以上的干材或粗枝，在定植点挖坑扦插，下端埋入土中深度至少为50 cm。插干造林法是地下水位较深的干旱地区的深栽方法，成活率较高。

插条造林可选用幼嫩而较细的枝条为造林材料。一般用直径0.5～2.0 cm的1年生枝条，截成15～20 cm长的插穗，按林带株行距进行扦插。还可结合育苗，在土壤条件较好，或有灌溉条件地段作垄育苗，第二年间苗定株，1 $hm^2$林带育苗可以供8 $hm^2$林带造林之用，并可避免苗木长途装运，保证造林成活率，节省造林经费。

### 6.2.3 农田生态林经营管理

#### 1. 护田林带的修枝

护田林带的修枝，应与用材林相区别。修枝的主要目的是，维持林带的适宜疏透度，改善林带结构，其次才是提高木材质量。

林带的适宜疏透度依靠林带适宜的枝叶来保持。修枝不当或修枝过度会使疏透度过度增大，降低其防护效果。这是当前很多地区存在的一个严重问题。华北、中原地带有大量的窄林带由于修枝过度成为高度通风结构林带，防护效益很差。一般修枝高度不超过林木全高的1/3～1/2。

无论适度通风结构，还是疏透结构，其适宜疏透度最大不能超过0.4。需要注意以下问题，包括：

（1）在暴风多、尘风暴多且以疏透结构林带为宜的地区，一般窄林带不能修枝。例如，新疆吐鲁番市前进四村由2行榆、1行沙枣和1行桑树组成的4行窄林带未经修枝，构成疏透结构，在1979年11～12级暴风袭击下，发挥了很好的作用。各地经验证明，4行或少于4行的窄林带，只有在不修枝的情况下，才能形成疏透结构及适当的疏透度。对于这类地区的较宽林带，边缘的1～2行林木不应修枝，内部林木则应适当修枝。

（2）大风较少且以防止干热风为主要目的的林带，为保持其适当的通风结构，必要时，可适度修枝。

（3）紧密结构林带，除以防沙、固沙为目的的不能修枝外，以防风护田为目的的，应通过修枝，使其形成疏透结构或适度通风结构。

#### 2. 间　伐

间伐应当遵循以下原则：

（1）间伐有利于促进林木的生长，控制病虫害的蔓延，是经营管理中的一项重要技术措施。但是，林带间伐只能在增强其防护作用或不降低其防护作用的情况下进行。间伐后的疏透度不能大于0.4。间伐后的郁闭度不能低于0.7，这是林带郁闭度的低限标准，以防过分降低郁闭度后，引起林地杂草丛生。与此同时，间伐还应保持其合理的林带结构。

（2）根据上述要求，必须坚持少量多次、砍劣留优、间密留稀、适度间伐的原则。应当伐除的主要是病虫害木、风折木、枯立木、霸王树以及生长过密处的窄冠偏冠木、被压木和少量生长不正常的林木。

（3）据调查，对3～4行乔木林带，只能砍去枯立木、严重病虫害木和被压木的小部分。其间伐的株数，加上未成活的缺株，第一次、第二次均不能超过原植株数的15%。至于单、双行林带，除极个别枯立木、严重病虫害木外，不需要间伐。

3．更　新

树木的寿命是有限的，当达到自然成熟年龄时，因生长速度开始减慢而出现枯梢、枯干，最后全株自然枯死。随着林带树木的逐渐衰老、死亡，林带的结构也逐渐变得疏松，防护效益也逐渐降低，要保证林带防护效益的永续性，就必须建立新一代林带，代替自然衰老的林带，这便是林带的更新。

（1）更新方法。

林带的更新主要有植苗更新、埋干更新和萌芽更新 3 种方法。植苗更新、埋干更新与植苗造林和埋干造林的方法相同。萌芽更新是利用某些树种萌芽力强的特性，采取平茬或断根的措施进行更新的一种方法。这种方法在以杨、柳树为主要树种的护田林带中已有应用。

（2）更新方式。

在一个地区进行林带更新时，应该避免一次将林带全部砍光，以致广大农田失去防护，造成农作物减产，因此需要按照一定的顺序，在时间和空间上合理安排，逐渐更新。就一条或一段林带而言，可以有全带更新、半带更新、带内更新和带外更新 4 种方式。

① 全带更新。将衰老林带一次伐除，然后在林带迹地上建立起新一代林带。全带更新形成的新林带带相整齐，效果较好，在风沙危害不大的一般风害区可采用这种方式。全带更新宜采用植苗造林方法，如用大苗在林带迹地上造林，可使新林带迅速成林，发挥防护作用。萌生能力强的树种，如加杨等，也可以采用萌芽更新方法进行全带更新，这样可节省种苗用量。全带更新可采用隔带皆伐，即隔一带砍伐一带，待新植林带生长成型后，再将保留林带进行更新，在更新期间能起到一定的防护作用。

② 半带更新。将衰老林带一侧的数行伐除，然后采用植苗或萌芽等更新方法进行种植，等在采伐迹地上建立的新一代林带郁闭发挥防护作用后，再进行另一侧保留林带的更新。半带更新适宜于风沙比较严重地区，特别适宜于宽林带的更新。半带更新因受原林带的影响，植苗造林较困难，对萌生能力强的树种宜采用萌芽更新，先砍伐林带阴面一侧的一半行数，有利于萌生和树木旺盛生长，几年内就会郁闭成林，同时也节省土地、苗木和人力。

③ 带内更新。在林带内原有树木行间或伐除部分树木的空隙地上进行带状或块状整地、造林，并依次逐步实现对全部林带的更新。这种更新方式具有既不占土地又可以使林带连续发挥作用的优点。缺点是往往形成不整齐的林相，影响护田林带的防护作用。

④ 带外更新。在林带的一侧（最好是阴侧）按林带设计宽度整地，营造新林带，待新植树郁闭成林后，再伐原林带。在一些地方，称这种更新方式为滚带或接班林带。这种方式占地较多，只适宜窄林带的更新或者地广人稀的非集约地区林带的更新。

（3）林带更新年龄。

林带更新年龄从农田防护林的基本功能出发，主要考虑农田防护林防护效果明显降低的年龄，结合木材工艺成熟年龄（一般主伐年龄）及林带状况等综合因子来确定。我国主要农田防护林树种的更新年龄见表6.1。

表6.1　我国农田防护林主要树种的更新年龄

| 树　种 | 更新年龄/a |
| --- | --- |
| 泡桐等极速生软阔叶树种 | 10 ~ 20 |
| 杨树、柳树、木麻黄等速生软阔叶树种 | 20 ~ 25 |
| 刺槐、臭椿等阔叶树种 | 25 ~ 40 |
| 榆树、蒙古栎等硬阔叶树种 | 40 ~ 60 |
| 油松、樟子松、落叶松等针叶树种 | 40 ~ 80 |

### 6.2.4　高原农田防护林营造技术

1．基本概况

西藏自治区是青藏高原的主体，面积近 $1.228\,4 \times 10^6$ km$^2$，平均海拔高度约4 500 m，拥有全球独特的地貌单元。雅鲁藏布江、年楚河和拉萨河流域是西藏重要的农耕区，耕地集中分布在河岸冲积阶地、洪积石沙台地及湖盆、谷底的平坦草甸地段，少量分布在洪积砾石坡地和山麓侵蚀台地。农田防护林主要集中在雅鲁藏布江、年楚河和拉萨河的山间宽谷湖盆地带。

西藏由于地域辽阔，地形复杂，其气候也复杂多样，但从总体上看基本呈现东南到西北梯度性变化。与同纬度地区相比，西藏气候具有以下特征。

太阳辐射强，日照时间长，各地年平均总辐射量多在586 ~ 795 kJ/cm$^2$，日照一般在180 ~ 3 200 h，呈东低西高的趋势；气温偏低，气温日较差大，地表物理风化强烈，年平均气温在 – 3.0 ~ 11.8 °C，平均日温差在15 °C。受冬季西风、夏季西南季风和地形的影响，降水量呈现季节分配差异大、东西分配极不均衡的现象。季节分配不均表现在，每年的降水主要集中于5—9月，约占全年降水的80% ~ 90%，10月至次年3月，降水极少，每月平均雨量不超过3 mm，各地最长的连续无降雨日也发生在该时期，日喀则曾有过212 d无降雨的记录；雨量分布极不均衡，东南部年平均降水量可达2 817 mm，向西北方向逐渐减少至70 mm左右。强风多，大风时间长。常年均有强烈的风，年平均风速1.7 ~ 2.6 m/s，年最大风速在14 ~ 20 m/s；年平均大于8级（风速17 m/s）的大风日数最多可达200 d，春季大风尤为突出，占全年大风总天数的40%以上，并伴有风沙天气。受水热条件的控制，西藏植被自东南至西北也有明显的水平地带性，依次出现热带雨林、山地针叶林、灌丛草甸、草原、荒漠草原等植被类型。

其土壤在谷地、较高的阶地及洪积扇上为山地灌丛草原土，土层较薄，有机质含量不高；较低的阶地及河漫滩上发育着草甸土；低洼处，由于地下水位较浅，排水不良，常为沼泽土；河流两岸局部地方有风积或冲积的沙土。

2．农田防护林营造历史和现状

西藏的耕地土壤资源多集中分布在少数河流谷地内，雅鲁藏布江中游（包括年楚河、拉萨河）和藏东三江（金沙江、澜沧江、怒江）等大河谷地及察隅河、朋曲、隆子河、孔雀河、象泉河等河谷地。在这些河流域中，一江两河（雅鲁藏布江、拉萨河、年楚河）河谷地内的耕地土壤面积约占自治区耕地土壤总面积的 55%，是西藏种植业生产基地，素有“西藏粮仓”之称。据历史记载，“一江两河” 曾是原野秀沃、夹河多怪柳，山多有柏的有林区。然而，长期的过度开发，使森林资源遭到严重破坏，造林事业却根本得不到发展。该区域人口过于集中，经济活动日益频繁以及农村能源紧缺等社会因素，又导致自然植被累遭破坏、森林资源日益减少、植被覆盖率极低，使本来就很脆弱的生态环境更加恶化，其表现在于农村能源紧缺、水土流失加剧、沙地面积扩大、草场牧地退化、自然灾害频繁，给农牧业生产及国民经济带来了不同程度的损失。

西藏和平解放后，在西藏工委召开的“西藏地区首届森林保护和森林采伐”会议上，对无林地区提出“积极造林和抚育相结合”的方针，揭开西藏大规模造林事业的序幕。对于高寒缺氧的一江两河地区，开展林业建设、进行植树造林，不仅可提供木材、薪柴、果品、苗木和饲草、树叶等多种产品，而且能形成森林小气候、增加局部气温、减少昼夜温差、增加大气含氧量，并在减少现有天然植被的破坏、保护自然环境、防止风沙危害、减轻水土流失等方面具有重要的意义，从而保护农田草地、促进农牧业稳产高产、改善生产和工作的环境质量。为此，一江两河区开始有目的、有计划地开展防护林建设。

按照农田防护林营造目的、规模，大体可将西藏农田防护林的营造划分为两个阶段：

（1）从单一防护目的出发的营造阶段。

雅鲁藏布江畔的贡嘎县杰德秀区的人民群众为防止河谷风对农田的威胁，从 1963 年开始，营造了一条长约 6 000 m，宽 150 m，面积为 1 300 亩的防风固沙林带，这是当地群众自建的第一个防风固沙农田防护林。该林带建成后，不但起到了调节小气候的作用，还缓解了当地 3 000 亩农田沙化危害。此外，20 世纪 60 年代军垦农场也开展农田防护林的建设，如林周县澎波农场和拉萨市“七一”农场的农田防护林，在建设 6 年后就达到了有效地防止风沙侵袭，农田作物持续稳产的效果，成为拉萨河谷以林促农，持续稳产的典型。

（2）以建立综合防护林体系为目的的营造阶段。

生态环境是国民经济发展的基础，而生态环境问题实质上是一个自然资源问题。随着人口增长和消费水平提高人类对资源的需求与日俱增，有限的资源与不断增长的需求则成为阻碍社会经济持续健康发展的主要矛盾之一。因此，人类必须合理地利用自然资源，同时开展生态环境建设，用积极、主动的精神去解决资源短缺的矛盾，去恢复已遭破坏的生态环境。因而充分利用荒地资源，因地制宜加速林业建设，成为解决民用材和薪柴短缺、改善生态环境、发展地区经济的当务之急。这就意味着西藏农田防护林不再以单一农田防护为目的而建设。

综合防护林体系，是以防护林为主体，以薪炭林、用材林、经济林及特用林等为补充，各林种相互兼顾、有机结合，从而形成带、片、点融为一体的完整人工森林系统。为贯彻“保护性林业”的基本方针，综合防护林建设在认真保护、科学经营现有森林资源的基础上，以雅鲁藏布江中段、拉萨河、年楚河谷地为主线，重点建设4条沿江防护林带，构成综合防护林的主要骨架在河谷农田草场加速林网建设，完成综合防护林的网络结构：依土地条件积极营造薪炭林、适当发展用材林和经济果树，完善综合防护林的带网片结合，同时以增加森林面积、扩大森林覆盖率为中心，有计划、有步骤地对现有低海拔灌木林地、疏林地、果园进行改造，对稀疏灌丛草地及河谷水土流失和风沙危害严重地段进行生物治理，全力加快造林绿化步伐，改善生态环境，逐步建立防止风沙危害、治理水土流失、保障农牧业稳产高产和水利设施发挥长期效能、用材和薪材有机结合的综合防护林。

3．综合防护林体系建设类型

（1）农田防护林。

① 通风结构林带。

通风结构林带主要分布于拉萨河谷下游上段（行政区划上包括墨竹工卡县、林周县、达孜县）河谷阶地农田，以蒸腾系数较大的北京杨、藏川杨为主，沿水渠两旁单行种植。在植物生长季节里，树木利用庞大的根系吸收地下水分，又通过繁多枝叶的蒸腾作用扩散于空中，起到了控制水渠周边地下水位、调节农田空气湿度的作用。

② 疏透结构林带。

疏透结构林带主要分布于拉萨河谷下游下段（行政区划上包括拉萨市郊、堆龙德庆区、曲水县）河谷阶地农田，乔木以蒸腾系数较大的北京杨、银白杨为主，灌木树种以耐樵采的白柳、细叶红柳、左旋柳为主，乔、灌间行种植，对农田起到了较好的防风固沙作用，是防护效果最好的防护林。

③ 片状模式林带。

片状模式林带主要分布于山口及河滩地，树种有北京杨、银白杨、藏川杨、刺槐、榆树、白柳、左旋柳、砂生槐、锦鸡儿、醉鱼草等。该模式林带主要起防风、固沙、保持水土的作用。

④ 斑块状林带。

拉萨河谷河漫滩、低阶地大多数农田防护林建设极具特色，在土壤沙化严重或石砾含量较高的地块将防护林栽植成块状，农田四周林带为单行种栽，从总体外观看，农田防护林成斑块状。

（2）四旁绿化。

拉萨市现有的四旁绿化树种几乎全为人工种植。四旁绿化树种类受环境、气候、种苗来源等因素限制，树种种类较单一，绝大多数种类为外来树种。

墨竹工卡县、达孜县和林周县位于坡地的村庄，菠川杨作为主要四旁树种种于阶地水资源条件较好的村庄，四旁树种有北京杨、新疆杨、细叶红柳、白柳、沙糖；拉萨市区维龙德庆县和曲水县位于坡地的村庄，四旁树种主要有白柳、银白杨、榆树、醉鱼草、砂生槐；位于阶地水资源条件较好的村庄，四旁树种有北京杨、粮白杨、左旋柳、利槐、细叶红棚、白柳、沙棘、 砂生槐等，曲水县近年来陆续还开始示范种植经济灌木枸杞。

（3）公路绿化。

公路绿化始于20世纪70年代，绿化树种为藏川杨、北京杨、银白杨、新疆杨、白柳、节枝柳、长蕊柳、左旋柳等，在配置上一般以单行种植为主，给人的感觉是冷冰冰、缺乏生活情趣的植物堆砌体。20世纪90年代末，开始大规模公路绿化造林，主要树种为白柳、北京杨、银白杨、榆树、金丝柳、女贞、紫叶李、雪松、油松、侧柏等，在配置上多以高大挺拔的杨、柳、榆、槐为骨干树种，搭配女贞、雪松、侧柏等常绿树种，并点缀一定的常绿花灌木，给人以豪迈，充满生机，热情洋溢的感觉。

（4）特种林（林卡）。

“世界屋脊”的青藏高原有着严酷的自然地理条件。早期的藏族先民由于生产力十分低下，无法理解滋养而又阻隔他们的高山湖泊和雪域草原，充满了爱憎相融的复杂情感，对自然环境萌生了神秘莫测的崇拜意识。历经漫长的发展，这种对自然的崇拜意识不断积淀并内化为藏文化中重要的生态文化观和特有的地理环境观，再投射到现实自然环境，形成独具藏民族特色的林卡艺术。藏区严酷的自然条件使藏族先民对动植物产生一种善良的宗教情感，流淌出朴素的生物崇拜意识。先民对动植物提供给他们的生活资源表示感恩，同时又因人的生存对其受到的损害表示歉意。由于藏区植物种类稀少，不多的花草和树木就显得很珍贵，自古以来藏族先民就十分珍爱草木，视其为神圣。并由此形成了种种独特的传统观念和价值评判，产生出许许多多崇拜、祭祀、仪礼、节庆和习俗，并在人口往来频繁和聚集区形成了一块不能随意采摘和砍伐的特殊绿地——林卡。

拉萨河谷林卡，多建在草绿、水清的平坦河谷阶地，背靠崇山峻岭，充分借用山脉作为自己的空间背景，对山水而言，贵在利用，不重改造，不求人为叠山堆山，重没有刻意精心的理水，利用河谷原始优美的自然环境，保留山水的神脉和灵魂，透露出藏区特有的崇尚自然的景观模式。

### 4．西藏防护林存在问题

（1）林分质量不高。

首先，防护林的林分质量不高，绿化树种单一，没有形成多树种多林种的林分结构。其次，发挥重要防护作用的防护林大都是20世纪60—70年代营造，老化、病虫害严重，加之经过多年的风、霜、低温等自然灾害的袭击，以及不合理的放牧和樵采，林木受损严重，很多树木都出现断枝、无叶情况，防护能力严重减弱。

（2）农田防护林配置不合理。

农田林网中林带的正确配置，是保障林带能否成功发挥其最大防护作用的首要问题，是提高抗御自然灾害能力，建设旱涝保收、高产、稳产农田的重要手段，是农田基本建设的重要内容。通过调查发现，大部分农田防护林处于因地设置林带走向，按需确定林带距离和宽度，缺乏合理配置，农田防护效果不显著。

（3）观念滞后。

防护林处在经济活动频繁的公路、农田、宅基地地带，极容易受到人类活动的影响和破坏。加之每逢冬春季节，牛羊严重缺饲，啃食树苗现象严重，造成防护林年年造，防护林网建设却仍未形成体系的现象。当地群众对防护林建设的意义尚不能完全理解，绿化以家为单位各自为政，难以形成有效的林网配置，造成防护林防护功能低下。

## 6.3 高原草牧场防护林

在青藏高原地区，西藏的牧草地为 $8.82\times10^7$ $hm^2$（13.23 亿亩），约占全区土地总面积的 73.5%。在干旱、风沙大的牧场上建立草牧场林带，可以改变生态环境，提高草原生产力，促进畜牧业的发展。林带对改善草原小气候的效果十分显著。在防风林带背后树高 30 倍左右范围内，平均降低风速 40%～50%。在林带有效防护范围，冬季可提高温度 0.9～2 °C，夏季可降低气温 1～2 °C，相对湿度能提高 4%～11%，蒸发量可减少 6.5%～36%，土壤含水量增加 3.8%～4.7%，提高牧草产草量约 10%～15%。牧场林带修剪的枝条及枯枝落叶，可作为冬春补充饲料和放牧利用，也可建立林间放牧场，提高草场利用面积。由于牧场林带内冬季气温高，夏季凉爽，对牲畜发育有促进作用。通过林木合理更新，可给牧区提供木材。与草库伦及划区轮牧结合进行，还能起到生物圈栏的作用。

### 6.3.1 草牧场防护林结构类型

草牧场防护林主要有 3 种结构：

（1）紧密结构采用乔灌草结合形式，林带上下层密度均匀，风速 3～4 m/s 的气流很少通过，透风系数小于 0.3，适合于草库伦、浩特、栅圈及居民点防护。

（2）稀疏结构林带上下层有一定孔隙，风速 3～4 m/s 的气流可部分通过，林带透风系数为 0.3～0.5，适合于土壤瘠薄、降雪少的天然牧场、半人工牧场或丘陵牧场。

（3）透风结构上层树冠较密，下部 1.5～2 m 处有较大的孔隙，透风系数为 0.5～0.7，适合雪多的冬季放牧场或沙化的牧场及半固定沙地牧场、灌木草场。

### 6.3.2　草牧场防护林营造技术

1．造林技术

营造草牧场防护林时，必须整地。为防风蚀可带状、穴状整地。整地带宽 1.2～1.5 m，保留带依行距而定，钙积层要打破。整地必须在雨季前，以便尽可能积蓄水分。造林在秋季或翌春。开沟造林效果好，先用开沟犁开沟，沟底挖穴。用 2～4 年大苗造林，3 年保护，旱时尽可能灌水，夏天除草、中耕、蓄水。灌木要适时平茬复壮。在网眼条件好的地方，可营造绿伞片林，既为饲料林，又作避寒暑风雪的场所。有流动沙丘存在时要造固沙林，以后变为饲料林。在畜舍、饮水点、过夜处等沙化重点场所，应根据畜种、数量、遮荫系数营造乔木片林保护环境。饲料林可提高抗灾能力，提高生产稳定性，应特别重视。在家畜转场途中适当地点营造多种形式林带，提供保护与饲料补充。树种选择可与农田林网一致，但要注意其饲用价值，东部以乔为主，西部以灌为主。

主带距取决于风沙危害程度。不严重者可以 25*H* 为最大防护距离；严重者主带距可为 15*H*；病幼母畜放牧地可为 10*H*。副带距根据实际情况而定，一般 400～800 m，割草地不设副带。灌木带主带距 50 m 左右。林带宽：主带 10～20 m，副带 7～10 m。考虑草原地广林少，干旱多风，为形成森林环境，林带可宽些，东部林带 6～8 行，乔木 4～6 行，每边 1 行灌木，呈疏透结构，或无灌木的透风结构。生物围栏要呈紧密结构。造林密度取决于水分条件，条件好可密些，否则要稀些。西部干旱区林带不能郁闭。

2．草牧场防护林规划设计

设计牧区防护林要因地制宜地把基本草牧场防护林、夏季牧场防护林、定居点防护林、一般放牧场防护林和饲料基地防护林等设置成一个较完善的防护林体系，才能发挥较好的作用。

（1）基本草牧场防护林。

基本草牧场防护林是经人工建设的高产、稳产的打草场和饲料基地。这种防护林主要以防止土壤风蚀、沙化和拦蓄积雪改善牧场小气候，提高牧草产量为中心。一般以建设林网为宜，选择稀疏结构林带，按成林带高的有效防护距离 20 倍设主带，主带距 200～250 m，副带间距 500～800 m。林带方向，滩地主林带为东西向，副带南北向。带宽 10～15 m。坡地要横坡设带，也可不设副带。

（2）夏季牧场防护林。

夏季牧场防护林主要是为防止或减轻夏秋季日晒暑热对牲畜的威胁而设置的。多选择沿河、沿湖淖等有水源和地势较高、通风凉爽的地带，设置成丛状，给畜群乘凉。面积要根据牲畜种类、数量和每头牲畜需遮荫面积及树木遮荫面积等来计算。为避免畜群集中拥挤或因造林地面积过大而造成林木生长不良，可采取多角形分散成几块林地，提高防护效果。

（3）定居点防护林。

定居点往往也是冬季牧场的所在地。因此，多采取在定居点周围或附近营造紧密结构和片林的方式遮风挡雪。

（4）一般放牧场防护林。

如已实行划区轮放，可按各小区设置林网或栽植稀疏团状的片林。每片面积 15 ~ 20 $m^2$，每公顷草场均匀设置 60 ~ 75 处即可。

（5）饲料基地防护林。

这种防护林兼有生产木本饲料的作用，一般以林网或团状设置为好。饲料林主要以灌木为主，可采用柠条、沙棘、紫穗槐、胡枝子、葛藤等，在西北地区主要有踏郎、花棒、灌木柳、柽柳、梭梭、沙拐枣等，还可以选择沙枣、胡杨、旱柳、白榆、黄榆等乔木树种。这些树种耐干旱瘠薄，适应性强，可食性好，萌发力强，耐牲畜啃食，枝叶繁茂，保持水土性能好。利用荒山荒地、盐碱荒滩、四旁空地建立永久性的饲料基地，能较长时间的（十几年甚至几十年）提供大量饲料。

牧区其他林种，如薪炭林、用材林、苗圃、果园、居民点绿化等都应合理安排，并纳入防护林体系之内，实际中，常一林多用，由于放牧区的防护林树种能耐一定程度的牛羊啃食，故其还具有饲料功能，如白柳、旱柳、刺槐、榆树等。

### 6.3.3　草牧场防护林经营管理

草牧场防护林经营管理（尤其是乔木林的经营管理）参照农田生态防护林经营管理。

#### 1. 修　枝

合理的修枝可以使树木通直，加速高生长和粗生长，调节林带结构，提高防护效益。

草牧场防护林修枝强度要小些，修枝强度在枝下 2 m 高为宜。这样的林带为低度透风，防护效益较好，叶面积较大，光合作用强，有利于树木的生长，也增加了落叶量，为牲畜提供饲料。根据草牧场防护林的特点，考虑到牲畜的越冬防寒，修枝季节最好在树液流动前的早春。修枝伤口要平，不留茬。

#### 2. 平　茬

一般营造灌木护牧林，多采用直播造林方法，播种后的 2 ~ 3 年内，灌木主要生长地下根，枝叶生长较慢，所以播后的第三年要进行平茬，促进萌生新枝，加强地上部分的生长，在此期间应进行封禁，待平茬后萌发出新的枝叶方可进行放牧。

3．中耕除草

除半固定沙地和流动沙地外，在植被覆盖度较大的林带中，从营造当年到郁闭都应该进行土壤管理，包括行间中耕和行内松土除草，以改善表层土壤的通气状况。第一年应 3 ~ 4 次，以后可根据杂草的多少，确定除草的次数，应本着除早、除小、除了的原则。为解决大面积的幼龄林带的适时除草，可根据林地条件，采用顺序除草的原则，对新造林带早除，杂草繁茂的地带先除。

4．保护措施

在牧区营造草牧场防护林的难度较大，除恶劣的自然条件外，造林初期牲畜的啃食危害最大。因此，造林后的保护措施尤为重要。

林带栽植后的第一年，应防止牲畜踏坏林带，踏实土壤。必须固定管护人员看管，3 ~ 4 年后可进行调节性的放牧，放牧持续的时间和允许的载畜量，应根据植被状况和林木大小来调整，防止过度放牧。

保护措施主要有：

（1）以活柳桩作刺线桩造林必须用刺线围栏。根据经验，用活柳桩作刺线桩较好，埋设的活柳桩 80% 以上成活，不仅增加了防护效益，柳桩上当年生的枝条可以进行造林、育苗。活柳桩变成了活柳树，使柳桩加固。

具体方法：围栏应在早春晚秋，在柳树上选择小头直径 5 ~ 7 cm，截成 2 m 长的木桩，在水中浸泡 3 ~ 5 天，随取随埋，分三层填埋，逐层踏实，埋深 60 ~ 80 cm。

（2）生物围栏是在林带的外缘栽植 2 ~ 3 行醋柳、沙枣、小叶锦鸡儿或山梨，株距 30 ~ 50 cm，行距 1 m，待成活后长至 0.5 ~ 1 m 高时，剪去顶端部分，使其侧枝生长茂密，形成牲畜难以逾越的林墙，取代昂贵的刺线围栏，且能增加防护效益。

5．实行轮牧

护牧饲料林大都造成纯林，可以有计划地轮流放牧，也可以刈割饲料。在自然条件较好和经营条件许可的情况下营造混交林，其中灌木刈割饲料，乔木则可以在适度修枝或采伐时获得饲料。营造的柠条灌木丛，经羊只啃食 7 ~ 10 d 后又萌生出新的嫩枝叶，可继续轮放。因此，规划好轮放区，不但有利于灌木正常生长，也有利于经常保持羊群有丰富的饲草。

## 本章小结

营造平原区防护林的目的是利用防护林的防风及温度、水文效应，预防和减轻平原区存在的各种自然灾害，保证农业的可持续发展。平原区防护林主要分为农田生态防护林和草牧场防护林。农田生态防护林和草牧场防护林都分为 3 种结构类型：紧密结构、疏透结构和透风结构，但两者的营造技术和经营管理方法存在差异。根据造林地不同的立地条件采取不同的整地方式、造林方法和经营管理措施。

1. 简述高原、平原防护林防风效益的机理。
2. 简述高原减轻防护林带胁地的对策。
3. 简述高原农田生态防护林的造林技术。
4. 简述高原草牧场防护林的经营管理。

# 第7章 高原山地水土保持林工程

## 7.1 高原水土保持林工程体系

水土保持林是以调节地表径流，控制水土流失，保障和改善山区、丘陵区农林牧副渔等生产用地、水利设施，以及沟壑、河川的水土条件为目的的森林。高原山地水土保持林是水土保持林体系的一个分支。水土保持林体系作为山区的防护林体系，它同单一的防护林林种不同，它是根据区域自然历史条件和防灾、生态建设的需要，将多功能、多效益的各个林种结合在一起，形成一个区域性、多树种、高效益的有机结合的防护整体。这种防护体系的营造和形成，往往构成山区丘陵区生态建设的主体和骨架，发挥着主导的生态功能与作用。

20世纪70年代末，北京林业大学关君蔚教授总结了50年代以来“三北”地区营造防护林的生产经验，指出了防护林的基本林种，在此基础上提出了防护林体系简表，比较完整地表述了目前我国防护林体系的类型、林种组成等。这一防护林体系概念的提出，很快为1978年兴建的“三北”防护林体系建设工程采用。此后，长江中上游防护林体系建设工程、沿海防护林体系建设工程等也相应采用。1992年，中国林学会水土保持专业委员会学术会议上正式提出比较全面、深刻的关于生态经济型防护林体系的定义：“生态经济型防护林体系是区域（或流域）人工生态系统的主体和其有机组成部分。以防护林为主体，用材林、经济林、薪炭林和特用林等科学布局，实行组成防护林体系各林种、树种的合理配置与组合，充分发挥多林种、多树种、生物群体的多种功能与效益，形成功能完善、生物学稳定、生态经济高效的防护林体系建设模式”。

“三北”防护林体系工程中，水土保持林是重要的组成林种。之后，北京林业大学又提出了水土保持林体系（1979）的概念。1989年出版的《中国农业百科全书·林业卷》定义：“水土保持林（forest for soil and water conservation）是以调节地表径流，控制水土流失，保障和改善山区、丘陵区、农、林、牧、副、渔等生产用地，水利设施，以及沟壑、河川的水土条件为经营目的的森林。水土保持林则是水土保持综合治理的一个重要组成部分。”而水土保持林体系作为山区的防护林体系，实际包括流域内所有木本植物群体，如现有天然林、人工乔灌木林、四旁树和经济林等，是以木本植物为主的植物群体所组成的水土保持植物系统。

水土保持林业生态工程体系实际上就是以防治水土流失为主要目的，在大中流域总体规划指导下，以小流域为基本治理单元，合理配置呈带、网、片、块分布的，以水土保持林业生态工程为主体的，各种林业生态工程的有机地结合体系。水土保持林林业生态工程体系的组成及林种划分，现仅引用北京林业大学（1979）提出的我国黄土高原和北方石质山区水土保持林业生态工程体系简图（图 7.1）作为示例。

| | 水土保持林种 | 林种的生产性 | |
|---|---|---|---|
| 黄土地区水土保持林 | 分水岭防护林 | 用材林、经济林 | |
| | 护坡林 | 用材林、经济林 | |
| | 梯田地埂造林 | 经济林、果林 | |
| | 侵蚀沟道防护林 | 用材林、饲料林、燃料林 | |
| | 护岸护滩林 | 用材林、经济林 | |
| | 石质山地沟道造林 | 用材林 | 石质山地水土保持林 |
| | 山地护坡林 | 饲料林、燃烧林 | |
| | 坡地果园（特用经济林） | 经济林、用材林 | |
| | 水域防护林 | 用材林、经济林 | |
| | 山地沟道防护林 | 用材林、经济林 | |
| | 山地现有林（包括天然次生林） | 用材林、林特产品 | |

山地水土保持林体系

图 7.1　水土保持林业生态工程体系简图

在上述水土保持林林种及其形成的体系中，实际上还包括流域内所有木本植物群体，如现有天然林、人工乔灌木林、四旁植树和经济林等。这些林业生产用地反映了各自的经济目的，它们均发挥着水土保持、水源涵养和改善区域生态环境条件的功能和效益。这是因为它们和上述水土保护林体系各林种一样，在流域范围内既覆盖着一定面积，又占据着一定空间。例如，果园及木本粮油基地等以获取经济效益为主的林种，在水土流失的山区、丘陵区，林地上如不切实搞好保水、保土，创造良好的生产条件，预期的经济效益是不可能实现的。因此，在流域范围内的水土保持林体系应由所有以木本植物为主的植物群体所组成。

### 7.1.1　小流域水土保持林空间配置

1．配置原则

所谓水土保持林体系的配置就是各种生态工程在各类生产用地上的规划和布设。为了合理配置各项工程，必须认真分析研究水土流失地区的地形地貌、气候、土壤、植被等条件及水土流失特点和土地利用状况，并应遵循以下几项基本原则：

（1）以大中流域总体规划为指导，以小流域综合治理规划为基础，以防治水土流失、改善生态环境和农牧业生产条件为目的，各项生态工程的配置与布局，必须符合当地自然资源和社会经济资源的最合理有效利用原则，做到局部利益服从整体利益，局部整体相结合。

（2）因地制宜、因害设防，进行全面规划、精心设计、合理布局，根据当地林业生产需要和防护目的，在规划中兼顾当前利益和长远利益，生态和经济相结合，做到有短有长、以短养长、长短结合。

（3）对于水土保持林体系，在平面上实施网、带、片、块相结合，林、牧、农、水相结合，力求各类生态工程以较小的占地面积达到最大的生态效益与经济效益。

水土保持林体系在结构配置上要做到乔、灌、草相结合，植物工程与水利工程相结合，力求设计合理，简便易行。

2. 配置方法与模式

在一个流域或区域范围内，水土保持林业生态工程体系的合理配置，必须体现各生态工程，即人工森林生态系统的生物学稳定性，显示其最佳的生态经济效益，从而达到持续、稳定、高效的水土保持生态环境建设目标，水土保持林业生态工程体系配置的主要设计基础是各工程（或林种）在流域内的平面配置和立体配置。所谓“平面配置”是指在流域或区域范围内，以土地利用规划为基础，各个生态防护林的平面布局，在配置的形式上，兼顾流域水系上、中、下游，流域山系的坡、沟、川、左右岸之间的相互关系，统筹考虑各种生态工程与农田、牧场、水域及其他水土保持设计相结合。所谓林种的“立体配置”，既指某一林业生态工程（或林种）的树种、草种组成、人工森林生态系统的群落结构的配合形式，又指以流域为单位、从流域出口到分水岭由各林业生态工程所组成的空间结构。在水土保持林业生态工程体系中通过各种工程的“平面配置”与“立体配置”使林农、林牧、林草、林药得到有机结合。使之形成林中有农、林中有牧、植物共生、生态位重叠的，多功能、多效益的人工复合生态系统，以充分发挥土、水、肥、光、热等资源的生产潜力，不断提高和改善土地生产力，以求达到最高的生态效益和经济效益。

此外，在大中流域或较大区域水土保持林业生态工程建设中，森林覆盖率或林业用地比例往往也是确定林业生态工程总体布局与配置所要考虑的重要因素。

### 7.1.2　水土保持林草建设布局

总结中国 70 多年来水土保持的科学研究和生产实践，对于林业生态工程，至少可以有以下几点认识：一是按大中流域综合规划，以小流域为具体治理单元，在调整土地利用结构和合理利用土地的基础上，实施山、水、田、林、路综合治理，逐步改善农牧业生产条件和生态环境条件，其中造林种草等林业生态工程是不可缺少的措施；二是积极发展造林种草，建设林业生态工程是增加流域内林草覆盖率，改善生态环境的根本措施，也是防治水土流失的主要手段和治本措施；三是由于林业生态工程不仅具有生态防护效益，同时也是当地的一项生产措施，发展林业生态工程可为当地创造相当的物质基础和经济条件，可以说是水土流失地区脱贫致富的有效措施之一，这是由林业本身的防护、生产双重功能决定的，即所谓的生态经济型工程；四是水土保持是一项综合性、交叉性很强的学科，林业生态工程（即通常所说的生物措施）与水利工程是防治水土流失相辅相成、互为补充的两大措施，前者是长远的战略性的措施，后者是应急保障措施，二者必须紧密结合起来，才能真正达到控制水土流失，发展农牧业生产，改善生态环境的目的；五是林业生态工程是以木本植物为主的林、草、农、水相互结合的生态工程，乔灌草相结合的“立体配置”和带、网、块、片相结合的“平面配置”是其发挥最大的防护和经济效益的技术保证。

总之，对于广大的基本无林的、生态条件恶劣的水土流失地区，通过林业生态工程建设，大面积地恢复和营造林草植被，是可以实现生态环境根本好转的战略目标的。在这些区域，只要围绕农业生产的需要，严格规划设计，建设完善的林业生态工程体系，也可以达到改善农牧业生产条件的目的。

根据我国南北方水土保持的科学研究和生产实践，以土地利用类型为主要依据，结合地形或小地貌形态，提出水土保持林业生态工程的分类及建设布局，供参考（表 7.1）。

表 7.1　水土保持林业生态工程分类与布局

| 工程类型 | | 工程名称 | 地形或小地貌 | 侵蚀程度 | 土地利用类型 | 防护对象与目的 | 生产性能 |
|---|---|---|---|---|---|---|---|
| 坡面荒地水土保持林工程 | | 坡面防蚀林 | 各种地貌下的沟坡或陡坡面 | 强度以下 | 荒地、荒草地、稀疏灌草地、覆盖度低的灌木林地和疏林地 | 各种地类的坡面侵蚀 | 一般禁止生产活动 |
| | | 护坡放牧林 | 各种地貌下的较缓坡面或沟坡 | 强度以下 | 退耕地、弃耕地、荒地、荒草地、稀疏灌草地、覆盖度低的灌木林地和疏林地 | 各种地类的坡面侵蚀 | 刈割或放牧 |
| | | 护坡薪炭林 | 各种地貌下的较缓坡面或沟坡 | 强度以下 | 荒地、荒草地、稀疏灌草地、覆盖度低的灌木林地和疏林地 | 各种地类的坡面侵蚀 | 刈割取柴 |
| | | 护坡用材林 | 坡麓、沟塌地、平缓坡面 | 中度以下 | 荒地、荒草地、稀疏灌草地、覆盖度低的灌木林地、疏林地、弃耕或退耕地 | 各种地类的坡面侵蚀 | 取材（小径材） |
| | | 护坡经济林 | 平缓坡面 | 中度以下 | 退耕地、弃耕地、盖度高的荒草地 | 各种地类的坡面侵蚀 | 获取林副产品 |
| | | 护坡种草工程 | 坡麓、沟塌地、平缓坡面 | 中度以下 | 退耕地、弃耕地、荒草地、稀疏灌草地、覆盖度低的灌木林 | 各种地类的坡面侵 | 刈割或放牧 |
| 坡面农地水土保持林工程 | 坡耕地 | 植物篱（生物地埂、生物坝） | 塬坡、梁坡、山地坡面 | 强度以下 | 坡耕地 | 坡耕地侵蚀 | “三料”或其他 |
| | | 水流调节林带 | 漫岗、长缓坡 | 轻度或中度 | 坡耕地 | 坡耕地侵蚀 | 用材或其他 |
| | | 梯田地坎（埂）防护林（草） | 塬坡、梁坡、山地坡面 | 轻度以下 | 土坎或石坎梯田 | 田坎（埂）侵蚀 | 林副产品或其他 |
| | | 坡地林农（草）复合工程 | 塬坡、梁坡、山地坡面 | 轻度或中度 | 坡耕地 | 坡耕地侵蚀（含风蚀） | 林副产品或其他 |
| | 塬面梁峁顶防护林 | 塬面、塬边防护林 | 塬面、塬边 | 轻度以下 | 旱平地 | 耕地侵蚀（含风蚀） | 林副产品或其他 |
| | | 梁峁顶防护林 | 梁峁顶（边） | 轻度以下 | 旱平地 | 耕地侵蚀（含风蚀） | 林副产品或其他 |

续表

| 工程类型 | 工程名称 | 地形或小地貌 | 侵蚀程度 | 土地利用类型 | 防护对象与目的 | 生产性能 |
| --- | --- | --- | --- | --- | --- | --- |
| 工程类型 | 工程名称 | 地形或小地貌 | 侵蚀程度 | 土地利用类型 | 防护对象与目的 | 生产性能 |
| 侵蚀沟道水土保持林工程 | 沟谷川地防护林 | 沟川或坝地 | 微度以下 | 旱平地、水浇地、沟坝地 | 耕地侵蚀（含风蚀） | 林副产品或其他 |
| | 沟川台（阶）地农林复合工程 | 沟台地、山前阶地 | 轻度以下 | 旱平地或梯田地 | 耕地侵蚀（含风蚀） | 林副产品或其他 |
| | 沟头防护林 | 沟头、进水凹地 | 强度以上 | 荒地或耕地 | 水蚀与重力侵蚀 | 一般禁止生产活动 |
| | 沟边防护林 | 沟边 | 强度以上 | 荒地或耕地 | 水蚀与重力侵蚀 | 一般禁止生产活动 |
| | 坝坡防护林 | 沟道淤地坝 | 强度以上 | | 水蚀 | 一般禁止生产活动 |
| | 沟底防冲林 | 沟底 | 强度以上 | 荒滩或水域 | 水流冲刷 | 一般禁止生产活动 |
| 水域防护林工程 | 水库防护林 | 库坝、岸坡及周边 | 中度以上 | 荒地或水域 | 水流冲刷、库岸坍塌 | 一般禁止生产活动 |
| | 护岸防护林 | 河岸 | 中度以上 | 荒地或水域、两岸农田 | 水流冲刷、库岸坍塌 | 一般禁止生产活动 |
| | 护滩林及生物工程 | 河滩 | 中度以上 | 荒地或水域、两岸农田 | 水流冲刷 | 一般禁止生产活动 |

## 7.2 高原坡面水土保持林

坡面既是山区丘陵区的农林牧业生产利用土地，又是径流和泥沙的策源地。坡面土地利用、水土流失及其治理状况，不仅影响坡面本身生产利用方向，而且也直接影响土地生产力。在大多数山区和丘陵区，就土地利用分布特点而言，坡面除一部分暂难利用的裸岩、裸土地（主要是北方的红黏土、南方崩岗）、陡崖峭壁外，多是林牧业用地，包括荒地、荒草地、稀疏灌草地、灌木林地、疏林地、弃耕地和退耕地等，统称为荒地或宜林宜牧地，包括原有的天然林、天然次生林和人工林。后者属于森林经营的范畴，前者才是水土流失地区主要的水土保持林用地，主要任务是控制坡面径流泥沙，保持水土，改善农业生产环境，在坡面荒地上建设水土保持林。

由于山区丘陵区坡面荒地常与坡耕地或梯田相间分布，因此，就局部地形而言，各种林业生态工程在流域内呈不规则的片状、块状或短带状分散分布。但就整体而言，它在地貌部位上的分布还是有一定的规律的，它的各个地段连接起来，基本上还是呈不整齐而有规律的带状分布，这也是由地貌分异的有规律性决定的。坡面荒地水土保持林业生态工程配置的总原则为：沿等高线布设，与径流中线垂直；选择抗旱性最强的树种和良种壮苗；尽可能做到乔、灌相结合；采用一切能够蓄水保墒的整地措施，以相对较大的密度，用品字形配置种植点；精心栽植，把保证成活放在首位，在立地条件极端恶劣的条件下，可营造纯灌木林。

### 7.2.1 坡面荒地水土保持林

#### 1. 坡面防蚀林

（1）防护目的。

坡面防蚀林是配置在陡坡地（30°～35°）上的水土保持林业生态工程，目的是防止坡面侵蚀、稳定坡面，阻止侵蚀沟进一步扩张，从而控制坡面泥沙下泻，为整个流域恢复林草植被奠定基础。

（2）坡面的特点。

坡面防蚀林配置的陡坡地基本上是沟坡荒地，坡度大多在30°以上，其中，45°以上的沟坡面积占沟坡总面积的40%。有些地方，由于侵蚀沟道长期切割，沟床深切至红土。有的甚至出现基岩露头，使沟坡面出现除面蚀以外的多种侵蚀形式，如切沟、冲沟、泻溜和陷穴等，沟坡基部出现塌积体、红土泻溜体，陡崖上可能出现崩塌、滑塌等，它们组成了沟系泥沙的重要物质来源。坡面总的特点是水土流失十分剧烈，侵蚀量大（可占整个流域侵蚀量的50%～70%，甚至更多），土壤干旱瘠薄，立地条件恶劣，施工条件差。

（3）配置技术。

陡坡配置防蚀林，首先考虑的是坡度，然后是考虑地貌部位。因为陡坡上部多为陡立的沟崖（50°以上），一般配置在坡脚以上至陡坡全长的2/3为止。如果这类沟坡已基本稳定，应避免因造林而引起其他的人工破坏。在沟坡造林地的上缘可选择一些萌蘖性强的树种如刺槐、沙枣等，使其茂密生长，再略加人工促进，让其自然蔓延滋生，从而达到进一步稳固沟坡陡崖的效果。在沟坡陡崖条件较好的地方也可考虑撒播一些乔灌木树种的种子，让其自然生长。

沟床强烈下切，重力侵蚀十分活跃的淘坡，只要首先采用相应的沟底防冲生物工程，固定沟床，当林木生长起来之后，重力侵蚀的堆积物将稳定在沟床两侧，在此条件下，由于沟床流水无力将这些泥沙堆积物携走，逐渐形成稳定的天然安息角，其上的崩塌落物也将逐渐减少。在这种比较稳定的坡脚（约在坡长1/3或1/4的坡脚部分），建议首先栽植沙棘、杨柳、刺槐等根蘖性强的树种，在其成活后，可采取平茬、松土（上坡方向松土）等促进措施，使其向上坡逐步发展。虽然它可能被后续的崩落物或泻溜所埋压，但是依靠这些树木强大的生命力，坡面会很快被树木覆盖。如此，几经反复，泻溜面或其他不稳定的坡面侵蚀最终将被固定。

沟坡较缓时（30°～50°），可以全部造林和带状造林，可选择根系发达，萌蘖性强，枝叶茂密，固土作用大的树种，如阳坡选择刺槐、臭椿、醋柳、紫穗槐等，阴坡选择青杨、小叶杨、油松、胡枝子、榛子等。

2．护坡薪炭林

（1）防护与生产目的。

发展护坡薪炭林的目的是在解决农村生活用能源的同时，控制坡面的水土流失。

据原林业部造林经营司1995年调查统计，我国农村人均年需薪柴0.66 t，8亿农村人口中薪柴基本可以自给者仅占7.8%，其余一般多缺柴4～6个月。这里所谓的燃料“自给”，实际还包括一些不应作为薪柴的成分，如作物的秸秆、草根、树皮，甚至牛羊粪等。如果剔除应该合理用作饲料、肥料等的部分，则燃料短缺的情况更为严重。

在发展中国家，有15亿人至少有90%的能源是来自木材和木炭，另外有10亿人所需50%的能源来自木材和木炭。据估计，世界木材生产总量中至少有一半用作薪炭材，我国也大致如此。许多国家由于薪柴严重缺失，不少地方把牛羊粪作为传统的农村燃料（我国西藏、西北地区也同样），由此引发的植被破坏、水土流失、干旱等环境问题，已引起广泛关注，并设法找出解决能源的途径。韩国是国际上采用营造薪炭林的方法解决农村能源问题成功的例子之一，这个国家差不多利用国土面积的1/3发展各种形式的薪炭林，10年就解决薪柴需要，他们应用灌木胡枝子作薪炭树种取得了成功经验。我国政府也把解决农村能源作为解决国家能源的主要组成部分，竭力从制定政策，开源节流，以至科学研究等方面寻求有效地解决途径。

发展薪炭林解决农村能源与开发其他能源相比有其独特的优势，主要表现为投资少、见效快、生产周期短、无污染。在水土流失地区，利用坡面荒地营造薪炭林，不仅能够有效解决农村能源需要，而且本身也是一种很好的水土流失治理措施。

（2）适用立地与配置技术。

① 适用立地。距村庄近，交通方便，利用价值不高或水土流失严重的沟坡荒地。

② 树种选择。薪炭林的树种，一般应选择耐干旱瘠薄，萌芽能力强（或轮伐期短），耐平茬，生物量高，热值高的乔灌木树种。选择薪炭林的树种时，热值是必须考虑的重要评价指标。所谓热值，是指树种所贮存的大量化学能，在氧气充足的条件下，将树木各部分完全燃烧时释放的热量（kJ/kg）。评价不同树种的薪柴价值时，多以风干状态热值的大小进行比较。

③ 造林技术。薪炭林的整地、种植等造林技术与一般的造林大致相同，只是由于立地条件差，整地、种植要求更细。在造林密度上，由于薪炭林要求轮伐期短，产量高，见效快，适当密植是一个重要措施。从各地的试验结果看，北方的灌木密度可为0.5 m×1 m（20 000株/$hm^2$）；南方因雨量大，一些短轮伐期的树种，也可达此密度，如台湾相思、大叶相思、尾叶核、木荷等。北方的乔木树种可采用1 m×1 m或1 m×2 m，南方可根据情况，适当密植。

3．护坡放牧林

（1）防护与生产目的。

护坡放牧林是配置在坡面上，以放牧（或刈割）为主要经营目的，同时起着控制水土流失作用的乔、灌木林，它是坡面最具明显生产特征的，利用林业本身的特点为牲畜直接提供饲料的水土保持林业生态工程。对于立地条件差的坡面，通过营造护坡放牧林，特别是纯灌木林可以为坡面恢复林草植被创造有利条件。

发展畜牧业是充分发挥山区丘陵区生产潜力，发展山区经济，脱贫致富的重要途径。黄土高原地区山区坡面是区域畜牧业发展的基地，南方山区坡地也拥有发展畜牧业的巨大潜力。但是，水土流失的山区，由于过度放牧（很少刈割），坡面植被覆盖度小，载畜量过低，不仅严重限制了畜牧业的发展，而且加剧了水土流失和林牧矛盾。因此，在坡面营造放牧林（或饲料林），有计划地恢复和建设人工林与天然草坡相结合的牧坡（或牧场）是山区发展畜牧业的关键。

护坡放牧林除了上述作用外，在旱灾年份，出现牧草枯竭，冬春季厚雪覆盖时，树叶、细枝嫩芽就成为家畜度荒的应急饲料，群众称为“救命草”。

（2）适用地类。

护坡放牧林一般适用于沟坡荒地，不宜发展用材林或经济林的坡面，但需要立地条件稍好些的地类，因为放牧时牲畜践踏，易造成水土流失，特别是在荒草地上形成鳞片状面蚀。根据试验研究和山区群众的经验，可发展放牧林的地类有：

① 弃耕地和退耕地。弃耕地是由于土地退化严重或交通不便等原因，放弃耕种的土地；退耕地是按《水土保持法》规定禁止种植的坡耕地。这两种地类对于发展林牧业来说是立地很好的地类，应选择沟蚀、面蚀严重，地块较破碎，不宜发展经济林和用材林的弃耕地和退耕地营造放牧林。

② 荒地、荒草地和稀疏灌草地。荒地是草被盖度很低的（$<0.2$）的未利用地，水土流失严重，几乎不能进行生产利用，在山区中多数是阳坡。荒草地是草被盖度稍高（0.2～0.4）一些的草坡，鳞片状侵蚀和沟蚀严重，可以放牧，但载畜量低，山区多是条件稍好的阳坡或半阳半阴坡。稀疏灌草地是灌木盖度低于 0.2，灌下有疏密不等的草（多是禾本科或菊科），林草总盖度可达 0.5～0.6，多是条件较好的半阴半阳坡或条件稍差的阴坡。以上三类中哪些宜用作放牧林要根据具体情况确定。

③ 稀疏灌木林地和疏林地。稀疏灌木林地是盖度小于 0.4 的灌木林地；疏林地是郁闭度小于 0.3 的林地，这两种地类在山区都是立地相对较好的沟坡地。

（3）配置技术。

① 树种选择。护坡放牧林应根据经营利用方式、立地条件、水土保持树种特性确定。在黄土高原地区由于适用于护坡放牧林的立地条件不好，选择乔木树种，生长不良，且放牧不便，故多选用灌木树种。即使选用乔木树种，也多采用丛状作业（按灌木状平茬经营）。

a. 适应性强，耐干旱、瘠薄。由于用于护坡放牧林的各种地类均存在着植被覆盖度低、草种贫乏、水土流失严重、立地干旱贫瘠的问题，上述地类中直接种植牧草效果不好的，只要选用适应性强的乔，灌木树种，可获得一定的生物产量和较为满意的放牧效果。原北京林学院在甘肃庆阳测定结果表明，在相同立地条件下的饲料灌木树种，如柠条、沙棘、杭子梢等饲用嫩枝叶产量比一些传统牧草高。

b. 适口性好，营养价值高。北方一些可作饲料的树种的叶子或嫩枝，如杨类、刺槐、沙棘、柠条等均有较好的适口性。据研究略有异味的灌木如紫穗槐等也可作为饲料，大多数适口性好的饲料乔灌木树种的枝叶均有较高的营养价值。

c. 生长迅速，萌蘖力强，耐啃食。在幼林时就能提供大量的饲料，并且在平茬或放牧啃食后能迅速恢复。如柠条在生长期内平茬后，隔 10 天左右即可再行放牧。乔木树种进行丛状作业（即经常平茬，形成灌丛状，便于放牧，群众称为“树朴子”，如桑朴子、槐朴子等）时，也必须要求有强的萌蘖力，如北方的刺槐、小叶杨等。

d. 树冠茂密，根系发达。水土保持功能强，并具有一定的综合经济效益，如刺槐既可作为放牧林树种，又具有蓄水保土能力。此外，刺槐还是很好的蜜源植物。

② 配置。

a. 荒地、荒草地护坡放牧林（或刈割饲料林）的配置。此类属于人工新造林的范畴，可根据地形条件采用短带状沿等高线布设，每带长 10 ~ 20 m，由 2 ~ 3 行灌木组成，带间距 4 ~ 6 m，水平相邻的带与带间留有缺口，以利牲畜通过。山西偏关营盘梁和河曲曲峪采用柠条灌木丛均匀配置，每丛灌木（包括丛间空地）占地 5 ~ 6 $m^2$，羊可在丛间自由穿行，也可选用乔木树种，采用丛状作业，如刺槐，不论应用何种配置形式，均应使灌木丛（或乔木树丛）形成大量枝叶，以便牲畜采食。同时，应注意通过灌木丛（或乔木树丛）的配置，有效截留坡面径流泥沙。由于灌木丛截留雨雪，带间空地能够形成特殊的小气候条件，有利于天然草的恢复，从而大大提高了坡面荒地和荒草地的载畜量。一般营造柠条、沙棘放牧林 5 年后，其载畜量是原有荒草地的 5 倍多。

b. 稀疏灌草地、稀疏灌木林地和疏林地护坡放牧林（或刈割饲料林）的配置。可根据灌木和乔木的多寡，生长情况及盖度，确定是否重新造林，如果重新造林，配置方法与荒地荒草地基本相同；如果不需用重新造林，可通过补植、补种或人工平茬、丛状作业等形式改造为放牧林。

c. 放牧林造林方法。灌木放牧林多采用直播造林。播种灌木后前 3 年以生长地下部分的根系为主，3 年左右应进行平茬，促进地上部分的生长。乔木树种栽植造林后，第 2 年即可进行平茬，使地上部分成灌丛状生长。一般作为放牧的林地在造林后的 2 ~ 3 年，应实施封禁，禁止牲畜进入林内。

d. 放牧林管理。为了保证林木正常的萌发更新，保持有丰富的采食叶枝，应注意规划好轮牧区，做到轮封轮牧。同时，应提倡人工刈割饲料林饲养，并开展舍饲，既有利于节约饲料，又有利于水土保持。

（4）人工草坡的配置。

在护坡放牧林建设的同时，可选择较好的立地（最好是退耕地、弃耕地）人工种草，一般采用豆科与禾本科草混播，也可灌草隔带（行）配置，形成人工灌草坡。例如，宁夏固原采用柠条、山桃、沙棘与豆科牧草或禾本科牧草立体配置取得了较好的效果。也可乔灌草相结合，乔木如山杏、刺槐，灌木如柠条、沙棘，草本如红豆草、紫花苜蓿等。

4．护坡用材林

（1）防护与生产目的。

护坡用材林是配置在坡度较缓、立地条件较好、水土流失相对较轻的坡面上，以收获一定量的木材为目的，同时也能够保持水土、稳定坡面的人工林，是坡面水土保持林业生态工程中，兼具较高经济效益的一种。多年来的生产实践表明：北方山地和黄土高原由于长期侵蚀的影响，即便相对较好的立地，也很难获得优质木材，只能培育一些小规格的小径材（如檩材、椽材）或矿柱材；南方水土流失地区的坡面，石多土薄，特别是崩岗地区，风化严重，地形破碎，尽管降水量大，也不可能取得很好的效果。对人口稀少的高陡山地，应依托残存的次生林或草灌植物等，通过封山育林，逐步恢复植被，以水源涵养林的定向目标来经营。

（2）适用地类与立地。

① 平缓坡面指坡度相对较为平缓的坡面，此种地形一般都已开发为农田，很少能被用作林地。但也有一些因距离村庄远，交通不便的平缓荒地、荒草地、灌草地，或弃耕地、退耕地，或因水质、土质问题（如水硬度太大、土壤中缺硒或碘等）而不能居住人的边远山区。

② 沟塌地和坡麓地带。沟塌地是地史时期坡面曾发生过大型滑坡而形成的滑坡体，此类地形多发生在侵蚀活动剧烈的侵蚀沟上游沟坡，比较稳定，且土质和水分条件适中的已开发为农田；尚不稳定，或地下水位高，或土质较黏，不宜进行农作的，可配置护坡用材林。坡麓地带是指坡体下部的地段，也称坡脚，由于是冲刷沉积带，坡度较缓，土质、水分条件好的可辟为护坡用材林地。

在北方，由于干旱严重，阳坡树木的生长量很低，除采取必要的措施外，一般不适于培育用材林；阴坡水分条件好，树木生长量大，适于配置和培育护坡用材林。

（3）配置。

以培育小径材为主要目的的护坡用材林，应通过树种选择、混交配置或其他经营技术措施，提高目的树种的生长速度和生长量，力求长短结合，以及早获得经济收益。

① 树种选择。护坡用材林应选择耐干旱瘠薄，生长迅速或稳定，根系发达的树种。北方黄土高原地区可选择油松、侧柏、华北落叶松、刺槐、杨树、臭椿等，其中侧柏虽生长慢，但很稳定，抗旱性极强；华北落叶松在海拔 1 200 m 以上可考虑；杨树可配置在沟塌地或坡麓。北方土石山区可选择油松、侧柏、华北落叶松、元宝枫等，其中华北落叶松在海拔 1 200 m 以上可考虑，1 600 m 以上最好。南方山地可选择马尾松、杉木、云南松、思茅松等。混交树种宜用灌木（乔木易出现种间竞争），北方如紫穗槐、沙棘、柠条、灌木柳；南方如马桑、紫穗槐等。

② 混交方式与配置。

a. 乔灌行带混交。即沿等高线，结合整地措施，先造成灌木带，每带由 2～3 行组成，行距 1 m，带间距 4～6 m，待灌木成活经过一次平茬后，再在带间栽乔木树种 1～2 行，株距 2～3 m。

b. 乔灌隔行混交。乔、灌木同时进行造林，采用乔木与灌木行间混交。

c. 乔木纯林。乔木纯林是广泛采用的一种方式，如培育、经营措施得当，也能取得较好的效果。营造纯林时，可结合窄带梯田或反坡梯田等整地措施，在乔木林冠郁闭前，行间间作作物，既可获得部分农产品（如豆类、花生、薯类等），又可达到保水保土，改善林木生长条件，增加其生长量的目的。

无论是混交林还是纯林，护坡用材林的密度都不宜太大，否则会因水分养分不足，而导致生长不良。

③ 造林施工。一般护坡用材林因造林地条件较差（如水土流失、干旱、风大、霜冻等），应通过坡面水土保持造林整地工程，如水平阶、反坡梯田、鱼鳞坑、双坡整地、集流整地等形式，改善立地条件，关键在于确定适宜整地季节、规格（特别是深度），以及栽植过程中的苗木保活技术。

造林施工要严把质量关，不仅要保证成活率，而且要为幼树生长创造条件。

④ 抚育管理。护坡用材林成林后的抚育管理十分重要，在黄土高原地区，扩穴（或沟）、培埂（原整地时的蓄水容积，经 1～2 年的径流泥沙沉积淤平）、松土、除草、修枝、除蘖等，往往是能否做到既成活又成林的关键。

5. 护坡经济林

（1）防护与生产目的。

护坡经济林是配置在坡面上，以获得林果产品和取得一定经济收益为目的，并通过经济林建设过程中高标准、高质量整地工程，以蓄水保土，提高土地肥力，同时其本身也能覆盖地表，截留降水，防止击溅侵蚀，在一定程度上具有其他水土保持林类似的防护效益。因此，护坡经济林可以说既有生态效益，又有经济效益，是具有生态、经济双重功能的林业生态工程，是山区水土保持林体系的重要组成部分。护坡经济林包括干果林、木本粮油林及特用经济林。应当注意的是，由于坡度、地形、土壤、水分等原因，一般不具备集约经营的条件，管理相对粗放，不能期望其与果园和经济林栽培园那样，有非常高的经济效益。当然，采取了非常措施，如修筑梯田、引水上山等的坡地干鲜果园除外。

（2）适用地类与立地。

护坡经济林一般配置在退耕地、弃耕地及土厚、肥水条件好、坡度相对平缓的荒草地（盖度要高，盖度高说明肥水条件好）上，由于经济林生长需要较长的无霜期，且一般抗风、抗寒能力差，因此，应选择在背风向阳坡面进行。

（3）配置和营造技术。

护坡经济林应选择耐旱、耐瘠薄、抗风、抗寒的树种，一般宜选择干果或木本粮油树种，如杏、柿子、板栗、枣、核桃、文冠果、君迁子、黑掠子、翅果油树、柑橘等；特用经济林，如漆、白蜡、银杏、枸杞、杜仲、桑、茶、山茱萸等。应当强调，护坡经济林的密度不宜过大（375～825 株/$hm^2$）；矮化密植除非采用集约型的栽培园经营，一般不宜采用。应当特别注重加强水土保持整地措施，可因地制宜，按窄带梯田、大型水平阶或大鱼鳞坑的方式进行整地。

在此基础上，有条件的可结合果农间作，在林地内适当种植绿肥作物或草，以改善和提高地力，促进丰产。在规划护坡经济林时，应考虑水源（如喷洒农药的取水）、运输等条件，如果取水困难，则可考虑在合适的部位，修筑旱井、水窖、陂塘（南方）等集雨设施；在果园周围密植紫穗槐等灌木带，可调节果园上坡汇集的径流，并就地取得绿肥原料，得到编制篓筐的枝条。

6．护坡种草工程

（1）防护与生产目的。

护坡种草工程是在坡面上播种适宜于放牧或刈割的牧草，以发展山区丘陵区的畜牧业和山区经济。同时，牧草也具有一定的水土保持功能，特别是防止面蚀和细沟侵蚀的功能不逊于林木。坡地种草工程与护坡放牧林或护坡用材林结合，不仅可大大提高土地利用率和生产力，而且也提高了林草工程的防蚀能力，起到了生态、经济双收的效果。

（2）适用地类和生境条件。

山区丘陵区护坡种草工程一般要求相对平缓的坡地，或坡麓、沟塌地。刈割型的人工草地需要更好的条件，最好是退耕地或弃耕地；也可与农田实施轮作，即种植在撂荒地上（此属于农牧结合的问题）。在荒草地、稀疏灌草地、稀疏灌木林地、疏林地上，均可种植牧草。北方在郁闭度较大的林地种植牧草，因光照、水分、养分等问题，一般不易成功，坡面种草多选在阴坡或半阴半阳坡上；南方由于水分条件好，可以考虑，但林地枯枝落叶量大，下地被盖度高，光照不足，土层薄是一些限制因子。

（3）配置技术。

① 草种选择。坡地种草的草种选择应根据具体情况确定，由于生态条件的限制，最好采用多草种混播，如北方的无芒雀麦+红豆草+沙打旺混播，紫花苜着+无芒雀麦+扁穗冰草混播等，南方的紫花苜蓿+鸡脚草（鸭茅），红三叶+黑麦草等。专门的刈割型草地也可单播，一般豆科牧草为好，如紫花苜蓿、小冠花、沙打旺等。在林草复合时，草种应有一定的耐荫性，如鸡脚草、白三叶、红三叶等。

② 配置。

a. 刈割型草地。专门种植供刈割舍饲的人工草地。这类草地应选择最好的立地，如退耕地、弃耕地或肥水条件很好的平缓荒草地，并进行全面的土地整理，修筑水平阶、条田、窄条梯田等，并施足底肥，耙糖保墒，然后播种。

b. 放牧型草地。应选择盖度高的荒草地（接近天然草坡或略差一些），采用封禁+人工补播的方法，促进和改良草坡，提高产草量和载畜量。

c. 放牧兼刈割型草地。应选择盖度较高的荒草地，进行带状整地，带内种高产牧草，带间补种，增加草被盖度，提高载畜量。

d. 稀疏灌木林或疏林地下种草。在林下选择林间空地，有条件的在树木行间带状整地，然后播种；无条件的可采用有空即种的办法，进行块状整地，然后播种，特别需要注意草种的耐荫性。

### 7.2.2　坡耕地林业生态工程

山区丘陵区的基本农田，除沟坝地、河流两岸的阶地、沟川地、河川地等外，大部分分布在坡地上。在东北漫岗丘陵区，坡耕地坡度较缓（一般 5°～8°），坡长很长（800～1 500 m）；在黄土缓坡丘陵、长梁丘陵、斜梁丘陵区，地广人稀，耕地以坡耕地（＜15°）为主；在黄土高振、旱摭、残振区，坡耕地则集中分布在堀坡部位（＜20°），比例较小；在黄土梁昴丘陵区，坡耕地占了农业用地的绝大多数，坡度陡（＜25° 少数超过 25°），坡长短（十几至几十米），为了提高土地生产力，已有部分修成水平梯田；南方山地丘陵除石坎梯田外，存在大量的坡耕地，长江上游、西南地区，坡度大于 25° 以上的坡耕地占的比例相当大，有的地区可达 90% 以上，坡度最大的可达 35° 以上，坡耕地是山区丘陵区水土流失最严重的土地利用类型，治理坡耕地的水土流失是一项重要任务。一般坡度小于 15° 的坡耕地可修建成水平梯田，坡度小于 10° 的也可通过水土保持耕作措施（或称农艺措施），达到控制土壤侵蚀的目的，另一项水土保持措施，就是建设水土保持林业生态工程。

由于坡耕地的水土保持林业生态工程，是在同一地块上相间种植农作物和林木（含经济林木和草），广义上可称为山地农林复合经营（系统或工程），主要包括配置在缓坡耕地上的水流调节林带，生物地坡（生物坝、生物篱），配置在梯田地坎的梯田地坎防护林及坡地农林（草）复合工程。

#### 1．水流调节林带

（1）目的与适用条件。

配置在坡耕地上的水流调节林带，能够分散、减缓地表径流速度，增加渗透，变地表径流为壤中流，阻截从坡地上部来的雪水和暴雨径流。多条林带可以做到层层拦蓄径流，达到减流沉沙，控制水土流失的目的。同时，林带对林冠以下及其附近的农田，有改善小气候条件的作用，在风蚀地区也能起到控制风蚀的作用。水流调节林带适用于坡度缓，坡长长的坡耕地，此种工程最适于我国东北漫岗丘陵区的坡耕地，山西北部丘陵缓坡地区、河北坝上等地区也可采用。苏联在其欧洲部分的坡式耕地上，营造沿等高线布设的水流调节林，并进行了试验研究，结果表明，配置水流调节林是控制坡耕地水土流失的有效措施。

（2）配置原则。

① 水流调节林带应沿等高线布设，并与径流线垂直，以便最大限度地发挥它的吸收和调节地表径流的能力。

② 林带占地面积应尽可能的小，即以最少的占地，发挥最大的调节径流的作用，林带占地以不超过坡耕地的 1/10～1/8 为宜。

（3）配置技术。

① 坡度与配置。

a. 坡度小于 3° 的坡耕地。该类耕地因侵蚀不严重，按农田防护林配置。

b. 坡度为 3° ~ 5° 的坡耕地。该类耕地林带配置的方向，原则上应与等高线平行，并与径流线垂直，但自然地形变化是很复杂的，任何一条等高线均不可能与全部径流线相交。因此，沿等高线配置的林带，对与其不能相交的径流线，就起不到应有的截流作用。即使相交径流线，也因长短差异很大，林带各段承受的负荷不均匀，以致不能充分发挥其调节水流的作用。一般当坡度为 3° 左右时，林带可沿径流中线（或低于径流中线的连线位置）设置走向，为了避免因林带与径流线不垂直而产生的冲刷，可在迎水面每隔一定距离（20 ~ 50 m）修分水设施（土埂或蓄水池），以分散或拦截径流。

c. 坡度很陡（>25° ~ 30°）的坡耕地。该类耕地坡面的等高线彼此接近平行，坡长也将基本趋于一致，此种情况下，林带应严格按等高线布设。

在实际工作中，林带配置走向应尽可能为直线，以便于耕作。

② 地形与配置为了尽可能使林带占地面积小，发挥调节径流的作用尽可能大些，林带的位置应选在侵蚀最强烈的部位：在凸形坡上，斜坡上部坡度较缓，土壤流失较轻微，斜坡中下部坡度较大，距分水岭远，流量流速增加，所以林带应设在坡的中下部；在凹形坡上，上部坡度较大，土壤常有流失和冲刷，下部凹陷处则有沉积现象，斜坡下部距分水越远，坡度越小，流速减小，不宜农用，应全面造林；在直线形坡上，斜坡上部径流弱，侵蚀不明显，越往下部径流越集中，到中部流速明显增大，易引起侵蚀，林带应设在坡的中部；在复合型坡上，应在坡度明显变化的转折线上设置林带，下一道林带应设在陡坡转向平缓的转折处。

③ 林带的数量、间距、宽度和结构。

a. 数量与间距。林带在坡面上设置的数量及其间距具有很大的灵活性，在同一类型的斜坡，如坡面较长，设一条林带不能控制水土流失时，应酌情增设林带。一般情况下，坡度为 3° ~ 5° 的坡耕地，每隔 200 ~ 250 m 配置 1 条；坡度为 5° ~ 10° 的坡耕地，每隔 150 ~ 200 m 配置 1 条；坡度大于 10° 的坡耕地，每隔 100 ~ 150 m 配置 1 条，坡长小于 100 ~ 150 m 时可不配置这种防护林带；而配置灌木带时，一般间距采用 60 ~ 120 m。

b. 宽度。林带的主要功能是保证充分吸水，所以应具有一定的宽度。林带的宽度可参考下式计算：

$$B=(aK_1+bK_2+cK_3)/hL \tag{7.1}$$

式中 $B$ ——林带宽度（m）；

$a$，$b$，$c$ ——上方耕地、草地、裸地的面积（$m^2$）；

$K_1$，$K_2$，$K_3$ ——径流系数；

$h$ ——单位林带面积有效吸水能力（mm）；

$L$ ——林带长度（m）。

式（7.1）不能生搬硬套，如果林带上方的耕地、草地、裸地水土保持措施比较完备，能最大限度地吸收地表径流，则林带可窄些。另外，也可通过改善林带结构和组成的方法，来提高林带的吸水能力，从而也缩小了林带的宽度。总之，林带宽度应根据坡度、坡长、水土流失程度，以及林带本身吸收和分散地表径流的效能来确定。通常，坡度大、坡面长、水蚀严重的地方要宽些；反之，则窄些，一般林带宽度为10～20 m。

c. 结构。水流调节林带的结构，以紧密结构为好，若乔灌木混交型，要在迎水面多栽2～3行灌木，以便更多地吸收上方来的径流。树种可采用杨树、胡枝子、紫穗槐、柠条等。

### 2. 植物篱（生物地埂和生物坝）

（1）定义。

植物篱（botanic fence）是国际上通行的名称，我国一般称由灌木带形成的植物篱为生物地埂（因为通过植物篱拦截作用，在植被带上方泥沙经拦蓄过滤沉积下来，经过一定时间，植物篱就会高出地面，泥埋树长，逐渐形成垄状，故称为生物地埂）。由乔灌草组成的植物篱称为生物坝，它是由沿等高线配置的密植植物组成的较窄的植物带或行（一般为1～2行），带内的植物根部或接近根部处互相靠近，形成一个连续体，选择采用的树种以灌木为主，包括乔、灌、草、攀缘植物等。植物篱按用途分为防侵蚀篱、防风篱、观赏篱等；按植物组成可分为灌木篱、乔木篱、攀缘植物篱等。

植物篱的优点是投入少，效益高，且具有多种生态经济功能，缺点是占据一定面积的耕地，有时存在与农作物争肥、争水、争光的现象，即有“胁地”问题。虽然如此，在大面积坡耕地暂不能全部修成梯田的情况下，这仍不失为一种水流调节的有效办法。

（2）目的和适用条件。

坡耕地上配置植物篱，目的是通过其阻截滞淤蓄雨作用，减缓上坡来的径流，起到沉淤落沙、淤高地埂、改变小地形的作用，且还具有一定的防风效能。同时，也有助于发展多种经营（如种杞柳编筐，种桑树养蚕等），增加农村收入。

植物篱适用于地形较平缓，坡度较小，地块较完整的坡耕地，如我国东北漫岗丘陵区，长梁缓坡区（长城沿线以南，黄土丘陵区以北，山西长城以北地区），高塬、旱塬、残塬区的塬坡地带，以及南方低山缓丘地区，高山地区的山间缓丘或缓山坡均可采用。

（3）配置技术。

① 配置原则。

a. 与水流调节林带一样，植物篱（如为网格状系指主林带）应沿等高线布设，与径流线垂直。

b. 在缓坡地形条件下，植物篱间的距离为植物篱宽度的8～10倍。这是根据最小占地、最大效益的原则，通过试验研究得出的结论。

② 配置方式。

a. 灌木带。适用于水蚀区，即在缓坡耕地上，沿等高线带状配置灌木。树种多选择紫穗槐、杞柳、沙棘、沙柳、花椒等灌木树种。带宽根据坡度大小确定，坡度越小，带越宽，一般为 10 ~ 30 m，东北地区可更宽些。灌木带由 1 ~ 2 行组成，密度以 0.5 m ×1 m 或更密。灌木带也适用于南方缓坡耕地，选择的树种（或半灌木、草本）如剑麻、蓑草、火棘、马桑、桑、茶等。

b. 宽草带。在黄土高原缓坡丘陵耕地上，可沿等高线，每隔 20 ~ 30 m 布设一条草带，带宽 2 ~ 3 m。草种选择紫花苜蓿、黄花菜等，能起到与灌木相似的作用。

c. 乔灌草带。又称生物坝，是总结山西昕水河流域综合治理经验提出来的。它是在黄土斜坡上根据坡度和坡长，每隔 15 ~ 30 m，营造乔灌草结合的 5 ~ 10 m 宽的生物带。一般选择枣、核桃、杏等经济乔木树种稀植成行，乔木之间栽灌木，在乔灌带侧种 3 ~ 5 行黄花菜，生物坝之间种植作物，形成立体种植。

d. 灌木林网。适用于北方干旱、半干旱水蚀风蚀交错区（长梁缓坡区），既能保持水土，又能防风固沙。灌木林网的主林带沿等高线布设，副林带垂直于主林带，形成长方形的绿篱网格，每个网格的控制面积约 0.4 $hm^2$。带间距视坡度大小而定：5° ~ 10° 坡，带间距 25 m 左右；10° ~ 15° 坡，带间距 20 m；15° ~ 20° 坡，带间距 15 m；20° ~ 25° 坡，带间距 10 m；副林带间距 80 ~ 120 m。

e. 天然灌草带。利用天然植被，形成灌草带的方式，适用于南方低山缓丘地区、高山地区的山间缓丘或缓山坡的坡地开垦。如云南楚雄市农村在缓坡上开垦农田时，在原有草灌植被的条件下，沿等高线隔带造田，形成天然植物篱。植被盖度低时，可采取人工辅助的方法补植补种。

### 3．梯田地坎（埂）防护林

（1）目的与适用条件。

梯田包括标准水平梯田（田面宽度 8 ~ 10 m 以上）、窄条水平梯田、坡式梯田（含长期耕种逐渐形成的自然带坎梯地），是坡地基本农田的重要组成部分。梯田建成以后，梯田地坎（埂）占用的土地面积约为农田总面积的 3% ~ 20%（依坡地坡度、田面宽度和梯田高度等因子而变化），且易受冲蚀，导致坎坍塌。建设梯田地坎（埂）防护林的目的，就是要充分利用埂坎，提高土地利用率，防止梯田地坎（埂）冲蚀破坏，改善耕地的小气候条件；同时，通过选择配置有经济价值的树种，发展山区经济，增加农民收入。梯田地坎（埂）防护林的负效应，是串根、萌蘖、遮荫及与作物争肥、争水等，应采取措施克服。

（2）土质梯田地坎（埂）防护林的配置。

土质梯田中坎和埂有别。大体有两种情况：一是自然带坎梯田（多为坡式梯田，田面坡度 2° ~ 3°），有坎无垣，坎有坡度（不是垂直的），占地面积大，有的地区坎的占地面积可达梯田总面积的 16%，甚至超过 20%，由于坎相对稳定，极具开发价值。二是人工修筑的梯田，坎多陡直，占地面积小，有地边埂（有软埂、硬埂之分），坎低而直立，埂坎基本上重叠的，占地面积小；坎高而倾斜不重叠的，占地面积大，一般坡耕地梯化后，坎埂占地约为7%，土质较好的缓坡耕地小于5%。因此，坎的利用往往更重要。

① 梯田坎上的乔灌配置。

a. 坎上配置灌木。梯田地坎可栽植的1～2行灌木，选择杞柳、紫穗槐、柽柳、胡枝子、柠条、桑等树种，栽植或扦插灌木时，可选在地坎高度的1/2或2/3处（也就是田面大约50 cm以下的位置）。灌木丛形成以后，一般地上部分高度1.5 m左右，灌木丛和梯田田间尚有50～100 cm的距离，防止“串根胁地”及灌木丛对作物造成遮荫影响。灌丛应每年或隔年进行平茬，平茬在晚秋进行，以获得优质枝条，且不影响灌丛发育。

坎上配置的经济灌木，枝条可采收用于编织，嫩枝和绿叶就地压制绿肥。同时，灌木根系固持网络，起到巩固理坎的作用。甘肃定西水土保持站测定，在黄土梯田陡坎上栽植杞柳，在造林后3～4年采收柳条21 000 kg/hm$^2$，经加工收入可达数千元；在一次降雨101.4 mm，历时4.5 h，降雨强度为23.1 mm/h的特大暴雨中，杞柳造林的梯田地坎，没有冲毁破坏现象的发生。

b. 坎上配置乔木。适用于坎高而缓，坡长较长，占地面积大的自然带坎梯田，为防“串根胁地”，应选择一些发叶晚、落叶早、粗枝大叶的树种，如枣、泡桐、臭椿、楸树等，并可采用适当稀植的办法（株距2～3 m）。栽植时可修筑一台阶（戳子），在台上栽植。

② 梯田地埂上配置经济林。在黄土高原，群众有梯田地坡上种植经济林木（含果树）的传统习惯，地埂经济林往往是当地群众的重要经济来源。配置时，沿地埴走向布设，紧靠理的内缘栽植1行，株距为3～4 m。一些根蘖性强的树种如枣，栽植几年后，能从坎部向外长根蘖苗，并形成大树，这也是黄土区梯田陡坎上生长大量枣树的原因。

（3）石质梯田地埂防护林配置。

石质梯田在石山区、土石山区占有重要的地位，石质梯田坎基本上是垂直的，坡坎占地面积小（3%～5%）。但石山区、土石山区人均耕地面积少，群众十分珍惜梯田地埂的利用，在地埴上栽植经济树种，已成为群众的一种生产习惯，也是一项重要的经济来源，如晋陕沿黄河一带的枣树、晋南的柿树、晋中南部的核桃等。石质梯田防护林对提高田面温度，形成良好的作物生产小气候具有一定的意义。其配置方式有3种：一是栽植在田面外紧靠石坎的部位；二是栽植在石坎下紧靠田面内缘的部位；二是修筑一小台阶，在台阶上栽植。

总之，梯田地坎（埂）防护林以经济树种栽植为多，选择适宜的树种十分关键。总结全国梯田地坎栽培经济树种的研究与实践成果看，北方可选择的树种有柿树、核桃、山楂、海棠、花椒、文冠果、枣、柿树、君迁子、桑、板栗、玫瑰、杞柳、柽柳、白蜡、枸杞等；南方有银杏、板栗、柑橘、桑、茶、荔枝、油桐、菠萝等。

除乔灌木、经济林外，地埂也可种植有经济价值的草本，如黄花菜等。

4．坡地农林（草）复合工程

农林（草）复合工程有广义和狭义之分。广义农林（草）复合工程包括以林业为主，农、牧、渔为辅的复合；林木为防护系统，以农、牧、渔为主要生产对象的复合；以及林、农或其他兼顾的复合，这即为农林复合的全部。第一种情况，如人工林或果树幼林期的农林间作，是一种短期复合，树木郁闭后，复合终止；第二种情况，如上面所述的坡耕地防护林；第三种情况，是在连片的耕地上的林农长期复合。一般农林（草）复合工程是指最后一种，即连片坡耕地或梯田上，同时种植林木和农作物，效益兼顾，这种类型经济林多稀植（225～300 株/$hm^2$ 或更稀），林下长年种植农作物，且二者都有较高的产量，如枣树与大豆间作、核桃与大豆间作等。

## 7.3 高原侵蚀沟道水土保持林工程

### 7.3.1 土质侵蚀沟道水土保持林工程

1．土质侵蚀沟道系统的形成与发展

土质侵蚀沟道系统一般指分布于黄土高原各个地貌类型的侵蚀沟道系统，还包括以黄土类母质为特征的，具有深厚“土层”的沿河冲积阶地，山麓坡积或冲洪积扇等地貌上所冲刷形成的现代侵蚀沟系。

侵蚀沟形成和发展受侵蚀基准面的控制，有其自身的发育规律。一般可将其发育分为四个阶段：第一阶段以溯源侵蚀为主，所形成的沟壑，发展很快，但规模尚小，沟底狭窄而崎岖，横断面呈“V”字形；第二阶段以下切侵蚀为主，沟头处的原始地面与沟底具有一定的高差，而且多以陡坡相接，即形成有跌水的沟头，横断面呈“U”字形，此时沟壑已较深切入母质，沟壑依地形开始分叉；第三阶段以沟岸扩张为主，沟头的溯源侵蚀基本停止，下游的下切侵蚀也开始停止，沟口附近已经相应的沉积，形成了沟壑纵横的侵蚀沟系统，横断面呈复“U”字形，即沟底和水路明显分开；第四阶段沟壑已不再发展（沟头接近了分水岭），只有极微弱的边岸冲淘，整个沟壑处于相对稳定阶段。现代侵蚀沟系统是在漫长的地质历史长河中形成的，它受第四纪构造的基本框架制约（即古代侵蚀沟的框架）。黄土高原地区目前形成的侵蚀沟道系统非常复杂，有古代侵蚀沟的残留部分，还有现代侵蚀沟的发育和存在，在一条侵蚀沟系中，存在着不同发展阶段的各种类型的侵蚀沟。因此，水土保持林业生态工程的配置必须根据不同的情况来确定。

2．防护和生产目的

如上所述，黄土高原地区沟谷地所占面积大，是水土流失最严重的地貌类型，但正是因为如此，它在这一地区也必然具有更为重要的生产价值。黄土高原地区群众多年来有着留成滩、建筑川台坝地建设稳产、高产田的丰富经验，很多地区沟坝地成为当地基本农田的重要组成部分。同时，沟壑经常是这一地区割草放牧，生产三料、木材、果品和其他林副产品的基地。从沟壑土地利用状况看，沟壑中林业生产即沟坡荒地的林业生态工程建设，较之其他产业占有更大的比重，是该地区的共同特点。因此，在黄土地区，为了控制水土流失，充分发挥生产潜力，治理侵蚀沟具有重要的意义。侵蚀沟治理中，进行林业生态工程是必不可少的一环。

土质侵蚀沟道系统的水土保持林配置的目的在于：结合土质沟道（沟底、沟坡）防蚀的需要，进行林业利用，获得林业收益的同时保障沟道生产持续、高效；不同发育阶段土质沟道的防护林，通过控制沟头、沟底侵蚀，减缓沟底纵坡，抬高侵蚀基点，稳定沟坡，达到控制沟头前进、沟底下切和沟岸扩张的目的，从而为沟道全面合理地利用，提高土地生产力创造条件。

### 3. 侵蚀沟类型与林业生态工程布局

黄土地区各地的自然历史条件不同，沟道侵蚀发展的程度及土地利用状况与治理的水平也不同，因而，侵蚀沟道林业生态工程的防护目的和布局比较复杂，可概括为3种类型来叙述其治理、控制侵蚀沟道发展的原则、方法与布局。

（1）以利用为主的侵蚀沟。

此类侵蚀沟基本停止发育，沟道农业利用较好，沟坡现已用作果园、牧地或林地等。侵蚀沟系以第四阶段侵蚀沟为主要组成部分，坡面治理较好，沟道已采用打坝淤地等措施，稳定了沟道纵坡.抬高了侵蚀基点，治理措施主要是在全面规划的基础上，加强和巩固各项水土保持措施，合理利用土地，更好地挖掘土地生产潜力，提高土地生产率。

因此，林业生态工程的布局与配置原则为：全面规划，以利用为主，治理为利用服务，注重侵蚀沟道（坡麓、沟川台地）速生丰产林的建设和宽敞沟道缓坡上的经济林或果园基地建设；对有畜牧业发展条件的侵蚀沟，应规划改良草坡和发展人工草地及放牧林地，适当注意牲畜进出牧场和到附近水源的牧道，防止干扰其他生产用地；在一些有陡坡的沟道里，对沟坡进行全面造林，一般造林地的位置可选在坡脚以上沟坡全长的2/3为止，因为沟坡上部多为陡立的沟崖，如它已基本处于稳定状态，应避免造林整地而引起新的人工破坏。在沟坡造林地上缘可选择萌蘖性强的树种如刺槐、沙棘等，使其茂密生长，再略加人工促进，让其蔓延滋生，从而达到进一步稳固沟坡陡崖的效果。在沟坡陡崖条件较好的地方也可考虑撒播一些乔灌木树种的种子，让其自然生长。

（2）治理和利用相结合的侵蚀沟。

此类侵蚀沟系的中下游，侵蚀发展基本停止，沟系上游侵蚀发展仍较活跃，沟道内进行了部分利用，这类型的侵蚀沟系以第三阶段侵蚀沟为主要组成部分，在黄土丘陵和残塬沟壑区，这类沟道所占比例较大，也是开展治理和合理利用的重点。

在坡面已得到治理的流域，合理地布局基本农田，在沟道内自上而下依次推进修筑淤地坝，做到建一坝、成一坝、再修一坝，并注重川台地的梯化平整，搞好淤地坝护坝（坡）林、坝地和川台地农林复合的建设。在沟道治理中采用就地劈坡取土，加快淤地造田，应全面规划，在取土的同时，削坡升级，将取土坡修成台级或小块梯田，进一步营造护坡林或作其他利用的林木。

在其上游，沟底纵坡较大，沟道狭窄，沟坡崩塌较为严重，沟头仍在前进，沟顶上游的坡面、梁舞坡、堀面堀坡仍在被侵蚀破坏，耕地不断被蚕食。同时，支毛沟汇集泥沙径流（有时可能是泥流）直接威胁着下游坝地的安全生产。因此，对这类沟道应采取有效治理措施：在沟顶上方建筑沟头防护工程，拦截缓冲径流，制止沟头前进；在沟底根据“顶底相照”的原则，就地取材，建筑谷坊群工程，抬高侵蚀基点，减缓沟底纵坡坡度，从面稳定侵蚀沟沟坡，应努力做到工程措施与生物措施相结合，使工程得以发挥长久作用，变非生产沟道为生产沟道，即注重沟头防护林、沟底防冲林、沟底森林（植物）工程建设。若沟床已经稳定，可考虑沟坡的林、果、牧方面的利用；若沟底仍在下切，沟坡的利用则处于不稳定状态，宜营造沟坡防蚀林或采取封禁治理。

（3）以封禁治理为主的侵蚀沟。

此类侵蚀沟系的上、中、下游，侵蚀发展都很活跃，整个侵蚀沟系均不能进行合理的利用。其特点是沟道纵坡大，一、二级支沟尚处于切沟、冲沟阶段，沟头溯源侵蚀和沟坡两岸崩塌、滑塌均很活跃，沟坡一般为盖度较小的草坡，由于水土流失严重，不能进行农、林、牧业的正常生产，即使放牧，也会因此而加剧侵蚀。因此，应以治理为主，待侵蚀沟稳定后，才能考虑进一步利用的问题。

对于这一类沟系的治理可从两方面进行。一种情况是，对于距离居民点较远，现又无力投工进行治理的侵蚀沟，可采取封禁措施，减少人为破坏，使其逐步自然恢复植被，或撒播一些林草种子，人工促进植被的恢复；另一种情况是，对于距居民点较近，宜对农业用地、水利设施（水库、渠道等）、工矿交通线路等构成威胁时，应采用积极治理的措施。应以工程措施为主、工程与林草相结合，有步骤地在沟底规划设置谷坊群、沟道防护林工程等缓流挂淤固定沟顶沟床的措施，控制沟顶及沟床的侵蚀。

4．侵蚀沟系林业生态工程的配置

（1）进水凹地、沟头防护林工程。

这类沟系的上游，沟底纵坡较大，沟道狭窄，沟坡崩塌较为严重，沟头仍在前进。它对沟顶上游的坡面仍在进行着侵蚀破坏。同时，由这类支毛沟汇集而来的大量固体和地表径流直接威胁着中、下游坝地的安全生产。为了固定侵蚀沟顶，制止沟头溯源侵蚀，除了采用坡面水土保持工程措施外，还应采取沟头防护工程与林业生态工程相结合的措施。在靠近沟头的进水凹地（集流槽），留出一定水路，垂直于进水凹地水流方向配置 10 ~ 20 m 宽（具体宽度应根据径流量大小、侵蚀程度、土地利用状况等确定）的灌木柳（杞柳、乌柳等）防护林带，拦截过滤坡面上的（堀面或梁却坡）径流和泥沙。在修筑沟头防护工程时，也应结合工程插柳枝或垂直水流方向打柳桩，待其萌发生长后可进一步巩固沟头防护工程。除了进水凹地的防护措施外，关键在于固定侵蚀沟顶的基部或侵蚀沟顶附近的沟底，使其免于洪水的冲淘，主要采用的工程措施与林业措施为紧密地编篱柳谷坊或土柳谷坊工程，在沟道中形成森林工程坝（柳坝）。当洪水来临时，谷坊与沟头间形成的空间，发挥着缓力池的作用，水流以较小的速度回旋漫流而进，尤其在柳枝发芽成活，茂密生长起来以后，将发挥稳定的、长期的缓流挂淤作用，沟头基部冲淘逐渐减少，沟头的溯源侵蚀将迅速地停止下来，具体做法如下：

① 编篱柳谷坊是在沟顶基部一定距离（1～2 倍沟顶高度）内配置的一种森林工程，它是在预定修建谷坊的沟底按 0.5 m 株距，1～2 m 行距，沿水流方向垂直平行打入 2 行 1.5～2 m 长的柳桩，然后用活的细柳枝分别 2 行柳桩进行缩篱到顶，在两篱之间用湿土夯实到顶，编篱坝向沟顶一侧也同样堆湿土夯实形成迎水的缓坡。

② 土柳谷坊在谷坊施工分层夯实时，在其背水一面卧入长为 90～100 cm 的 2～3 年生的活柳枝，或是结合谷坊两侧进行高杆插柳。

在一些除了规划为坝地以外的稳定沟底，为了防止沟底下切，根据顶底相照原则建立谷坊群。在建筑谷坊群时，也可参照土柳谷坊的方法进行施工，这样既可巩固各个谷坊，又可加速缓流挂淤的作用，逐步在各个谷坊间创造出水肥条件较好的土地。

在沟底业已停止下切的一些沟壑，如果不适于农业利用（黄土高原沟壑区这类沟道较多），最好进行高插柳栅状造林。栅状造林是采用末端直径 5～10 cm，长 2 m 的柳桩，按照株距 0.5～1.0 m，行距 1.5～2.5 m，垂直流线，每 2～5 行为 1 栅进行插柳造林，相邻两个柳栅之间可保持在柳树壮龄高度时的 5～10 倍距离，以利其间逐渐淤积或改良土壤，为进行农林业利用创造条件。

进水凹地及沟头防护林，除灌木柳之外，根据具体条件还可选择一些根蘖性强的固土速生树种如青杨、小叶杨、河北杨、旱柳、刺槐、白榆、臭椿等。一些沟头侵蚀轻微，具有较大面积和立地条件较好的进水凹地，也可考虑苹果、梨、枣等。沟道森林工程则一般都选择旱柳。

（2）沟边（沟缘）防护林。

沟边防护林应与沟边线附近的防护工程结合起来。在修建有沟边埂的沟边，埂外有相当宽的地带，可将林带配置在埂外，如果埂外地带较狭小，可结合边埂，在内外侧配置，如果没有边埂则可直接在沟边线附近配置。沟边防护林带配置，应视其上方来水量与陡坎的稳定程度确定，同时考虑沟边以上地带的农田与土壤水分。

① 如果上方来水量小，陡坎较稳定（已成自然安息角 35°～45°），林带可沿沟边以上 2～3 m 配置，林带宽度以 5～10 m 为宜。

② 如果来水量大，且陡坎不稳定，林带应沿陡坎边坡稳定线（根据自然安息角确定）以上 2～3 m 配置，林带宽度可加大至 10～15 m，为了少占耕地，视具体情况可缩小至 4～8 m。

③ 沟边线附近土壤干旱，可配置 2～3 行耐干旱瘠薄、根蘖性强和生长迅速的灌

木（如柠条、沙棘、柽柳），这些树木根系可以很快蔓延到侵蚀沟，使沟坡固定起来。其上，则可采用乔灌相间的混交方式配置，林带上缘如接近耕地，应配置 1 ~ 2 行深根性带刺灌木（如柠条、沙棘），这样既能防止林木根系蔓延到田中，影响农业生产，又能阻止牲畜毁坏林带。

④ 当沟边以上地带为大面积农田，应考虑林带与封沟边埂结合，当沟边线以上地带农田坡度很小，可加宽林带，为了增加经济收益，可以采用林木与经济树木混交配置的方式；当沟边线以上地带农田坡度较大，可在边线以上 1 ~ 2 m，增修高宽各 0.5 m 的边埂，并在埂内每隔 15 m 设横挡一道，以预防埂内水流冲毁土埂。土埂修好后，可在埴外栽植 1 行乔木，埴内分段栽植 2 ~ 4 行乔木，然后再栽植 1 行带刺灌木。为了减少树木串根和遮荫对农作物造成不良的影响，也可根据实际情况，采用纯灌木型，即在修土坡的同时，埋压灌木条，或者在埂外栽植 1 行，然后，在坡内栽植 1 行，其内还可配置草带。在侵蚀严重的沟边地带，边埂适当加高加宽，林带也应适当加宽，边线附近的陷穴，可采用大填方的方法造林。

沟边防护林应选择抗蚀性强、固土作用大的深根性树种，乔木树种主要有刺槐、旱柳、青杨、河北杨、小叶杨、榆、臭椿、杜梨等；灌木主要有柠条、沙棘、柽柳、紫穗槐、狼牙刺等；条件较好的地方，还可考虑经济树种，如桑、枣、梨、杏、文冠果等。

（3）沟底防冲林工程。

为了拦蓄沟底径流，制止侵蚀沟的纵向侵蚀（沟底下切），促进泥沙淤积，在水流缓、来水面不大的沟底，可全面造林或栅状造林；在水流急、来水面大的沟底中间留出水路，两旁全面或雁翅造林。

沟底防冲林的布设，一般应在集水区坡面上采取林业或工程措施滞缓径流以后进行，布设原则为：林带与流水方向垂直，目的是增强其顶冲缓流、拦泥淤泥的作用。但在沟道已基本停止扩展，冲刷下切比较轻微或者侧蚀冲淘较强烈的常流水沟底，可与沟坡造林结合进行，将林带配置于流水线两侧面与之相平行。

沟底防冲林工程具体配置方式如下：

① 栅状造林或雁翅状造林。适用于比降小，水流较缓（或无长流水），冲刷下切不严重的支毛沟，它是从沟头到沟口，每隔 10 ~ 15 m 与水流垂直方向（栅状）或成一定角度并留出水路（雁翅状）造 5 ~ 10 行灌木，株距 1 ~ 1.5 m。沟底造林也可采用插条法，树种以灌木柳为好，为防止淤积埋没，可把柳条插入土里 30 cm，地上部分留 30 ~ 50 cm。此外，还可采用柳谷坊的方法，即采用长 1 ~ 2 m，粗 5 ~ 10 cm 的柳桩打桩密植，株行距（50 ~ 70）cm ×（20 ~ 30）cm，插入土中 0.6 ~ 1.2 m。为了防止桩间的乱流冲击，还可以在柳桩底部编上 20 ~ 30 cm 高的柳条，每道柳谷坊之间的空地，待逐渐留淤，土壤改良之后，也可考虑作农用地。

② 片断造林。支毛沟中游，可进行片断造林，每隔 30 ~ 50 m，营造 20 ~ 30 m 宽的乔灌木带状混交林或灌木林，灌木应配置在迎水的一面，一般 5 ~ 10 行，乔木带株间也可栽植。乔木株行距（1.0 ~ 0.5）m × 1.0 m，灌木（0.5 ~ 1.0）m × 0.5 m，片林

之间空出的地段，等条件变好以后，可以栽植有经济价值的林木或果树，其根部下方修筑弧形小土挡，以拦蓄更多的泥沙和水分，为其生长创造条件。

③ 全面造林。支毛沟上游，一般冲刷下切强烈，河床变动较大，可全部造林，株行距 1.0 m × 1.0 m，多采用插柳造林，也可用其他树种。

④ 客土留淤造林的两种方法。

a. “连环坑”客土留淤法造林。此法适用基底下切至红土层的沟头地段，其方法为：横过沟底，每隔 5 ~ 15 m 挖一个新月形坑，因沿沟床一坑接一坑，形同连环，故称为“连环坑”。接着在坑的下缘培修弧形土埴，使弓背朝上。土埂先用原红土培筑心底，再“借用”别处好土（即所谓“客土”）将埂培宽加高 1.0 m 左右。客土培埂的同时，将长 50 ~ 60 cm，粗 2 ~ 5 cm 的杨柳枝条，每隔 30 ~ 50 cm 斜压一根于好土内，并拍实踏紧，坑内待淤后造林或栽植芦苇。这种方法，对于拦泥防冲，阻止沟底继续下切，有很显著的作用。

b. 小土埂客土留淤法造林。此法适用于沟底下切至基岩的小支毛沟，其法为：于沟底每隔 5 ~ 10 m，客土修一道高 30 ~ 50 cm，顶宽 20 ~ 30 cm 的小土埂，以分段拦洪留淤后，可用柳条插压于埂内（株距 30 ~ 50 cm）。埂间待留淤后，可用弓形压条法压植杞柳（行株距 50 cm × 50 cm）或栽植其他树木。客土留淤造林必须在沟底一侧，挖修排水沟，以防御洪水冲毁土埋，在已实现川台化的沟底，可在台阶埂上造林，以防洪水冲刷，保证台阶埂的安全。

（4）沟道的谷坊工程。

在降雨量大、水流急、冲刷下切严重的沟底，需结合谷坊工程造林形成森林工程体系。主要的形式有柳谷坊（可在局部缓流外设置）、土柳谷坊、编篱柳谷坊和柳礓石谷坊。

修建谷坊工程遵循的总原则仍是底顶相照原则，即

$$I = h/(i - i_c) \tag{7.2}$$

式中　$I$——两谷坊之间的距离（m）；

$h$——谷坊之间有效高度（m）；

$i$——沟底比降（%）；

$i_c$——两谷坊之间淤积面积应保持的不致引起冲刷的允许比降（%）（即平衡剖面时的比降）。

沟道的土柳谷坊和编篱柳谷坊如前所述，柳礓石谷坊主要用于料礓石较多的黄土区（土石山区也可采用），做法为：横沟打桩 3 ~ 4 排，其中上游 2 排为高桩，并于每排桩前放置梢捆，边放边填入礓石，礓石上面编柳条一层，以防洪水冲走礓石；最后，在第一排高桩前培土筑实。

沟底防冲林应选择耐湿、抗冲、根蘖性强的速生树种，以旱柳为常见，除此之外，还有青杨、加杨、小叶杨、钻天杨、箭杆杨、杞柳、醋柳、乌柳、柽柳及草本香蒲、芭茅、芦苇等，在不过湿的地方，也可以栽植刺槐。

（5）淤地坝坡防冲林。

黄土区淤地坝修成后，坝坡陡（1∶1.25～1∶2），为了防止坝坡冲刷，在淤地坝的施工过程中，可以在其外坡分层压入杨柳苗条，或直接播种柠条、沙棘、紫穗槐等灌木，以便固坝缓流。甘肃定西安家坡大坝高 20.6 m，宽 100 m，外坡坡度 1∶2.5，全部坡面种植柠条。1963 年发生洪水滚坡时，茂密的枝条枝叶全部被冲倒，平铺于坡面，起到保护坡面的作用。同时，在其枝条上淤挂了很多枯枝烂草，覆盖着坝坡，地表粗糙度增加，减缓了水流速度。坝端有一段没有柠条保护，冲开了深达 3 m，宽 2 m 的一条切沟。这说明了坝坡上种植灌木所发挥的强大护坡护坝能力。

### 7.3.2　石质山地沟道水土保持林工程

1．石质山地沟道特点及防护目的

石质山地和土石山地占我国山区总面积相当大的比重，其特点是地形多变，地质、土壤、植被、气候等条件复杂，南北方差异较大。石质山地沟道开析度大，地形陡峻，60% 的斜坡面坡度在 20°～40°，斜坡土层薄（普遍为 30～80 cm），甚至基岩裸露。因地质条件（如花岗岩、砂页岩、砒砂岩）的原因，基岩呈半风化或风化状态，地面物质疏松，泻溜、崩塌严重，沟道岩石碎屑堆积多，易形成山洪、泥石流。石质沟道多处在海拔高，纬度相对较低的地区，降水量较大。自然植被覆盖度高，但石多土少，植被一旦遭到破坏，水土流失加剧，土壤冲刷严重，土地生产力减退迅速，甚至不可逆转地形成裸岩，完全失去了生产基础。有些山区（如云南的西双版纳），由于年降水量达 2 000 mm 左右，坡地植被遭到破坏后，厚度 50～80 cm 的土层仅仅 3～4 年时间即被冲蚀殆尽。因此，在石质山地和土石山地沟道通过封育和人工造林，恢复植被，控制水土流失，分散调节地表径流，固持土壤，防止滑坡泥石流，稳定治沟工程和保持沟道土地的持续利用，同时在发挥其防护作用的基础上争取获得一定量的经济收益。对于泥石流流域.则应根据集水区、通过区和沉积区分别采取不同的措施，与工程措施结合，达到控制泥石流发生和减少其危害的目的。

2．水土保持林业生态工程的配置

石质山区和土石山区沟道从上游沟头到下游沟道出口处，根据地形条件和危害程度的差异，要进行水土保持林合理配置。

（1）集水区。

易发生泥石流的流域，固然有其地形、地质、土壤和气候等因素的原因，但集水区是泥石流产沙的策源地，其水土流失状况、土沙汇集的程度和时间是泥石流形成的关键因素。一般认为，流域范围内，森林覆盖率达 50% 以上，集水区范围内（即流域山地斜坡上）的森林郁闭度大于 0.6 时，就能有效控制山洪、泥石流。因此，在树种选择和配置上应该形成由深根性树种和浅根性树种混交的异龄复层林，配置与水源涵养林相同。

集水区主沟沟道，在地形开阔，纵坡平缓、山地坡脚土层较厚，并且坡面已得到治理的条件下，也可进行农业利用和营造经济林。在集水区的一些一级支沟，山形陡峭，沟道纵坡较大，沟谷狭窄时，沟底应采取工程措施。北方石质山地，行之有效的办法是在淘底布设一定数量的谷坊，尤其在沟道转折处，注意设置密集的谷坊群，修筑谷坊要就地取材，一般多应用砌或浆砌石谷坊，其主要目的是巩固和提高侵蚀基准，拦截沟底泥沙。根据实际情况，可修筑石柳谷坊，并在淤积面上全面营造固沟防冲林，形成森林工程，以达到控制泥石流的目的。

（2）通过区。

通过区一般沟道十分狭窄，水流湍急，泥石俱下，应以格栅坝为主。有条件的沟道，留出水路，两侧以雁翅式营造防冲林。

（3）沉积区。

沉积区位于沟道下游至沟口，沟谷渐趋开阔，应在沟道水路两侧修筑石坎梯田，并营造地坎防护林或经济林。为了保护梯田，应沿梯田与岸的交接地带营造护岸林。

石质山地沟道林业生态工程可选择的树种，北方地区以柳、杨为主，南方地区以杉木为主。

### 7.3.3 沟谷川台地保持林工程

沟谷川台地水分条件好，土壤肥沃，土地生产力高，有条件的地区还能引水灌溉，具有旱涝保收，稳产高产的特点，是山区丘陵区最好的农田，群众称之为“保命田”或“眼珠子地”，包括河川地、沟川地、沟台地和山前阶地（阶梯地），也包括群众在沟道内修筑淤地坝形成的坝地。

#### 1．防护与生产目的

沟谷川台地水土流失轻微，山前坡麓以沉积为主，水土流失主要发生在河床或沟道两侧，表现的形式是冲淘塌岸，水毁农田。此外，沟谷川地光照不足，生长期短，霜冻危害是限制农业发展的重要因素（开阔的河川地稍好）。有些沟谷风也很大，沟口向西北，则春冬风大；沟口向东南则夏秋风大，群众称“串沟风”。建设沟谷川台水上保持林业生态工程的目的，就是为了保护农田，防止冲淘塌岸，以及防风霜冻害，改善沟道小气候条件。同时，沟道水分条件好时，可以与护岸护滩林，农田防护林相结合，选择合适的地块，营造速生丰产林，可望获得高产优质的木材。在地势相对较高、背风向阳的沟台地.选择建立经济林栽培园，有条件的还可引水灌溉，以建成山区最好的经济林基地。

#### 2．配置要点

（1）沟道内的速生丰产林。

黄土高原侵蚀沟发展到后期，应选择沟道中（特别是在森林草原地带）水肥条件较好，沟道宽阔的地段，营造速生丰产用材林。如果说，黄土高原总的林业任务在于建设水土保持林业生态工程的话，那么在这类沟道中发展速生丰产用材林，还是符合自然条件和当地生产发展需要的。速生丰产林主要配置在开阔沟滩（兼具护滩林的作用），或经沟道治理、淤滩造地形成土层较薄、不宜作为农田或产量较低的地段，必要的情况下也可选择耕地作为造林地。晋西黄土丘陵沟壑区很多农村通过此种形式来解决用材需求，如山西吉县某村在20世纪60年代，选用良好沟道土地（部分是基本农田），引进优良杨类品种沙兰杨等建设速生丰产用材林，经过精心管理，短期内解决了本村的用材要求，并获得了部分商品用材收益。

沟道速生丰产林选择的树种应以杨树为主，引进优良品种，如二倍体毛白杨、北京杨、群众杨、合作杨、149杨、1-72杨、小黑杨等。一些地区乡土杨树抗病性强，适应当地条件，生长虽稍慢，但干形材质好，也应考虑选用。

南方丘陵山地沟道有条件的，也应建立速生丰产林。树种可选用杉木、桉树（如柳桉、柠檬桉、巨叶桉等）、湿地松、马尾松等。

沟道速生丰产林的造林技术与速生丰产林相同，要求稀植，密度应小于1 650株/hm$^2$（短轮伐期用材林除外），并采用大苗、大坑造林。沟道有水源保证的还可引水灌溉，生长期要加强抚育管理。

（2）河川地、山前阶台地、沟台地经济林栽培。

宽敞河川地或背风向阳的沟台地，各种条件良好，适合建设集约经营的经济林栽培园。因此，应规划好园地、水源、道路、储存场地，选好树种，通过优质丰产栽培技术，建成优质、高产、高效经济林基地，主选树种有苹果、梨、桃等。在水源条件不具备的情况下，可建立干果经济林，如核桃、杏、柿、板栗、枣等。

（3）沟川台（阶）地农林复合生态工程。

沟川台（阶）地具备建设农林复合生态工程的各种条件，如果园间种绿肥、豆科作物，丰产林地间种牧草，农作物地间种林果等，由于水肥条件好，都能够取得较高的经济收益。北方农作物与林果复合生态工程类型有：枣与豆类低秆作物；核桃与豆类；柿与薯类或小麦；苹果与豆类或花生；桑与低秆作物；花椒与豆类或薯类；山楂与豆类或薯类等。此外，还有经济林下种草，如扁茎黄苗、二叶草等。山西吕梁沿黄河一带沟川台地的枣与大豆、谷子、糜子复合，汾阳、孝义一带山前阶台地的核桃与大豆、花崖、谷子复合，山西东南丘陵区沟台（阶）地的山楂与谷子、花生复合，山西西南沟川台地苹果、梨与豆类、瓜类、花生复合，山西南部山区沟台地柿树与小麦复合都是群众在长期生产实践中总结出来的模式。近年来，通过国家黄土高原农业科技攻关项目，还推荐提出了沟川台地经济林与蔬菜（如西红柿、辣椒），药材（如黄梣、柴胡等）复合等多种形式。

## 本章小结

水土保持林是以调节地表径流，控制水土流失，保障和改善山区丘陵区农林牧副渔等生产用地、水利设施，以及沟壑、河川的水土条件为经营目的森林。以流域或区域为单元，进行水土保持林的空间配置和建设，构造林草空间建设格局，形成完整的森林防护体系，是在较大尺度上防治水土流失、实现生态好转的战略措施。本章以流域为研究对象，从微观尺度上，系统论述了从坡面到沟道直至河川的水土保持林配置的目的、原则和具体的模式。

## 思考题

QUIZ

1. 如何构建小流域水土保持林防护体系？
2. 坡面水土保持林各个林种的配置有什么特点？
3. 坡地农林复合工程的建设需要注意哪些问题？
4. 不同发育阶段的侵蚀沟水土保持林在配置上有什么要求？
5. 石质山地与土石质山地沟道水土保持林在配置上有什么差异？

# 第 8 章 森林恢复与保护工程

天然林是指天然起源的森林，根据其退化程度一般分为原始林、过伐林、次生林和疏林。天然林是自然界中功能最完善的资源库、基因库、储水库、储碳库以及能源库，对维护生态环境的健康具有不可替代的作用。《中共中央国务院关于加快林业发展的决定》中明确指出："要加大力度实施天然林保护工程，严格天然林采伐管理，进一步保护、恢复和发展长江上游、黄河上中游地区和东北、内蒙古等地区的天然林资源。"随着天然林资源保护工程的全面实施，天然林资源得到了有效保护，逐步进入了休养生息的良性发展阶段。

## 8.1 高原天然林保护工程

### 8.1.1 天然林保护概况

1. 国内天然林资源

目前，我国天然林大体上分为 3 种状态：① 处于基本保护状态的天然林，主要包括自然保护区、森林公园、尚未开发的西藏林区和已实施保护的海南热带雨林等；② 急需保护的天然林，主要包括分布于大江大河源头和重要山脉核心地带等重点地区的集中连片的天然林；③ 零星分布于全国各地且生态地位一般的天然林。根据国家林业局第 7 次全国森林资源（2004—2008 年）调查结果：我国天然林面积 $11\ 968.25 \times 10^4\ hm^2$，占全国森林面积（$19\ 545.22 \times 10^4\ hm^2$）的 61.24%；天然林蓄积 $114.02 \times 10^8\ m^3$，占森林蓄积（$137.21 \times 10^8\ m^3$）的 83.10%。

我国天然林主要分布于东北内蒙古林区、西南高山林区、西北亚高山林区和南方热带天然林复合林区。其中，东北内蒙古林区处于寒温带和暖温带高纬度山区，主要包括大小兴安岭林区、长白山林区和张广才岭林区，是嫩江、松花江、黑龙江、图们江和鸭绿江等的水源源头地区；西南高山林区主要包括川西、滇西北以及西藏部分地区，是长江上游几条大河的水源源头地带；西北亚高山林区处于干旱半干旱地区，是白龙江、洪河、黑河、石羊河、疏勒河、塔里木河、伊犁河和额尔齐斯河等上游水源源头地段；南方热带天然林复合林区主要包括海南省、滇南、桂西南丘陵山地以及台湾岛、南海诸岛和藏南峡谷低海拔局部地带等。

我国天然林资源具有以下 3 个特点：

分布的广域性。我国地域辽阔，自然条件复杂，气候条件多样，因此，适于各种类型森林的生长。天然林分布于全国各地（上海市除外），南到西沙群岛，北至大兴安岭。

分布的相对集中性。我国天然林资源集中连片，多数分布于我国大江大河的源头和重要的山脉核心地带，以及西藏林区、自然保护区和森林公园。这部分天然林面积达 $7.100\times10^{7}$ hm$^2$，约占天然林总面积的 61%。

类型的多样性。我国地理位置、自然和气候条件决定了我国天然林类型的多样性。我国基本上囊括了世界上存在的各种天然林类型。

2．西藏自然保护区概况

根据我国《全国生态环境建设规划》和《全国野生动植物保护及自然保护区建设总体规划》的总体部署以及西藏社会经济发展状况、自然保护区建设管理现状、区域资源和自然环境特点，西藏自治区人民政府于 1999 年颁布实施了《西藏野生动植物保护及自然保护区工程建设总体规划》。计划到 2050 年，在西藏自治区范围内建立 200 个左右自然保护区，其中国家级自然保护区 65 个，使西藏的自然保护区总面积达到 $4.880\times10^{7}$ hm$^2$。到规划期末，将在西藏建立一个类型齐全、分布合理、面积适宜、建设和管理科学、效益良好的自然保护区网络。西藏全区规划布局 27 个自然保护区。根据自然保护区的主要保护对象、性质、功能和任务，将自然保护区分为三个类别（自然生态系统类、野生生物类、自然遗迹类）的 7 种类型。

自然生态系统类自然保护区，是指以具有一定代表性、典型性和完整性的生物群落和非生物环境共同组成的生态系统（森林、草原、荒漠、湿地、水域）作为主要保护对象的一类自然保护区。此类自然保护区属于不同自然地带典型而有代表性的生态系统地区，并不是由于某些特殊保护对象决定其生存价值，但它往往同时具有某些珍稀或濒危动植物种或自然遗迹等生物、非生物资源部分。自然生态系统类自然保护区有 3 种类型。

（1）森林生态系统类型自然保护区。它是指以森林植被及其生境所形成的自然生态系统作为主要保护对象的自然保护区。该类保护区有雅鲁藏布大峡谷（墨脱）国家级自然保护区、珠穆朗玛峰国家级自然保护区、吉隆江村自治区级自然保护区、聂拉木樟木沟自治区级自然保护区、察隅滋巴沟自治区级自然保护区、林芝巴结巨柏自治区级自然保护区、波密岗乡高产云杉林自治区级自然保护区、拉萨古柏树林自治区级自然保护区等。

（2）草原与草甸生态系统类型自然保护区。它是指以草原植被及其生存环境所形成的自然生态系统作为主要保护对象的自然保护区。该类自然保护区有羌塘国家级自然保护区、申扎黑颈鹤自治区级自然保护区等。

（3）内陆湿地和水域生态系统类型自然保护区。它是指以水生和陆栖生物及其生存环境共同形成的湿地和水域生态系统作为主要保护对象的自然保护区。该类自然保护区有申扎黑颈鹤自治区级自然保护区、拉萨拉鲁湿地自治区级自然保护区、班公湖自治区级自然保护区、纳木错国家级自然保护区等。

### 8.1.2 高原天然林保护的意义

众所周知，森林是陆地生态系统的主体和自然资源的宝库，是林业发展和生态建设的物质基础，而天然林又是森林的主要组成部分。天然林资源保护工程既是森林资源保护工程，又是森林资源发展工程。实施天然林资源保护工程，保护和培育天然林资源，不仅关系到林业的发展与繁荣，更关系到整个国家的可持续发展。

1．生态意义

实施天然林资源保护工程，一方面使原有天然林资源得以恢复和发展，另一方面通过封山育林、飞播造林等方式增加新的森林资源，从而提高森林覆盖率。森林资源能够调节气候、涵养水源、减少水土流失、防止土地荒漠化、抵御自然灾害，起到改善生态环境的作用。同时，森林资源既是野生动物避暑、御寒、繁衍、生长的场所，又是许多植物生存的场所，因此，保护天然林促进了生物多样性。

2．社会意义

实施天然林资源保护工程，其社会意义主要表现在3个方面：第一，由于历史原因，我国林业企业已形成一个庞大的系统，国有林区逐渐陷入森林资源危机、经济发展停滞、社会进步缓慢三者之间的恶性循环。通过实施天然林资源保护工程，进行产业结构和就业结构调整，有效分流安置林区的富余人员，对林区的社会稳定、经济繁荣具有重要的现实意义。第二，保护天然林可以增加森林面积与类型，达到净化空气、美化环境的效果，并为人类提供良好的生活和游憩场所，从而改善人类生存环境，提高人们生活质量。第三，天然林是自然界中最大的碳汇，天然林面积的增加势必减少大气中的二氧化碳含量，实施天然林资源保护工程对减缓全球气候变化具有促进作用。

3．经济意义

由于过去计划经济体制的束缚，林业企业的经济结构比较单一，企业发展没有后劲，人们生活很难保证。虽然20世纪80年代提出了由计划经济体制逐步向市场经济体制转变，但是由于力度不够，林业企业的困境仍旧存在。实施天然林资源保护工程，通过调减木材产量、转产选项，开展复合经营、发展林产工业，对林业企业的经济结构的调整、经济增长方式的转变具有重要意义。另外，野生动植物资源的恢复对林区未来的经济发展打下良好的物质基础。

### 8.1.3 天然林保护的技术措施

1．封山育林技术

封山育林是利用树木的自然更新能力，将遭到破坏后而留有疏林、灌草丛的荒山迅速封禁起来，并加以适当的补播、补植和平茬复壮等人为措施，从而达到恢复森林植被的一种育林方式，又称为“中国造林法”。

（1）封育对象。

凡具备下列条件之一者，可进行封山育林。

① 有培育前途的疏林地。

② 每公顷有天然下种能力的针叶母树 60 株以上或有阔叶母树 90 株以上的山场地块。

③ 每公顷有萌芽、萌蘖力强的伐根，针叶树 1 200 株，阔叶树 900 株，灌木丛 750 个以上的山场地块。

④ 每公顷有针叶树幼苗、幼树 900 株以上，阔叶树幼苗、幼树 600 株以上的山场地块。

⑤ 分布有珍贵、稀有树种，经封育可望成林的山场地块。

⑥ 人工造林难以成林的高山，陡坡，岩石裸露地，水土流失区，干旱、半干旱地区。

⑦ 自然保护区、森林公园、薪炭林地等。

（2）封育方式。

封育方式分全封、半封和轮封 3 种。

① 全封是将山地彻底封闭起来，禁止入山进行一切生产、生活活动。一般自然保护区、森林公园、飞播林区、国防林、实验林、母树林、环境保护林、风景林、革命纪念林、名胜古迹及水源涵养林、水土保持林、防风固沙林、农牧场防护林、护岸林和护路林等应实行全封。

② 半封是将山地封闭起来，平时禁止入山，到一定季节进行开山，在保证林木不受损害的前提下，有组织地允许群众入山，开展各种生产活动，如砍柴、割草、采蘑菇、拾野果等。有一定数量的树种、生长良好且林木覆盖度较大的宜林地，可采取半封。

③ 轮封是将拟定进行封山育林的山地，区划成若干地段，先在其中一些地段实行封山，其他部分开山，群众可以入内进行生产活动。几年后，再将已经封山的地段开放，再封禁其他地段。对于当地群众生产、生活和燃料有实际困难的地方，可采取轮封。

（3）封育年限。

封育年限是指达到预期效果需要的年限。预期效果是指达到有林地、灌木林地等地类标准。原林业部出台的《封山育林管理暂行办法》（1988 年）规定：封育年限南方为 3 ~ 5 年，北方为 5 ~ 7 年。但在实际工作中，因封育类型、立地条件和植被状况而不同，具体情况要具体分析。疏林地的封育年限一般为 3 年；未成林造林地中人工造林的封育年限南方为 3 年、北方为 5 年，飞播造林的封育年限南方为 5 年、北方为 7 年；灌木林地和无林地的封育年限为 3 ~ 10 年。

（4）封禁措施。

封禁的具体措施包括：① 立界标、树标牌；② 设置防火线（带）；③ 设立护林哨所、配备护林人员；④ 设立护林瞭望台；⑤ 其他，如修筑道路、修建林道、建立通信网络等。

（5）育林技术。

① 人工促进天然更新。对于天然更新能力较强，但因植被覆盖度较大而影响种子出土的地块，应进行带状或块状除草，同时结合整地或炼山，实行人工促进天然更新。

② 人工补植或补播。对于天然更新能力不足或幼苗、幼树分布不均的间隙地块，应按封育类型成效要求进行补植或补播。

③ 平茬复壮。对于有萌蘖能力的树种，应根据需要进行平茬复壮，以增强萌蘖能力。

④ 抚育管理。在抚育期间，根据当地条件和经营强度，对经营价值较高的树种，可重点采取除草松土、除蘖间苗、保水抗旱等培育措施。

（6）封山育林合格标准。

① 乔木型小班郁闭度大于等于 0.2，或小班平均每公顷有林木 1 100 株以上，且分布均匀。

② 乔灌型小班乔、灌总覆盖度大于等于 30%，其中乔木所占比例在 30%～50%，或小班平均每公顷有乔、灌木 1 350 株（丛）以上，且分布均匀。

③ 灌木型小班灌草覆盖度大于等于 30%，或小班每公顷有灌木不少于 1 000 株（丛），且分布均匀。

④ 灌草型小班灌草综合覆盖度大于等于 50%，其中灌木覆盖度不低于 20%。

### 2．飞播造林技术

飞播造林是用飞机装载林木种子播撒在已规划设计的宜林地上的一种造林方法。飞播造林主要是利用具有自然更新能力的树种，在适宜的自然条件下，使播下的种子能够发芽、成苗、成林，从而达到扩大森林资源的目的。

（1）飞播区和飞播树种的选择。

① 飞播区的选择。选择飞播区是飞播造林取得成效的关键。选择飞播区应掌握 3 个原则，即适于飞播树种成苗、成林的自然条件，适于飞播作业的地形条件，适于飞播要求的社会经济条件。

我国飞播地区可划分为 4 个区 15 种类型：

a. 北方油松林区及近邻：冀北、冀西山地；陕北高原；陇南山地；豫西山地；鄂尔多斯高原（近邻的踏郎类型）。

b. 南方马尾松区及近邻：浙闽山地；南岭山地；粤桂山地；贵州高原；海南山地（近邻的热带松类型）。

c. 南方华山松混播区：秦巴山地；鄂西山地；川东、川北山地。

d. 西南云南松区：川西南山地；滇东高原。

② 飞播树种的选择。我国适用于飞播的树种，不下数十种，但效果比较好、成林面积比较大的，首推马尾松、云南松，其次为油松。其他乔木树种如华山松、黄山松、高山松、黑松、台湾相思、木荷等，也有飞播效果较好的播区，但成林面积较小。灌

木树种如踏郎也表现出一定的适应能力，是有发展前途的飞播植物种。

（2）播种量和飞播期的确定。

① 播种量的确定。合理播种量的确定，需要考虑成苗株数、种子质量、种子损失和播区出苗、成苗情况 4 个方面，见表 8.1。

表 8.1　我国主要飞播树（草）种播种量　　单位：$kg/hm^2$

| 树（草）种 | 飞机播种造林地区类型 | | | |
|---|---|---|---|---|
| | 荒山 | 偏远荒山 | 能萌发阔叶树种地区 | 黄土丘陵区、沙区 |
| 马尾松 | 2.25 ~ 2.63 | 1.50 ~ 2.25 | 1.13 ~ 1.50 | |
| 左南松 | 3.00 ~ 3.75 | 1.50 ~ 2.25 | 1.50 | |
| 华山松 | 30.00 ~ 37.5 | 22.50 ~ 30.00 | 15.00～22.50 | |
| 油松 | 5.25 ~ 7.50 | 4.50 ~ 5.25 | 3.75 ~ 4.50 | |
| 黄山松 | 4.50 ~ 5.25 | 3.75 ~ 4.50 | | |
| 侧柏 | 1.50 ~ 2.25 | 1.50 ~ 2.25 | 0.75 ~ 1.50 | |
| 台湾相思 | 1.50 ~ 2.25 | | | |
| 木荷 | 0.75 ~ 1.50 | | | |
| 柠条 | | | | 7.50 |
| 沙棘 | | | | 7.50 |
| 踏郎 | | | | 3.75 ~ 7.50 |
| 沙打旺 | | | | 3.75 |

② 飞播期的确定。各地降水的年际、月际和旬际变化有时较大，逐年雨期有早有迟。因此，每地每年的飞播期，应在已有经验的基础上，根据当年气候条件具体确定。

我国各地飞播期依季节不同分为 4 类：

a. 冬季（12 月至翌年 2 月）播种地区。为南岭山脉以南到粤桂沿海丘陵山地以北地区。飞播期以春雨初来，气温回升之时较好，一般在春节前后为宜。

b. 春季（3—5 月）播种地区。为南岭山脉以北到秦岭、淮河以南地区。飞播期东部多在 3—4 月，西部多在 4—5 月。

c. 夏季（6—8 月）播种地区。本区包括辽西山地、冀北山地、冀西山地、鄂尔多斯高原（东部）、陕北高原、豫西山地和陇南山地等。飞播期一般在 6—8 月中旬。

d. 秋季（8—9 月）播种地区。为四川东部。飞播期以 8 月下旬到 9 月中旬为宜。

（3）播区规划设计与飞播作业。

① 播区调查。

a. 地类调查。适于飞播造林的地类有荒山荒地、可以播种的灌木林地、稀疏低矮的竹林地、郁闭度为 0.2 以下的疏林地和弃耕地。播区范围内农耕地、放牧地和有林地属非宜播地。山区宜播面积一般占播区面积的 70% 以上，流沙区占 60% 以上。

b. 地形调查。了解播区内主山脊走向、明显山梁位置、地势高差、坡向、坡度和播区四周的净空条件等，以便确定播区范围、作业航向、基线测量起点、航标线位置和适于飞机转弯的地带。

c. 土壤、植被调查。记载土壤种类、厚度，植被种类、组成、高度、盖度和死地被物厚度等。

d. 气候调查。包括历年的降水量、气温、风向、风速、早霜出现日期、晚霜出现日期和灾害性天气等，飞播当年气象预报，用以确定飞播的适宜时期。

e. 社会经济调查。了解播区土地权属、人口、劳动力、耕地面积、可退耕还林面积、牲畜数量、习惯放牧地点、群众对飞播造林的意见和要求等。

② 播区区划。播区区划就是将播区（适于飞播造林的范围）勾画在图上，并划分为若干播带。

a. 先把宜播地段大致勾画在图上，非宜播地段尽量勾画在播区外，播区形状为长方形。

b. 在播区内划出基线，基线走向即飞行作业的航向，基线应沿主山脊设置。

c. 确定播区宽度，并精确地画在图上，播区宽度走向与基线垂直。

播区宽度（m）= 播带宽度（m）× 播带条数

播带条数（取整数）= 图上勾画的播区宽度（m）÷ 播带宽度（m）

d. 确定播区长度，并精确地画在图上，播区长度走向与基线平行。播区长度最长设计为每架次播一带的长度，不足一带时，则应设计为每架次播 2 带或 3 带、4 带等。

e. 播带区划：根据播带宽度在播区内划出以基线为准线的若干平行线。

确定航标点与航标线位置：航标点为每条带宽的中心点，各航标点的连接线为航标线。航标线要选设在明显的山梁上，播区两端各设一条，作为进航和出航的标志；其间，依播带长短另设 1 ~ 2 条，间隔为 2 ~ 4 km。

③ 播区测量。播区测量即将图面设计落实到地面上，包括基线测量和航标线测量两项。

a. 基线测量。基线是控制播区位置和确定飞行作业航向的基准线，以经纬仪用直线定位法测定，要求引点准、起点准和方位角准。基线与航标线的交点要设桩并编号，作为航标线测量的起点。

b. 航标线测量。采用罗盘仪、测绳在每个航标点都要设桩并编号。

④ 播区设计内容包括以下几个方面：

a. 播区条件与飞播树种选择。

b. 播种量与飞播期确定。

c. 种子需要量的计算：

播区种子需要量（kg）= 每播带种子需要量（kg）× 播带数

播带种子需要量（kg）= 单位面积播种量（$kg/hm^2$）× 播带面积（$hm^2$）

每架次种子用量（kg）= 播带种子用量（kg）× 每架次播种带数

d. 飞行作业架次的计算：

飞行作业架次＝播区内播带条数÷每架次播种带数

e. 飞行作业时间的计算：

播区飞行作业时间（h）=每架次飞行作业时间×飞行作业架次

每架次飞行作业时间（min）＝起降时间+机场到播区往返时间＋每架次作业时间＋每架次作业转弯时间

⑤ 播区作业方案编制。播区作业方案是指导飞播的技术性文件。作业方案包括说明书、播区位置图和播区区划图。

a. 说明书内容。包括播区基本情况、飞播计划、经费概算、作业设计、播区管护措施和经营方向等。

b. 播区位置图。以县或机场为单位，比例尺为 1∶100 000～1∶500 000，图上标明各播区位置和形状、机场到各播区的方位和距离，航路上明显的地物、主要山峰及其海拔高度等。

c. 播区区划图。以播区为单位在 1∶10 000～1∶25 000 比例尺的图面上标明播区位置、各种地类界线、山脉、河流、道路、村庄、海拔、航向、航标线位置、航标桩编号及飞行范围内的高压线等。图上还应绘制飞行架次组合表和图鉴。

⑥ 飞播作业。

a. 试航。先由设计人员向飞行人员介绍作业方案，并同机进行试航，以便熟悉播区情况。试航后，共同研究确定作业时间、播种顺序、进航点、飞行方式和通信联络方法等。然后，飞行人员制订作业计划和安全措施，机务人员安装调试播撒器，播区人员做好作业前的各项准备工作。

b. 播种作业。播区信号员要在飞机进入播区前 2～5 km 时，及时出示信号引导飞机入航，飞行员则要摆正航向沿信号点飞行。为保证落种位置准确，不偏播、不重播，侧风风力一级（风速小于 1.5 m/s）以下压标飞，二级、三级（风速 1.6～5.4 m/s）修正飞，四级（风速大于 5.5 m/s）以上停止飞。当进出播带两端时，要及时开箱和关箱，避免多播或漏播。

（4）飞播林的经营管理。

① 幼苗阶段：建立管护组织，加强护林防火与封山育林。

② 成苗阶段：查明成苗情况，制订经营方案并按方案施工。

③ 幼林阶段：进行护林防火设施建设和病虫害防治。

④ 成林阶段：适时、适量、适法地进行抚育间伐，促进成材，提高生长率。

## 8.2　退耕还林工程

退耕还林还草工程是世界上许多国家普遍实施的一项旨在保护和改善生态环境与土地资源的战略性工程。我国从 1999 年在四川、陕西、甘肃 3 省率先开始实施退耕还林还草试点工作，2002 年在全国范围内全面启动了退耕还林工程。实施退耕还林还草工程，不仅可以控制水土流失，改善生态环境，减少自然灾害，促进全国粮食生产的良性循环。同时，还能够促进区域产业结构合理调整，有利于社会经济可持续发展。

西藏根据《国务院关于进一步完善退耕还林政策措施的若干意见》和《退耕还林条例》的规定，于 2002 年启动了退耕还林工程，到 2019 年底，累计完成国家下达的退耕还林造林任务 191.4 万亩，覆盖全区 7 市（地）53 区（县）707 个乡镇 3 252 个行政村。为确保新一轮退耕还林还草工程的实施，自治区发展改革委、财政厅、林草局农业农村厅、自然资源厅等部门于去年联合印发了《西藏自治区新一轮退耕还林还草工程管理暂行办法》，通过实施退耕还林工程，增加了林草植被，加快了国土绿化进程，优化了经济结构，增加了农牧民收入，对改善高原生态环境、促进农牧区经济发展发挥了积极作用。一直以来，西藏高度重视荒漠化沙化治理工作，持续开展防沙治沙项目。十八大以来，通过实施生态安全屏障防沙治沙、财政专项防沙治沙、沙化土地封禁保护区建设和防沙治沙综合示范区建设等工程，累计完成各类沙化土地治理 $3.3 \times 10^5$ hm。有序划定并完成了噶尔县、定结县、仲巴县、萨嘎县 4 个国家沙化土地封禁保护区建设，对不适宜治理的 $4 \times 10^4$ $hm^2$ 沙化土地封禁保护。

### 8.2.1 退耕还林立地的特点

我国的《退耕还林条例》第十五条规定了下列耕地应当纳入退耕还林规划，并根据生态建设需要和国家财力有计划地实施退耕还林：

（1）水土流失严重的。

（2）沙化、盐碱化、石漠化严重的。

（3）生态地位重要、粮食产量低而不稳的。

江河源头及其两侧、湖库周围的陡坡耕地以及水土流失和风沙危害严重等生态地位重要区域的耕地，应当在退耕还林规划中优先安排。

因此，退耕还林地的立地特点，主要取决于退耕地的范围。各地执行退耕还林政策时制定的退耕土地范围和具体的实施标准，是决定立地条件的根本因素，是影响相应的退耕还林技术模式的重要前提，是退耕还林工程最终目标能否实现的最重要技术保障。各地退耕还林的范围各不相同，但是，总的说来，退耕还林立地都具备条例所规定的特征。

《退耕还林技术模式》一书针对不同退耕还林试点区的自然、社会和经济特点，分黄河上中游及北方地区、长江上中游及南方地区两大片总结归纳了治理的成果和经验。

高原海拔多在 2 000 m 以上，山体坡度较缓，流域内分布着大范围的黄土和沙化土地，水土流失严重，风沙肆虐。属温带及暖温带气候，气温低，气候干旱寒冷，降水量分布不均，降水在 100 ~ 600 mm。自然条件极为严峻，植被属温性落叶阔叶林和草甸草原、干旱半干旱草原，土壤多褐土、栗钙土。

根据高原地形地貌、水热条件等自然特征以及水土流失和风蚀沙化程度，本区分为 2 个类型区：

（1）风沙区。风沙区位于在干旱半干旱的“三北”地区，主要包括新疆、内蒙古、青海、甘肃、宁夏、陕西北部、吉林西部、辽宁西北部。该区降水量少，气候干旱，年均降水量 35 ~ 600 mm；风大风多，沙尘暴天气多，风沙危害和土地风蚀沙化较严重；冬冷夏暖，昼夜时差、温差大，许多地方冬季最低温度在 – 20 °C 以下，植物越冬难；沙地渗水性强、保水性差、持水性弱，毛管孔隙度不发达，减少了水分蒸发量。由于沙区的干旱、低温、风沙、风大等因素，严重地制约着植被的生长繁育，由于积水、蒸发量大，沙化地区低洼地的土壤都不同程度次生盐渍化，进一步恶化了自然条件。

（2）寒冷高山高原区。主要包括陇秦山地及六盘山、太行山、贺兰山、青海等高山高原区，平均海拔 1 200 ~ 3 700 m，年平均气温 – 0.9 ~ 7.5 °C，大于或等于 10 年有效积温 500 ~ 3 600 °C，年均降水量 200 ~ 700 mm。土壤主要为黑钙土、栗钙土、褐土、山地草甸土，本区气温低，降水少，多数为天然次生林分布区，高海拔区以荒漠草原为主。目前，由于多种原因，森林植被资源逐年减少，生态环境日趋恶化。寒冷、干旱是本区限制林业发展的两个主导因子。

按水土流失和风蚀沙化危害程度、水热条件和地形地貌特征，将长江流域及南方地区划分为 7 个类型区。高原退耕还林区主要在西南高山峡谷区，分布于青藏高原东南缘，包括金沙江、雅砻江、大渡河、岷江等流域的上游地区，总面积约 $28.9 \times 10^4$ $km^2$。本区山高坡陡、冬寒夏凉，森林类型及组成多样，为西南最大的原始林区，也是我国珍稀动植物资源最丰富的地区之一。本区土地资源及其林业用地十分丰富，但水土流失面积大。鉴于海拔高、坡陡谷深、人口少等条件，人工造林的难度大，森林植被恢复速度慢。

### 8.2.2　高原退耕还林技术模式

#### 1．风沙区防风固沙林模式

选择风沙区的源头和边缘地带退耕还林还草，通过建立防风固沙林、锁边林，以阻止沙漠的进一步扩张。在风沙危害大的农区、草原区，通过建立农田林网，以改善农牧业的小气候。条件许可的地方，退耕还林要设沙障，采用灌木、草、树枝、黏土、石块、板条等，在沙面上设置障碍物，以控制沙的运动方向、速度和结构，减少风蚀、沙蚀。沙区还林还草要选择抗旱性强、抗风蚀沙埋能力强、耐瘠薄能力强的树草种，主要乔木有胡杨、小叶杨、白榆、小青杨、旱柳等，主要灌木、半灌木有紫穗槐、柽柳、沙棘、柠条、沙柳、油蒿、籽蒿等。主要还林模式有风沙区以乔木为主的还林模式、风沙区以灌木为主的还林模式、风沙盐渍区柽柳还林模式、风沙区护路林模式等。

2．寒冷高山高原区水源林模式

退耕还林的首要目标是增加植被覆盖度，增强江河源头涵养水源的能力。可以通过人工造林与天然更新相结合的方法，恢复森林植被，增强该区的蓄水保土功能。主要造林树种有油松、侧柏、云杉、祁连圆柏、华北落叶松、白皮松等。主要还林模式有秦陇山地水源涵养林模式，河北坝上高原区水源涵养、防风固沙林模式，环青海湖地区水源涵养、护牧林模式等。

3．干旱丘陵土石山区水土保持林模式

本区退耕还林的首要目标是增加土石山区的植被，尽快改变荒山秃岭的面貌，以改良土壤并增强水土保持能力。可以选择耐性强的油松、侧柏、沙棘、柠条等树种，营造水土保持林。主要造林树种有油松、侧柏、落叶松、樟子松、桦树、杨树、柳树、榆树、刺槐、桑树、椿树、板栗、核桃、苹果、梨、山楂、辽东栎、山杏、紫穗槐、沙棘、柠条等。主要还林模式有干旱丘陵区抗旱造林模式，干旱丘陵区围山转模式，干旱丘陵区“阴阳结合”模式，干旱阳坡刺槐、侧柏、油松等还林模式，“和尚头”一坡双带模式等。

4．干热干旱河谷区困难地植被恢复模式

本区还林的首要目标是恢复和扩大森林植被，改善石质山体的土壤，增加水土保持功能。在树草种的选择上，主要引进本地或外地适生的耐热、耐旱、耐瘠树种。在育苗技术上，主要采取容器育苗，先催芽后播种，以解决苗木成活率低的问题。在林种搭配上，主要采取灌草结合、乔草结合的方式。主要树草种有赤桉、新银合欢、核桃、花椒、相思、山毛豆和蓑草、黑麦草、柱花草、光叶紫花苕等。主要还林模式有干热河谷区按类等生态林模式、干旱河谷区花椒等干果经济林模式、干热河谷区乔灌林草结合模式、干热河谷区车桑子雨季点播模式等。

5．高山峡谷区水源林模式

由于本区地处长江及其主要支流的上游，陡坡耕地的水土流失又是长江流域泥沙的重要来源，在保护好现有森林植被的前提下，退耕还林的首要目标是消灭陡坡耕地，造林方式可采取植苗、点播、封育相结合，主要营造水源涵养林和水土保持林。主要造林树种有川西云杉、粗枝云杉、岷江冷杉、槭树、白桦、红桦、青杨、沙棘、红杉等。主要还林模式有高山峡谷区护坡水源林模式、高山峡谷区林草混作模式、高山峡谷区造封结合模式等。

6．中低山丘陵区水土保持林模式

针对中低山山高坡陡、降水量大、水土流失严重等特点，退耕还林中采取人工造林种草与封育相结合，生物措施与工程措施相结合的综合治理方式，主要营造水土保持林和水源涵养林。主要造林树种有马尾松、湿地松、火炬松、云杉、冷杉、花椒、马桑、紫穗槐、刺槐、合欢、檫木、黄荆、胡枝子、竹子等。主要还林模式有丘陵山区侧柏等还林模式、丘陵山区山脊源头水源林模式、丘陵山区生态经济沟模式、丘陵山区一坡三带模式、竹林及其混交模式、采矿采石区植被恢复模式等。

7. 江河堤岸区护岸林模式

江岸带造林的主要目的在于护岸固坡、护堤稳基，减少江河泥沙，保护和改善长江中上游沿江两岸生态环境。按防护功能要求，江岸防护林主要是防冲林和防塌林。主要造林树种有杨树、枫杨、香椿、大叶桉等。主要还林模式有江河堤岸防冲防塌林模式、江河两侧防灾护岸护路林模式、江河两侧滞留林模式等。

8. 风景旅游区观光林业模式

生态旅游区及其沿路地带，还林时在树种选择上应首先考虑观赏性较强，生态效益十分突出的树种，以便为景区、景点添光增彩。规划时既应考虑整齐统一性，还要考虑立体配置、水平混交等因素。整地不宜采用炼山、全垦、大穴等方式。主要造林树种：乔木可选喜树、枫杨、枫树、樟树等，经济林树种可选用猕猴桃、柑橘、荔枝等，灌木树种可选用紫穗槐、剑麻等。有些还可以配置一些花草品种。主要还林模式有风景旅游区通道林模式和风景旅游区景观林模式等。

## 8.3 森林经营

森林经营从狭义上讲是各种森林培育措施的总括，即从宜林地上形成森林起，到采伐更新时止的整个生产经营活动，包括森林更新造林、森林抚育间伐、森林采伐利用等各项培育管护措施。森林经营在整个森林培育过程中，时间、劳动和资金占用最长、难度最大，整个过程一般长达几十年，甚至上百年。因此，森林经营对科学培育森林、提高森林质量和林地生产力，实现传统林业向现代林业转变具有重要意义。

在不同的情况下，管理与经营有不同的内涵。如果将森林资源经营与管理的内涵按照行为主体来界定，则管理的主体是政府，而经营的主体是森林经营者。按此界定，森林经营是森林经营者在国家法律框架下，按照既定的目标对森林资源的培育、利用进行规划，并按照规划对森林资源实施的各种人为干预措施的总和。森林经营为企业或个人行为，表现为具体的经营措施。森林经营的目标是获得最大的经济效益。现在森林经营的理论基础由单一的木材生产转向复杂的森林生态系统，今天的森林经营和管理逐步趋向复杂化。

森林经营工作概括地讲有两大任务：一方面是培育森林资源，满足改善生态环境、保证国土安全的需要；另一方面是合理利用森林资源，满足国民经济、社会发展和人民生活水平提高对木材和林产品的需要。

### 8.3.1 森林定向培育

所谓定向培育，是指按最终的木材用途，生产出种类、质量、规格都大致相同的木材原料。而造林密度、轮伐期及配置方式的确定是能否实现定向培育的关键。

苗木定向培育，是根据造林地立地条件主要限制因子对苗木的要求，在苗木培育过程中采取相应调控技术措施，使苗木在形态、生理及活力等方面满足造林需要，做到适地适树造林。以困难立地条件下造林用苗为目标，应用苗木定向培育技术体系，通过不同的育苗技术措施，如抗性基因与种源选择、林木种子处理技术、苗木抗逆性调控技术、苗木活力保护技术与管理技术等措施，为做到适地适苗造林提供理论依据。

森林培育要明确定向，这个"向"可以是单纯的，如水源涵养林、纸浆用材林生产等，也可以是复合的，如用材与水土保持结合、林果结合、风景游憩与自然保护结合等。定向目标可以有主次，培育措施要与所定的向相适应。在定向培育森林时又不要忘记森林本身还是多功能的，需要适当协调，注意发挥森林的最佳综合效益。在这方面，森林培育既是科学问题，又是一项技艺，可以充分利用科技成果和科学发展观，达到尽善尽美的境界。

人工林本身生长规律、林分结构、轮伐期和适地适树等诸多林分生长特性和树种生态学特性是影响人工林主伐更新最直接的因素。这些因素直接决定了人工林的定向培育目标和对其实行什么样的采伐方式和更新方式。反之，采用何种采伐方式，也将会对环境产生明显的影响，尤其是皆伐对林地土壤、水分循环、河流、野生动物、自然景观等会产生显著影响。从生态学的角度出发，采伐应受到约束。但对人工用材林基地，森林采伐所受到的环境约束，可通过调整经营方式来加以保证，达到既能满足木材生产的需要，又能满足环境保护的需要。

#### 1. 人工林定向培育的意义

采用定向培育、集约栽培技术发展工业用材林是解决木材短缺的可靠途径。发展工业人工林大致可以分为两个类型：一种类型是在比较平坦的立地上，采用高效集约度，施肥灌水，超短轮伐期作业，将树木像农作物那样栽培。另一种类型是在山地林区，温带气候区内，轮伐期较长的情况下，实行可持续经营的工业用材林生产体系。在林区内区划出适于发展工业用材林的地方，作为用材林基地，引进或选择速生树种，按定向培育目标，建立优化栽培模式，保持生态平衡实行持续经营。

人类在经营森林过程中，只有顺应自然，促进树木和自然的融合，才会达到获取大量木材的目的。在以往的森林经营中，人们以索取为主，严重地破坏了森林的发展。1992 年，联合国环境与发展大会指出：人口动态、生产和消费方式以及技术因素是导致环境变化的根本原因。王立海（1994）报道，森林的锐减和人口猛增是造成当代环境危机的主要原因。森林的锐减主要是由森林采伐引起的，人口大量涌入林区，建立人类活动社区，加速了森林递减的速度。经过长期的林业实践，欧洲的"近自然林业"和美国的"新林业"理论应运而生，为林业经营从"生产性"向"环境性"过渡提供了可行的理论基础。同样，工业人工林是生态系统的一个分支系统，它与环境资源林、山地综合林一起共同构成生态林业的森林资源整体，三者密不可分，又各具经营特色，任何试图把某一林分从生态林业系统割裂出去，将某一林分的经营思想作为客观林业指导思想的做法，都是不可取的。这是我国针对林业发展的现状，提出的三段式经营的基本模式，也是我国林业由生产性向环境性过渡的一个良好开端。

近10多年来，我国通过实施诸多林业生态工程，开展了大规模造林和天然林保护修复，森林资源得到了有效的保护和发展，森林面积和蓄积均有较大幅度增长，森林碳汇量也大幅度增加。2018年，我国森林面积和森林蓄积分别比2005年增加$4.509\times10^{7}$ $hm^{2}$和$5.104\times10^{9}$ $m^{3}$。目前，我国森林面积达到$2.2\times10^{8}$ $hm^{2}$，森林蓄积$1.756\times10^{10}$ $m^{3}$，森林植被总碳储量$9.186\times10^{9}$ t，森林面积和蓄积持续增长，已成为同期全球森林资源增长最多的国家。目前，我国人工林面积$7.954\ 28\times10^{7}$ $hm^{2}$，全球增绿1/4来自中国，是世界上人工林面积最大的国家，发展人工林对森林碳汇作用巨大。

通过分析定向培育人工林的特征、林产工业对原料林的要求、资源培育到最终产品的效益，提出应根据各类市场的不同需求而有目的地定向培育林木，大力营造速生丰产林和工业纤维林，缩短轮伐期，为林产工业发展提供原料。定向培育速生丰产林和纤维林应遵循以下原则：一是采取灵活多样的方式发展速生丰产纤维林。由于速生丰产纤维林基地建设需要的投资比较大，单凭育林基金很难解决，可通过以下渠道解决：① 从育林基金中拿出一部分；② 可申请银行贷款解决一部分；③ 建议尽快全面实施林价制度，使增加的育林基金用于速生丰产纤维林；④ 有条件的林业局还可以用部分自筹资金；⑤ 企业、职工个人、股份、招商投资联营建设速生丰产纤维林基地；⑥ 将速生丰产林的收入作为滚动资金，用于发展速生丰产林。二是营造混交林，实践证明，营造大面积杨树纯丰产林成功的可能性很小，目前有些地区营造了杨树与云杉、杨树与白桦混交林试验。结果表明，由于混交林更能充分有效地利用空间，提高了林分总生长量，比纯林增产30%～50%，对病虫害起到了有效的隔离和抑制作用，减轻了病虫害，提高了林分稳定性。三是采用先进技术，加快培育速生丰产林和定向工业纤维林。

### 2．人工林定向培育技术

经过不断的努力，在人工林定向培养的理论与技术上都取得了显著的进展，形成了与人工林的需求以及培养目标相适应的一系列措施，构成了完整的速生丰产林、工业原料林定向培育技术体系。人工林实行定向培育不仅要求产量高，而且生产出的产品必须符合各类工业用材的要求。

根据社会发展与经济发展需求，适应气候、土壤和社会经济条件，我国选育了桉树、泡桐、杉木、马尾松等一大批用材树种的优良单株、无性系、家系，建立了采穗圃、种子园、基因库，开展了桉树、团花、杉木优良品种的组培技术研究，解决了杉木组培增殖倍率低、生根率低的技术难题，为速生丰产林工程建设提供了良种壮苗物质基础和技术支撑；开展了桉树、杨树、泡桐、水曲柳、白桦无性系的抗逆性（抗旱、抗盐、抗涝）、大径材、纸浆材高效栽培模式，无节良材培育技术，施肥技术，苗木标准化生产技术，密度控制，立地筛选、最佳轮伐期确定，人工林复合经营，多无性系栽培模式，优化栽培模式的筛选及经济效益评价等试验研究，提出人工林定向培育的栽培模式和技术措施，实现工业用材林定向集约栽培与工业利用紧密结合的目的；开展了桉树、杨树、泡桐、水曲柳、白桦、马尾松、落叶松等大径材速生丰产林立地控制技术、密度调控技术、最优轮伐期技术、水肥调控等集约栽培技术等关键技术研究，提高了我国速生丰产林培育的技术创新能力，初步建立了符合现代市场需求的速生丰产林培育技术体系。这些工作对减少木材进口，解决我国木材供给的结构性矛盾，促进我国天然林资源保护工程的建设和实施方面也具有深远意义。

### 8.3.2 森林健康管理

进入20世纪以来，伴随着人口增长和经济发展，自然资源被加速和过度开发，森林进一步减少和退化。随之出现的全球气候变暖、生物多样性减少、土壤侵蚀加剧、水旱灾害频翳等-系列生态危机，促使人们开始重新认识森林的作用，协调与森林的关系。20世纪70年代末期，德国首先提出了森林健康的概念。20世纪90年代美国在“森林病虫害综合治理”的基础上，进一步完善了森林健康思想。10多年来，美国的森林病、虫、火等灾害的预防和保护实践，正是在这样一种思想指导下开展的。健康的森林能产生经济效益、生态效益和社会效益，而不健康的森林既没有经济效益也没有生态效益和社会效益

1．森林健康思想的内涵及其实质

森林健康就是保持森林自身良性存在和更新，实现其最佳的多种服务功能，其范畴涉及整个森林生态系统，国外还进一步将其引申到森林生态服务功能的健康。就是让不健康的森林通过一定措施逐步恢复健康，让健康的森林持续健康，让新培育的森林从开始就保持健康。要保持森林健康，恢复森林健康，建立和发展健康的森林。“一个理想的健康森林应该是在这样的森林中，生物因素和非生物因素（如病虫害、空气污染、营林措施、木材采伐等）对森林的影响不会威胁到现在或将来森林资源经营的目标”这里的森林资源管理的目标不仅仅是指商业产品，还应包括森林的多种用途和价值，即森林游憩、野生动物保护、木材资源、放牧和水源涵养等。在健康森林中并非就一定没有病虫害、没有枯立木、没有濒死木，而是它们一般均在一个较低的水平上存在，它们对于维护健康森林中的生物链和生物的多样性、保持森林结构的稳定是有益的。人类对森林的影响往往是不可避免的，然而一个健康的森林对于人类的有限活动的影响应该是能够承受或可自然恢复的。森林健康的实质就是要使森林具有较好的自我调节并保持其系统稳定性的能力，从而使其最大、最充分地持续发挥经济效益、生态效益和社会效益的作用。

健康的森林是一个国家和民族实现社会可持续发展的基础，是提高人民生活质量

和生活环境的重要保证，也是实现有效管理林业有害生物的根本途径。

森林健康理论是一种新的森林经营管理理念，它不仅是今后森林经营管理的方向和工作目标，而且对森林病虫害防治工作更具有重要的指导意义。森林病虫害综合治理理论是把病虫作为工作目标，森林健康理论则是把培育健康的森林作为工作的主要目标。这样，就把森林的病虫火等灾害的防治上升到森林保健的思想高度，更加体现了生态学思想，从根本上解决了森林病虫火防治的可持续控制问题，使森林病虫防治工作的指导思想向更高的层次转变。森防工作者的立足点也随之转变，不再是单纯地搞病虫害防治，而是着眼于恢复、保持和发展健康的森林，成为森林的保健工作者。

#### 2．健康的森林生态系统的特征

一个健康的森林生态系统应该具有以下特征：

（1）各生态演替阶段要有足够的物理环境因子、生物资源和食物网来维持森林生态系统。

（2）能够从有限的干扰和胁迫因素中自然恢复。

（3）在优势植被所必需的物质，如水、光、热、生长空间及营养物质等方面存在一种动态平衡。

（4）能够在森林各演替阶段提供多物种的栖息环境和所必需的生态学过程。

对森林生态系统健康的理解主要包括森林生态系统的整合性、稳定性和可持续性。整合性是指森林生态系统内在的组分、结构、功能以及它外在的生物物理环境的完整性，既包含生物要素、环境要素的完备程度，也包含生物过程、生态过程和物理环境过程的健全性，强调组分间的依赖性与和谐性、统一性。稳定性主要是指生态系统对环境胁迫和外部干扰的反应能力，一个健康的生态系统必须维持系统的结构和功能的相对稳定，在受到一定程度干扰后能够自然恢复。可持续性主要是指森林生态系统持久地维持或支持其内在组分、组织结构和功能动态发展的能力，强调森林健康的一个时间尺度问题。

#### 3．危害森林健康的原因

目前，我国森林健康状况较差，病虫害、火灾危害严重。这主要是由以下原因造成的：

（1）过度采伐，森林退化。过度采伐，使大量原始森林、混交林、复层林转变成人工林纯林、次生林和单层林，使森林生态系统功能下降，导致森林病虫害频繁发生。

（2）大面积营造人工纯林，破坏生态稳定性。大面积人工纯林，结构单一，稳定性差，一旦有森林病虫害存在，极易暴发成灾，造成极大的损失。

（3）抚育管理不及时，森林抗性降低。由于中幼林抚育成本较高，抚育材价值较低，林农没有抚育的积极性，致使我国现有的大面积中幼林没有能够按照技术规程要求及时进行抚育。林内存在大量病弱木，致使一些经济林生长不良，导致森林抗性降低，为一些病虫害和恶性杂草的入侵创造了机会，严重地影响了经济林的正常生长，致使一些森林很少甚至没有收益。

（4）外来生物入侵，对森林资源造成严重危害。

（5）森林生境恶化，以及气候异常，致使树木长势减弱，甚至死亡，导致林业有害生物侵入。

（6）在法律上，规定森林病虫害、鼠灾防治由林农承担，这种规定极不合理。森林为社会提供了巨大的生态效益，林农为此牺牲了自己的经济利益，林农不但得不到生态补偿，反而还要承担森林健康的保健责任，导致林农防治积极性很低，致使森林灾害防治工作得不到很好的落实。

因此，要确保我国森林健康，必须采取科学的策略和措施，实现林业有害生物得到可持续控制。

#### 4．实现森林健康的管理措施

（1）以生态学理论为基础，搞好森林保健工作。

森林有害生物源与其天敌自然种群达到动态平衡，寄主植物与生物多样性达到和谐、平衡，建立稳定的多生物的食物链结构，形成功能完善的森林生态系统，就能实现林业有害生物的有效控制。因此，森防工作应该坚持以生态学为基础，把改善森林生态环境作为森防工作的出发点和落脚点，着眼于建立良好的森林生态系统。

（2）实施科学营林。

遵照自然生态学原理，开展科学造林和护林，对现有的天然林和天然次生林进行保护，提倡封山育林，禁止营造大面积人工纯林，及时进行抚育管理，改善林分结构，提高森林生态系统的稳定性，提高森林自身调控能力，抑制森林病虫害大发生。

（3）大力开展无公害森林保护。

生物防治效果持久，而且不会破坏生态环境，有利于增加生物多样性和森林生态系统的稳定性。因此，应该大力推广生物防治技术，严格控制农药的使用，避免农药的污染对环境造成危害，保护害虫的天敌，维持森林生态系统的生物多样性。

就具体工作而言，对一些大面积常发性的、暴发成灾的林业有害生物，如松毛虫，可以首先采用药剂防治，降低有害生物密度，然后，经常性地释放天敌，补充林内天敌数量，将林内有害生物的天敌维持在一个稳定的水平上，控制有害生物不致暴发成灾。

#### 5．建立森林健康评估标准

从我国的林业发展实际情况出发，借鉴国外的经验，建立适合我国国情的森林健康评估标准，以便实现对林业有害生物的有效控制和对森林健康的监测，提高森林健康水平，推进我国林业可持续发展。

#### 6．加强环境保护

加强环境保护，减少有害物质的排放，从而减少有害物质在森林中沉降，遏制森林衰退，为森林健康生长提供良好的生存环境。

7．加强林业有害生物管理

林业有害生物一旦入侵成灾，不但造成很大的人力、物力和财力损失，往往很难根治。因此，要加强林业有害生物管理，确保森林资源安全。

### 8.3.3　森林可持续经营

森林可持续经营是指根据人们变化了的对森林、树木及其环境的物质和精神需要组织林业生产，在满足当代人需求的同时不损害人类后代满足其自身需求的能力，提供多种经济收益和环境价值，在经营决策过程中公众广泛参与的森林生态系统管理。其目的要求森林不仅连续有效地保证满足当代人们的物质生产、文化精神和无形利益需求，而且能有利于长期的经济和社会发展。森林可持续经营是一种永久林地的经营方式，通过森林经营实现一个或多个确定的经营目标，在维持森林产品和服务功能持续产出的同时，不造成森林的内在价值和未来生产潜力的下降，并不对自然和社会环境产生负面影响。森林的可持续经营，就是森林资源和林地的可持续经营，以保障下一代的社会、经济、生态、文化和精神的需求。因此，在森林经营中，对树种的选择、适地适树、整地、引入下木下草、调整轮伐期、实行轮作等都围绕保护生态环境加以选择。在美国缅因州提出“人类有益于森林、森林有益于人类”的持续发展口号。在俄罗斯制定了“森林利用和森林管理系统的生态标准”和“森林抚育采伐造成生态危害赔偿付款标准”。

传统森林经理学科的主要理论基础出现在 18 世纪后半叶的德国。到 20 世纪 60 年代为止，森林经营的理论都局限于木材生产，中心思想都是追求经济效益。20 世纪 60 年代，德国提出森林多功能理论，掀起森林多效益经营模式的热潮。1968 年，美国提出生态经济耦合理论，许多国家开始把林业发展战略转向森林多种效益综合经营。20 世纪 80 年代后期提出“森林可持续经营”的思想。自 1992 年世界环境发展大会之后，世界各国都着手制定持续发展的标准，来规范工业用材林的经营行为。在工业人工林的采伐和更新技术上，均围绕森林的可持续经营这个主题在发展。在确定采伐方式时主要考虑更新和保持环境的需要。

加强森林的科学经营，是增加森林资源数量，提高森林资源质量的主要措施；是协调林业生态、社会、经济“三大效益”发挥，推进林业生态、产业“两大体系”建设的重要手段。科学编制森林经营方案，是加强森林的科学经营，实现森林可持续发展的重要手段；是森林经营主体制定年度计划、组织经营活动和林业主管部门实施森林资源管理、监督的重要依据；是建立高效、透明、科学、有序的森林资源经营管理体系的重要载体；是巩固林权制度改革成果、落实林权所有者经营自主权的重要保障。随着林业分类经营、集体林权制度和森林采伐政策等各项改革的深入推进，不同类型森林主导功能日益明确，产权主体日趋落实，为加强森林经营工作明确了方向，提供了广阔的空间，全面推进森林可持续经营的条件已基本成熟。各级林业主管部门要充分认识科学编制森林经营方案的重要意义，真正把编制和实施森林经营方案作为提高林业经营管理水平，转变林业增长方式，提高森林资源整体功能的重要措施，摆上议事日程；全面推动森林可持续经营工作，实现在经营中利用、在利用中经营，越来越多、越用越好，为林业又好又快发展提供有力保障。

1. 森林可持续经营的内涵

关于森林可持续经营的概念，国内外有多种解释。《森林问题原则声明》中森林可持续经营是指森林资源和林地应当可持续地经营以保障当代和下一代人的社会、经济、生态、文化和精神的需求。这些需求是森林产品和服务，如木材、木材产品、水、食物、饲料、药品、燃料、庇荫、就业、休憩、野生动物生境、景观多样性、碳库和自然保护区，以及其他森林产品。应该采用适宜的措施来保护森林免遭污染的有害影响，如源于大气的污染、火灾、病虫害等，来保持森林充分的多种价值。

《热带森林可持续经营》：最广义地讲，森林经营是在一个技术含义和政策性可接受的整个土地利用规划框架内有关森林保护和利用方面处理行政的、经济的、社会的、法规的、技术的问题。

《赫尔辛基进程》：可持续经营表示森林和林地的管理和利用处于以下途径和方式，即保持它们的生物多样性、生产力、更新能力、活力和现在、将来在地方、国际和全球水平上潜在地实现有关生态、经济和社会的功能，而且不产生对其他生态系统的危害。

《国际热带木材组织》（简称 ITTO）：森林可持续经营是经营永久性的林地过程，以达到一个或更多的、明确的专门经营目标，考虑期望的森林产品和服务的持续“流”，而无过度地减少其固有价值和未来的生产力，无过度地对物理和社会环境的影响。

《蒙特利尔进程》中森林可持续经营表述为：当森林为当代和下一代的利益提供环境、经济、社会和文化机会时，要保持和增进森林生态系统健康的补偿性目标。

由上可见，虽然森林可持续经营有各种解释，但其基本内容是一致的。森林可持续经营，是一种包含行政、经济、法律、社会、科技等手段的行为，涉及天然林和人工林，是有计划的各种人为干预措施，目的是保护和维持及增强森林生态系统及其各种功能，并通过发展具有环境、社会或经济价值的物种，长期满足人类日益增长的物质需要和环境需要。从技术上讲，森林可持续经营是各种森林经营方案的编制和实施，从而调控森林目的产品的收获和永续利用，并且维持和提高森林的各种环境功能。

2. 森林可持续经营的目标

森林可持续经营已经成为全球范围内广泛认同的林业发展方向，也是各国政府制定森林政策的重要原则。那么森林可持续经营究竟应该持续什么？由于人们对森林的功能、作用的认识，要受到特定社会经济发展水平、森林价值观的影响，会有不同的解释。

从森林与人类生存和发展相互依赖关系的角度来看，目前，比较一致的观点可归纳为：森林可持续经营的总体目标，是通过现实和潜在森林生态系统的科学管理、合理经营，维持森林生态系统的健康和活力，维护生物多样性及其生态过程，以此来满足社会经济发展过程中，对森林产品及其环境服务功能的需求，保障和促进社会、经济、资源、环境的持续协调发展。

总体目标中都是一些高度综合的概念，是多因素的综合体。如果不进一步分解，确定一系列具体目标是缺乏可操作性的。森林可持续经营目标，按照森林的主导功能和作用可分为社会目标、经济目标、环境目标以及可持续发展目标等4个方面。

（1）森林可持续经营的社会目标。

一般来说，持续不断地提供多种林产品，满足人类生存发展过程中对森林生态系统中与衣食住行密切相关的多种产品的需求是森林可持续经营的一个主要目标。森林可持续经营的社会目标，还包括为社会提供就业机会、增加收入、满足人的精神需求目标（如美学目的、陶冶情操目的、教育目的、文化目的、学术研究目的、宗教信仰目的、旅游观光目的等）。对于大多数发展中国家而言，森林可持续经营还具有发展经济、消除贫困的目标。

（2）森林可持续经营的经济目标。

森林可持续经营的经济目标，可从相互联系又彼此之间有一定区别的4个方面来考虑：① 通过对森林的可持续经营获得多种林产品，带动林产工业发展，为国家或区域社会、经济发展提供经济贡献。一些发展中国家和地区以及森林资源丰富的国家，经营森林的目的之一就是要为其他产业的发展提供原始积累，因此，林业是国家重要的经济部门。② 通过森林的可持续经营，使森林经营者和森林资源管理部门获得持续的经济收益。没有坚实可靠的经济基础做保障，不从根本上改善经济条件，森林可持续经营是难以想象的。在森林生态系统环境允许的范围内，追求经济目标的最大化和应得收益，是改善林业经济条件的关键，忽视经济目标，森林可持续经营就会失去动力，而超越生态环境界限，一味追求自身的经济目标，则会丧失森林可持续经营的基础。③ 通过森林的可持续经营，促进和保障与森林生态系统密切相关的水利、旅游、渔业、运输、畜牧业等一大批产业的发展，提高相关产业经济效益的目标。④ 通过森林的可持续经营，提高国家、区域（流域）等不同尺度空间防灾减灾的经济目标。

（3）森林可持续经营的环境目标。

森林可持续经营的环境目标取决于人类对森林环境功能、森林价值的认识程度。就目前广泛认同的目标来看，主要包括以下一些内容：水土保持、涵养水源、二氧化碳储存、改善气候、生物多样性保护、流域治理、荒漠化防治等。从根本上为人类社会的生存发展提供适宜和可利用的生态环境，为满足人的精神、文化、宗教、教育、娱乐等多方面需求，提供良好的生态景观及其环境服务。

（4）森林可持续经营的发展目标。

从世界范围森林可持续经营的标准与指标体系的研究与认识工作来看，许多国家和组织都把维持生态系统完整性以及期望的森林景观作为经营森林的总目标。具体目标包括维持生物多样性、生态过程、物种和生态系统的进化潜力以及维持土地的生态可持续性等方面。据此可以看出，可持续经营的森林发展目标，应当能反映出森林的主要功能和特征。可持续经营的森林目标，可以由如下几个方面的指标来反映：① 森林资源范围的指标；② 生物多样性方面的指标；③ 森林的健康与活力方面的指标；④ 森林的保护功能方面的指标；⑤ 森林生产功能方面的指标。

最后需要说明的是，由于森林本身具有复杂、动态的系统特征，森林可持续经营的发展历程是建立在对森林生态系统功能、作用的认识，以及社会对林产品及其环境服务功能需求变化基础之上的。因此，可持续经营的森林目标应当具有可操作性，有利于引导森林经营实践。

### 3．森林可持续经营的标准

对于森林可持续经营的标准，虽说目前还没有统一标准与说法，但大致应有以下几方面。

（1）生物多样性保护。

生物多样性保护主要是为防止和排除任何人为干扰对森林中所有生物产生的不可逆变化，它包括基因多样性、物种多样性和生态系统多样性，以及尽可能地恢复已破坏地生物多样性。

（2）生态系统生产力的维护。

生态系统生产力是指在一个生态系统中由生物体在单位时间、单位面积上生产有机物的数量。生态系统生产力的维护，目的是使森林能够维持人类需要和长远利益。生产力是在一定范围内导致森林生态系统里能量、光、水分和营养物等各要素交流和变动的因素。

（3）水土资源的保护和维护。

水土保持是为防止可导致森林变化的人类活动（包括毁林和林分质量的衰退，这种变化对水的质量和数量的长期稳定的供应不利）和可能恢复森林衰退的人类活动。

（4）生态系统健康和活力的维持。

生态系统健康和生命力包括病虫的发生和非生物的危害；生态系统的特殊指标元素的健康和活力；生态系统的弹力、抵抗力和茁壮力；生态系统的适应性；种类和基因的多样性；人类的影响，潜在的干扰力；再生力；肉食动物的旺盛力。

（5）对全球生态圈贡献的维持。

可持续经营不仅要考虑到地方和区域性问题，还必须考虑全球生态进程和环境平衡。以全球为基础，维护每一个生态系统，以便在广泛的区域上保证生物的生存和物质的持续循环。应当防止温室气体的进一步增加，应当更加注意因森林经营而导致的温室气体的变化。

（6）森林社会经济功能的保持和加强。

森林具有多种社会功能，每个森林的具体功能取决于它所处的地方、区域和全球环境状况。如发展中国家仍将砍伐森林作为发展的手段之一，而发达国家则将森林的环境、娱乐等功能放在首位。但可持续的森林经营，必须保证不同社会经济需求的平衡。

4．各国对森林可持续经营问题的研究

森林可持续经营是林业可持续发展的核心，没有可持续经营的森林就不可能有可持续发展的林业。大量事实证明，森林以其巨大的多种功能发挥着生态、经济和社会效益，森林的可持续经营是社会生产力发展的重要基础。

自1992年世界环境与发展大会后的5年里，森林可持续经营进入了实质性阶段。世界林业发达国家都开始调整和改造传统森林资源管理系统的理论与技术，并组织研究和实践森林资源可持续标准和指标体系。各国根据各自的国情和林情提出了不同的实现途径。如加拿大侧重于林地生产力的保护，提出了以模式森林计划为依托的林地综合管理系统；美国注重人们对森林的整体需求，提出了生态系统经营；德国由于几乎没有原生林，大多为人工次生林，因而着重于回归自然的人工林经营，即近自然的林业。许多发展中国家也采用森林可持续经营理论来调整各自的林业发展战略，着手研究和制定适合发展中国家的森林可持续经营标准和指标，促进林业的可持续发展。

围绕森林可持续经营，我国各林业大中专院校和林业科研单位相继开展了创新性研究与实践。在理论层次上，重点开展了林业跨越式发展战略研究、中国林业可持续战略研究、林业分类经营理论研究与实践，为国家林业战略发展与宏观管理提供理论依据，为森林可持续经营做出了超前的理论储备。在技术层次上，重点开展了天然林森林资源监测与经营管理技术研究等多项专题，为林业两大体系建设提供了技术和方法，初步建立了商品林和公益林的经营模式，在森林资源与环境监测评价、森林经营模型技术达到国际先进水平。在工艺层次上，重点开展了公益林建设标准等专题的研建，为森林可持续经营提供了技术规范和标准。

可以说，森林可持续经营的总目标是林业可持续发展，而对于实现森林可持续经营的途径，以美国1995年《森林和林地资源的长期战略规划》为典型，它明确了“管理生态系统——通向可持续性的工具”的模式。

可持续林业是从森林生态系统在生命支持系统中的整体作用出发，以森林生态系统在自然、社会系统中的功能维护为中心，目的是通过对森林生态系统的管理，向社会提供可持续的福利，而不仅仅是某种物质产品。这种功能的维护不仅是获取森林使用价值的基础，而且是由使用价值所表现出的经济收益持续的保障，更是人类持续生存所依赖于生命支持系统的根本，是森林价值的本质所在。

5．森林可持续经营面临的问题

森林可持续经营通常涉及两个方面的问题：一是土地配置方式的改变，二是经营措施的改变。前者是将相当规模的土地划为保护区，后者要求森林经营者将野生动植物、景观等环境经营纳入森林经营的范畴。这种做法在保护了森林资源的同时也减少了木材生产量，同时也对森林经营者增加了投入成本，在宏观上也可能使社会成本增加，如就业机会减少、区域木材价格上升、财政收入减少等。也就是说，实施森林可持续经营对社会既有利益，也有代价。由此可见，森林可持续经营绝非以人们的主观意志为转移，它受到多种因素的制约，其中遵循经济规律是实施可持续经营必须考虑的问题之一。一些国家利用成本效益分析手段指导森林可持续经营，用经济指标表示森林的价值，将森林保护的收益与成本相比较，只有收益大于成本时才对森林实施保护措施。但实际上，对森林的非木材产品和服务的价值包括生态价值、选择价值、存在价值、遗产价值等还没有普遍认可的计算办法，很难决策。因此，在森林可持续经营的规划中特别强调社会参与，尽可能协调各方的利益，使森林经营达到社会接受、生态合理、经济可行的经营方式。

6．实现森林可持续经营的条件

能否实现森林可持续经营将不仅取决于政治决心和承诺,而且还取决于下列条件。

（1）信息和资料的获取。

有关森林状况和价值包括经济、环境、文化和社会方面的资料的获取对实现森林可持续经营具有十分重要的意义。这些资料将成为制定社会经济、技术、政策和管理决定的基础。对森林覆盖、森林条件、森林生产率、生物多样性、木材和非材林产品及服务和需求的评估，对于指导决定和衡量可持续森林经营的进度极为重要。为了制定或修改林业政策，有必要追踪和分析林地的使用变化、人口变化和经济发展的影响等。林业部门还需要获取关于新技术方面的资料，如发展无害于环境的林产品采伐技术和木材产品加工技术等。

（2）优先重视林业能力建设和机构建设。

如果想真正实现森林可持续经营，必须优先重视能力建设和帮助提高林业部门规划和管理机构的能力。在这方面尽管取得了一些进展，但是缺少适当的国家和地方森林政策、战略和计划是阻碍许多国家执行森林可持续经营的主要制约因素。森林法和土地使用政策往往软弱无力或者缺少连贯性。许多国家虽然有林业机构，但其工作人员缺乏培训。同时，林业机构和参与林业活动的其他组织还必须适应新的趋势，包括经济全球化、政治和经济自由化、权力下放、信息系统的迅速发展和多极化或者共同负责采取行动。

（3）更高的投资水平，实现森林可持续。

森林可持续经营需要比今天更高的投资水平。能否从各种来源筹集资金（包括政府资金和私人资金）将取决于如何实现森林多种产品和服务的价值并且使这种价值量化的办法的制定，以及鼓励投资和再投资的政策的制定。

（4）公众参与的不可缺少性。

要实现森林可持续经营，公众的参与必不可少。为了使参与效果更明显，需要制定政策、战略、办法和方法以支持人们参与森林可持续经营规划和管理，并从这些资源公平获得利益。这将需要发展使政府、非政府和地方组织联合起来的伙伴关系的方法和手段以及共同吸取经验教训。

### 8.3.4 近自然林经营

#### 1. 近自然林经营的概念

（1）可持续森林经营。

森林可持续经营就是可持续发展中的林业部分，是实现一个或多个明确的经营目标的过程，使得森林的经营既能持续不断地得到所需的林业产品和服务，同时又不影响森林固有的价值和未来生产力，也不给自然界和社会造成不良影响。

（2）近自然森林。

近自然森林是指以原生森林植被为参照对象而培育和经营的，主要由乡土树种组成且具有多树种混交，逐步向多层次空间结构和异龄林时间结构发展的森林。近自然森林可以是人为设计和培育的结构和功能丰富的人工林，也可以是经营调整后简化了的天然林，还可以是同龄人工纯林在以恒续林为目标改造的过渡森林。

（3）恒续林。

恒续林是以多树种、多层次、异龄林为森林结构特征而经营的、结构和功能较为稳定的森林，是近自然森林培育和发展的一种理想的森林状态。近自然经营的理论假设：人类通过经营这个状态的森林，可以保持森林的自然特征在一个生态安全的水平之上，同时又为社会提供森林产品和服务功能，从而实现可持续的森林经营。

（4）近自然森林经营。

近自然森林经营是以森林生态系统的稳定性、生物多样性和系统功能的丰富性以及缓冲能力分析为基础，以整个森林的生命周期为时间单元，以目标树的标记和择伐及天然更新为主要技术特征，以永久性林分覆盖、多功能经营和多品质产品生产为目标的森林经营体系。由此可见，近自然森林经营是指充分利用森林生态系统内部的自然生产发育规律，从森林自然更新到稳定的顶极群落这样一个完整的森林生命过程为时间跨度来规划和设计各项经营活动，优化森林的结构和功能，永续充分利用与森林相关的各种自然力，不断优化森林经营过程，从而使生态与经济的需求能最佳结合的一种真正接近自然的森林经营模式。

（5）近自然度。

森林近自然度是一个可广泛应用的指标，用于评价在特定自然条件下的森林状态。近自然度是相对于原生植被而言，森林生态系统接近自然状态的程度。近自然度有两种概念，一种是狭义的概念，以干扰为基础而产生的，另一种则是广义的概念，以立地条件和气候特征为基础产生的。

狭义的近自然度概念：由于各种干扰的存在，现实各种森林生态系统都不同程度地偏离该条件下的原生植被，根据偏离原生植被的远近，将森林群落划分为不同的等级，分等级制定经营计划，实施不同的经营措施，促进森林生态系统达到健康稳定的自然状态。森林的近自然度与森林受干扰程度是相关的，受干扰程度大，其近自然度越低，林分恢复到自然状态所需的时间就越长。

广义的近自然度概念：德国专家按照森林的演替阶段不同，将森林接近自然状态的不同程度定义为自然度，这种近自然度是基于一定立地条件下森林距离顶极群落的远近来判断植被所处的等级。这种等级以乡土实生树种为主要判断依据，外来树种或在不适合的立地条件下形成的群落被认定为近自然度低，而以乡土树种为主要组成的顶级群落则是最贴近自然状态的森林群落。

2．近自然经营技术

（1）近自然经营的计划技术体系。

① 群落生境调查分析和成图技术。

群落生境调查和制图是近自然森林经营中理解和表达森林经营区域内自然生态条件的基本技术工具，是制定近自然森林经营计划的必备技术文件之一。

近自然经营的群落生境图是从传统的立地条件类型图演化而来的，它与原有森林经理学和森林生态学中的森林立地概念基本一致，但侧重点不同。前者注重原生植物群落与综合立地因子的关系，后者注重立地因子的生产力评估。群落生境类型就是基于生境要素分类形成的自然性质和经营目标基本一致的森林地段。对于一个具体的地域，根据不同的经营目标，可对要素做出不同尺度的划分，而产生不同详细程度的分类结果，并构成一个服务于不同目标的群落生境分析体系。

群落生境制图野外调查基本内容包括：在 GIS 技术支持下准备基本的野外工作手图；在现地完成林况踏查和对坡勾绘；各群落生境类型立地因子调查、植被构成调查和土壤调查等基本信息采集工作。

调查中涉及的与立地条件相关的因子，主要有海拔高度、地形地势、土层厚度、土壤质地、养分及水分含量等。

群落生境植被调查的主要目的是了解群落生态状况、指示性物种、当前森林植被的主要成分及自然发展趋势和潜在稳定群落的目标树种等情况，是为森林经营服务的立地条件调查分析工作的补充。土壤气象要素对森林生态系统的树种构成有很大的影响，某些植物种类对这种生态条件和关系具有指示性效果。在植被演替进程中，在相同的立地条件下可能发展成处于不同阶段的植被在空间上镶嵌分布的格局，这种格局表现出不同的植物群落，也与立地因素一起对树木的生长量产生影响。

② 经营目标分析和森林发展类型设计技术。

森林发展类型是基于群落生境类型、潜在天然森林植被及其演替进程、森林培育经济需求和技术等多因子而综合制定的一种目标森林培育导向模式。森林发展类型作为近自然森林经营的主要工具，是在对立地环境、树种特征及森林发展进程等自然特征理解的基础上,结合自身的利益而设计的一种介于人工林和天然林之间的森林模式，核心思想是希望把自然的可能和人类的需要最优地结合在一起。森林经营计划的基本内容是把各类调查的数据和结果综合到一起，经过分析讨论经营目标后，在目标指导和数据基础上制定出林分抚育和采伐利用的具体经营措施。一般而言，森林经营计划的服务期为 10 年。

a. 经营目标分析经营目标是指由当地特定的经济、生态和社会环境条件规定的森林计划的目的性，包括对森林及具体地段林分的保持、发展、抚育、利用等活动的目的说明。

经营目标分析就是在林业法令法规、地方需求、调查数据限定等基础上，对每个示范区的经营目标进行讨论，并将目标分解到具体林分地段与经营措施关联的林分目标进行定义。具体林分的经营目标是制定营林措施的基础，在所有森林地段按多功能经营的罄体目标之下，针对每个示范区和具体的森林类型确定优先发展和实现的具体目标。

从森林景观生态学的角度看，项目区总体经营目标是水源保护、景观游憩、产品生产和土壤保持，但是针对具体的森林类型还要考虑木材经营利用的强度、森林近自然化改造、林分质量促进等具体目标。

b. 森林发展类型设计要点。森林发展类型作为长期理想的森林经营目标，具体设计时包括了森林概况、森林发展目标、树种比例、混交类型、近期经营措施等 5 个方面的概念性规定。

作为森林经营的首要任务，这种模式设计的要点包括：

目标林相研究和应用，目标林相的制定取决于现有立地条件下经过较长时间才可实现的森林发展目标，并且要能反映当时的森林结构。

根据演替地位和近自然分析资料把森林发展类型划归到与之最早相适应的天然森林群落；并且特别强调所有参与混交树种的生长过程和对立地、营养物质、水分需求的可能。

在相同的立地环境时根据不同的现有植被情况和经济需求，努力通过树种和混交方式产生各种不同的森林结构形式，它所给出的数据涉及较高年龄的林分结构指标说明。

为生产木材提供出的相关资料包括小径材、干材和优质材等 3 类材种可能达到的目标直径、为了达到目标直径所需的生产周期、高峰生长期后林分保持的胸高断面积等技术参数。

生产目标必须遵循森林发展类型的立地类型和树种选择原则，并提出森林抚育应该遵循的方法和程序。

分析生产目标与立地类型之间存在的距离，并提出经过抚育的林分可能调整的次级目标，特别是促进天然更新和目标树直径修改等问题。

i. 目标树作业体系。

目标树林分作业体系是本次经理期内针对当前林分所制定的具体作业技术方案，主要包括目标树导向的林木分类（保留木、采伐木和林下更新幼树的标记和描述）、抚育采伐设计和促进更新设计等 3 个方面。

目标树抚育作业体系首先把所有林木划分为目标树、生态目标树、干扰树和一般林木等 4 种类型。目标树是指近自然森林中代表着主要的生态、经济和文化价值的少数优势单株林木。森林经营过程中主要以目标树为核心进行，定期确定并择伐竞争木，直到达到目标直径后采伐利用。林木分类工作现场进行，单株目标树要做出永久性标记；通过不断对干扰木的伐除来保持林分的最佳混交状态，实现目标树的最大生长量，保持或促进天然更新，使林分质量不断提高。这种目标树抚育作业的过程使得林分内的每株林木都有自己的功能和成熟利用特点，承担起不同的生态、社会和经济效益。

ii. 垂直结构导向的生命周期经营计划。

从自然和生态的角度看，森林发生演替的进程特征表现了其自身整体发展动态的周期性规律，因此成为近自然经营制定整体生命周期经营计划的参考体系。从方法学上看需要首先理解森林演替的概念、特征和可能的类型划分，并分析提出可观测和控制的林学技术指标，然后才能以接近自然的方式设计和实施森林经营的周期性控制和操作计划。

而各个阶段的树种构成和以优势木平均高表达的林分垂直结构是整体生命周期经营计划中可描述、可观测和可控制的变量，通过模仿自然干扰机制的干扰树采伐和林下补植更新是实现从林分现状到森林发展类型目标的可操作的技术指标，并根据演替参考体系和林分的物种组成特征、主林层高度范围和主要抚育经营措施等 3 方面的技术控制指标来制定以林分垂直结构为标志的整体经营计划表。

近自然经营体系制定了以林分垂直结构为导向指标的森林生命周期整体经营计划表，这种抚育计划模式没有对未来林分作业设定简单机械的时间周期指标，以避免定期作业对生态系统的过度干扰和浪费人力、物力，而又能对系统的变化保持整体的把握，并根据生态系统的变化进行适时的相应作业调整。

（2）人工纯林近自然改造作业。

近自然化改造是近自然森林经营的一个重要内容，是以理解和尊重森林自然发展规律为前提，以原生植被和林分的自然演替规律为参照，通过一系列抚育经营措施来引导人工林逐渐过渡到接近自然状态的、生态服务功能高的林分。其工作内容主要包括制定改造目标、确定改造方法、改造作业设计、实施具体改造措施、改造风险进行判断和规避等。

① 近自然化改造的目标。

人工纯林近自然化改造的目标主要表现在树种结构、水平配置和林层结构等 3 个方面，即把单一的人工林调整到多个树种组成的状态，把同龄林结构调整为异龄林结构，把单层的垂直结构调整为乔灌草结合的多层结构。

② 近自然化改造的逻辑程序。

近自然化改造首先要对人工针叶林进行总体决策分析，确定林分需要改造的内容，选择改造方法，制定改造模式，实施改造作业计划等。

改造的整体框架抉择就是要提出 3 个不同阶段的林分模式，并分别提出各个模式的改造技术指标和相应的作业方法。

如果对象林分已经有了一定的径级分化和林下更新，出现类似择伐林的结构特征时，可以直接按照择伐林的作业模式开始改造计划，经过一定的调整期实现择伐作业。

如果林分径级结构单一，但具有基本的抗风倒等自然力的机械稳定性的主林层和优势木个体时，即可针对主林层进行目标树的选择，以现有林分为重点设计和实施改造计划。

如果现有林分缺乏基本机械稳定性的单一树种和单一径级的同龄林，则需要首先执行提高稳定性的前期作业之后，再执行其他改造。

如果当前的林分没有基本的上层优势而稳定、有培育前途的林木个体时，则林分改造的目标应该放在尽快培育第二代林木之上。

人工纯林改造的过程是一个漫长的过程，需要几代人的共同努力才能达到理想的近自然森林状态，整个改造过程一般由“纯林阶段”经过“改造阶段”“过渡阶段”，直到恒续林，需要经历4个主要阶段。

纯林阶段就是现有的未经改造的人工同龄纯林阶段。此时的林分通常难以满足人们对森林的需要，表现为生态服务功能、生物多样性、林分质量等较低。

改造阶段是通过局部人为干预开始出现更新的阶段。此阶段的林分已经初步实施了一些改造措施，开始沿着改造目标方向发展。

过渡阶段是第一次出现的林下更新已经达到主林层高度而进入主林层，而且后续更新不断出现。

恒续林阶段是一种多树种组成的异龄林混交林分，具备多个层次，各个龄级均具备，并且比例稳定，各主要组成树种的更新能满足持续生长而维持整个林分的稳定性。

## 本章小结

天然林是森林的主要组成部分，实施天然林资源保护工程，关系到林业的发展与繁荣，关系到整个国家的可持续发展。实行封山育林育草和飞播造林是利用自然恢复力，对天然林实施保护的重要技术手段。退耕还林还草工程是世界上许多国家普遍实施的一项旨在保护和改善生态环境与土地资源的战略性工程，我国自1999年始，对水土流失严重、沙化盐碱化和石漠化严重，以及生态地位重要但粮食产量低而不稳的地区，实施退耕还林工程，经过近十年的努力，形成了以黄河上中游及北方地区和长江上中游及南方地区两大类型区为对象的治理模式体系群。而近自然森林经营则是以森林生态系统的稳定性、生物多样性和系统功能的丰富性以及缓冲能力分析为基础，以整个森林的生命周期为时间单元，以目标树的标记和择伐及天然更新为主要技术特征，以永久性林分覆盖、多功能经营和多品质产品生产为目标的森林经营体系，是一种使生态需求与经济需求最佳结合的、真正接近自然的森林经营模式。

1. 我国天然林资源分布具有什么特点？相应的保护措施应该包括哪些？
2. 封山育林与飞播造林的共同特征是什么？飞播造林技术要点有哪些？
3. 退耕还林的范围是什么？举例并说明生态重要水源保护区的典型造林模式。
4. 什么是近自然经营？近自然经营的技术体系是由哪些技术构成？
5. 在华北土石山区如何对人工针叶纯林进行近自然改造？

# 第9章 林业生态工程效益评价

森林——生物生态系统的初级生产者，它不仅是人类赖以生存的物质和能量基础，而且具有调节气候、保持水土、防风固沙、涵养水源、美化环境等多种功能。防护林作为一个重要的林种，不管是人工林，还是天然林，它们都在其生长发育过程中，不同程度地反映了森林所具有的各种功能，二者的功能和效益在本质上没有什么区别。但近几十年来，世界范围内出现人口、粮食、能源、自然资源保护以及环境污染等五大国际性问题以后，人们越来越深刻地认识到森林与人类生存生活休戚相关的重大意义。因此，对森林的生态效益进行正确的、科学的评价，并以生态效益为依据，反馈指导对森林的经营管理，促进本学科的技术进步，是亟须解决的问题，这将对生态建设具有极大的现实指导意义。

随着社会发展，人们对生态环境的要求越来越高，而经济发展对环境的破坏却也日趋严重，如何解决生态环境和经济发展的矛盾成为我国面临的重大问题。国家为解决这一矛盾提出了绿色 GDP 的概念，而林业的生态效益是绿色 GDP 的重要组成部分。对林业生态效益的正确评价不仅是制定经济发展政策的重要参考，也能更加全面地反映林业在国民经济中的地位和作用。

林业生态工程效益目前还没有明确的概念，可参照《中国水利百科全书·水土保持分册》中对水土保持效益的定义，将林业生态工程效益初步定义为：在水土流失地区为防治水土流失、改善生态环境营造的森林生态系统所获得的生态效益、经济效益和社会效益的总称。林业生态工程效益的评估，是进行林业生态工程规划和建设的参考依据。林业生态工程效益评价是评价水土保持生物措施成效的最重要的组成部分，选择或提出合理的林业生态工程效益计量方法，是科学定量地评价林业生态工程效益的关键。

## 9.1 林业生态工程效益评价概述

### 9.1.1 效益评价的内涵

进入 21 世纪，我国林业生态工程的选定、可行性研究、规划、审核、实施、竣工、检查验收各环节工程都得到了加强和规范。特别是“九五”“十五”期间国家加大投资力度，建设了一大批林业生态工程。“十一五”期间，许多国家级、省级、市级和县级的林业生态工程已经或即将建设期满，这些林业生态工程是否取得了预期效益，都需要通过评价加以确定。

林业生态效益评价又称为林业生态效益后评价，主要指对已实施或完成的林业生态工程的综合效益进行系统、客观地分析评价，以确定工程建设体现出的综合效益、综合效益发挥的程度以及后续发挥潜力的大小等。从微观角度看，它是对单个林业生态工程的分析评价；从宏观角度看，它是对整体社会经济活动情况进行的评价和反思。林业生态工程综合效益评价主要包括生态效益、经济效益和社会效益三方面的内容。我国开展林业生态工程效益评价工作的主要目的为：发挥评价工作强大的监督功能，并与林业生态工程前期评价、中期评价结合在一起，形成开放的循环控制系统，建立工程决策、投资、建设、管理等各方面的评价监督机制，从而提高过程管理效率，实现林业生态工程效益最大化；通过效益评价工作，总结工程建设的经验教训，并通过及时有效的信息反馈系统，完善已建林业生态工程，指导在建工程，改进待建工程规划，提高科学决策水平，实现生态系统效益最大化的目的；根据效益评价结果，对其可持续发挥程度进行预测判断，并对完善经济社会系统的管理体系提出合理化建议，实现生态系统与经济系统综合效益最大化。

林业生态效益评价仍然沿用森林生态效益评价的方法，主要是评价在森林生态系统及其影响范围内，森林对人类社会带来的全部效益。它包括在森林生态系统之中，以木本植物为主体的生物系统，即生命系统提供的效益，和与这些生命系统相适应的环境系统所提供的效益，生命系统和与其相适应的环境系统在进行种种生态生理作用过程中所形成的高于或大于其组成部分之和的整体效益。

研究森林生态效益的宗旨，在于探索森林生态效益的客观运动规律，以便得出在森林生态效益范围内的最高整体水平。人们进行森林生态效益计量研究，不是为了确定森林中凝结了多少社会必要劳动时间，即经济学意义上的价值量，而是为了反映森林所产生的综合作用，以及为制定林业发展战略目标，进行林业区划和林种布局等提供基础数据。

### 9.1.2 效益评价的意义

随着社会进步和人们生活水平的普遍提高，人们对环境的要求越来越高。为了治理、改善被破坏和污染的环境，首先就得全面、正确地认识环境，因此环境质量评价便提上了议事日程。目前，世界上许多国家根据各自国情制定了环境质量标准，建立了环境评价制度。森林是环境建设的主体，在保护和改善环境方面发挥着巨大作用，当然有必要对其环境效益进行正确的认识和评价。

1．林业生态建设是环境建设的主体

（1）森林具有时空优势。森林是以乔木为主，包括灌木、草本植物以及其他生物在内，密集生长，占有一定的面积，并能显著影响周围环境的生物群落。全世界森林面积 $41.3\times10^6$ km$^2$，占陆地总面积的 31.7%，比草原、农地面积还要大得多。森林具有发达的空间构造，地上部分可达20～30 m，热带雨林可高达60～70 m；乔木根系深1～3 m，在干旱地区根系可达5～30 m。森林树种寿命长，比如红松、云杉一般存活200～300年，银杏可以存活3 000多年。由于森林具有这些时空上的优势，在影响环境及产生各种效益方面，必然比其他生态系统大得多。

（2）森林具有复杂的种类成分和结构。森林中的各种生物种类成分极为复杂，除了各种乔木、灌木、草本、苔藓、地衣外，还有形形色色的动物，如野生动物、鸟类、昆虫与土壤动物，还有大量微生物，所以森林是物种最丰富的生物群落。同时，森林的层次多，可为各种动植物及微生物提供优越的生存空间，食物链极为复杂，从而形成最稳定的生态系统。

（3）森林具有最大的生物量和生产优势所有植物生物量约占地球总生物量的99%，而森林又占植物生物量的90%以上。从单位面积来看，森林每公顷生物量约在100～400 t，相当于农地或草原的20～100倍。就生产力来说，每公顷阔叶林每年生产干物质6～7 t，针叶林6 t左右，高草草原5 t左右，矮草草原1.6 t，冻草原不到0.9 t。因此，森林在固定太阳能，生产有机物质，维持生物圈动态平衡中具有极为重要的地位。

所以，森林既是提供木材、能源、多种林副产品与生物资源的基地，又能发挥多种生态效益和社会效益，对维持地区和全球生态平衡起着至关重要的作用。

#### 2．林业生态环境效益评价可以帮助人们加深对森林的认识

人类开发利用森林具有悠久的历史，在远古时期就用木棍猎取动物。钻木取火后，人类发展进入划时代的发展阶段，对森林的利用大大增加。上古时代，人们就已学会用木材建房，造舟车、弓箭等。因此，人类的发展史与森林有着密切关系，森林是人类的母亲和摇篮。不过，人类在利用森林的绝大部分时间里，对森林作用的认识不深，取得木材是人类利用森林的主要目的。正是在这样的认识基础上，对森林的破坏十分严重，早在我国周代人们就开始大规模砍伐森林，据不完全统计，到1949年中华人民共和国成立时，我国森林覆盖率只有8.6%。

通过环境效益评价，全面认识森林的功能与效益，可以改变人们对森林的认识，使人人都自觉地爱护森林、保护森林，全社会形成爱林、护林的风尚。经过计量评价，人们对森林的环境效益就有一个量化的概念，如果生态环境效益超过木材价值许多倍，人们当然就不会舍大取小、一味追求森林的直接效益了。

#### 3．林业生态环境效益评价是一项基础工作

林业生态环境效益评价是环境科学的一项基础工作，是环境科学的一项重要内容，主要研究林业生态环境各组成要素的性质及变化规律，以及对人类生产、生活及生存的影响，目的是保护、控制、利用和改造森林环境质量，使之与人类的生存和发展相适应。

林业生态环境效益评价是环境管理工作的重要组成部分，或者说是环境管理工作的基础。通过生态环境效益计量评价，可弄清森林各生态功能在区域环境保护中的性

质、作用和地位，以及环境质量发展变化对社会经济发展的影响，为制定环境保护规划方案、拟定地方有关环境保护法规条例提供科学依据。环境影响评价还为解决森林开发利用和环境保护之间的矛盾提供了途径，是贯彻预防为主、强化管理的重要手段。

林业生态环境效益评价还是制定林业建设规划、开展森林经营的重要依据。林业生产的任务不仅是取得林产品，更重要的是发挥其环境保护功能，从某种意义上说，林业建设工程就是一项环境保护工程，是环境建设的重要内容之一，因而林业生态环境评价结果对于确定林业发展方向、开展森林经营活动具有重要影响。

### 9.1.3 外部效益评价概况

林业生态工程不是一个简单的自然生态系统，而是一个人工生态经济系统。在这一系统中生产的所有物质，包括能够进入市场的直接林产品和不能进入市场的“非市场产品”，都包含了人们的劳动，都是以某种资源投入和劳动投入（包括物化劳动和活劳动）而产生的“产品”，不管其形态如何，对社会的作用怎样实现，都是人们的劳动成果，这就奠定了计量林业生态工程生态效益的经济基础。

林业生态工程建设正是在投入各种资源和劳动而形成的产品，不论是属于直接经济效益的林产品，还是属于间接效益的生态效益，诸如防止土壤侵蚀、涵养水源、调节洪水、减少泥沙流失等，都是通过投入而产生的生态经济效果。从林业生态工程建设方法上，不论是人工营造，还是封山育林，所形成的林业生态工程都是资源和劳动投入产生的结果。因此，林业生态工程的形成，本身就已经被赋予了其某种经济属性，已经属于一种人工生态经济系统，对这一系统生态效益的评价，在国民经济活动中也就成为一种必然。

林业生态工程具有典型的外部经济性，通过林业生态工程建设，给各有关部门带来了超额的经济效益，而这些超额的经济效益又是无偿的。

下游或附近的防护区范围内的农业部门的单位面积产量提高，单位产品的成本降低，从而获得一部分超额利润。

使环境具有更大的承载能力，给下游地区的河道整治、交通、航运、水电、水产业以及相关工业部门带来较大的经济收益。

环境有了较大的防灾抗灾能力，工农业、交通运输业、通信水利等产业部门的损失减少，节约开支，使这些部门实际获得了很大的经济效益。

给农业生产中的其他行业带来实际的经济收入。例如，在黄土高原营造的大面积刺槐林，使该地区的养蜂业得到了长足的发展，仅山西省吉县，每年的刺槐花蜜收入就达到几十万元。

但是，林业生态工程所发挥的涵养水源、防止土壤侵蚀、调节径流、减少泥沙和洪水危害等多种效能给社会其他产业部门带来的经济效益，并不是通过市场机构提供的，而是林业生态工程经营者在进行林业生态工程生产经营活动带来的，因此，这些效益无疑是一种外部经济效果。

马克思关于级差地租的理论可以给林业生态工程生态效能的外部效果的经济机制，提供了一个强有力的理论基础。级差地租是产品的社会生产价格和个别生产价格的差额所形成的一种超额利润。级差地租形成的条件：第一是在资源丰度和环境质量或地理位置不同的地块上各个投资的生产率的差别；第二是在同一地块上技术水平不同的各种投资的生产率的差别。由第一个条件形成的级差地租，马克思称之为级差地租Ⅰ，由第二个条件形成的级差地租，则称之为级差地租Ⅱ。在社会主义制度下，土地私有权消失了，但土地的经营权还是分属于各个国有企业、集体企业或个人家庭，因而，各地投资的自然条件或各种投资的技术条件的差别同这种土地经营权长期分属于各单位的局面相结合，就必然导致级差地租的形成。既然级差地租是社会主义社会客观存在的一个经济范畴，那么，在社会主义市场经济中，哪里有级差地租形成的条件，哪里就有级差地租产生。林业生态工程的多种生态效益就使得在两个其他自然条件基本一致的区域，深受生态建设影响的区域和这种影响范围以外的区域，在资源丰度和环境质量上存在差别，当这种差别分别在这两个区域的各个投资的生产率出现差别时，就必然产生级差地租。

林业生态工程的多种生态效益，不仅能通过提高土地的肥力给农业带来级差地租，而且也能给受其影响的其他国民经济部门带来级差地租，其生态效益使有关的国民经济部门具有资源丰度和环境质量上的某种优势而获得的级差地租，就是林业生态工程生态效益在国民经济中发挥作用的经济形式，这也是林业生态工程生态效益给国民经济带来的经济效益，计量这些级差地租就是对林业生态工程的生态效益进行经济评价。也就是说，林业生态工程的涵养水源、防止泥沙流失、防止土壤崩塌、防风固沙、改善小气候、保护野生动物等效能给受益工农业生产部门带来的级差地租，就是这些生态效益带来的经济效益。林业生态工程的这些生态效益在农业生产中是综合地发挥其作用的，因而对这些生态效益也只能用他们综合作用的结果：一定量的级差地租做综合评价。

然而，林业生态工程的这种生态效益不能由市场经济机构提供。我们把具有这些效益的财产、服务称为公共财产。就是说能满足公共需求的财产和服务便是公共财产。这里所说的公共需求必须由公共部门解决。当市场经济机构缺乏有效发挥林业生态工程效能的条件时，就不能充分实现资源的有效分配和确保生态效能的发挥，因此需要公共部门解决。

由于市场经济结构不能对此有效发挥效能，所以公共财产在市场上的真正价值得不到正确评价。如果把公共财产的供给权委托给某个企业，就不能确保供给社会期望的数量，这是不容置疑的。因为就外部效果而言，市场的经济利益是不能由该企业带来的。从企业的立场出发，决定生产投资不过是把生产的个人所得产品界限作为考虑对象。这就是所谓个体纯产品与社会纯产品的矛盾现象。

一般来说，外部经济效果投资较大，并由集体企业经手时，投资所带来的个体纯产品往往小于社会纯产品。相反，对外部经济投入的大量资源而言，在正常情况下，资源投入产生的社会费用应从企业产品价值中扣除。这样，社会纯产品往往小于个体纯产品。由此可以发现这样一种倾向，即外部经济效果大的投资，只是由私营企业承担，该投资量比起社会观点所认为的最适水平还低，反之，外部经济效果小的投资则过大。

另外，林业生态工程在其生态效能方面也能看到个体纯产品和社会纯产品的矛盾。也就是说，如果对林业生态工程涵养水源、保护国土和环境保护效能的发挥仅仅期望林业生态工程所有者的林业经营活动，那么林业生态工程的生态效能完全得不到市场价格体系的保护，就会产生个体条件和社会生产条件的不一致。最后，社会对生态效能要求的水平与内容都将成为泡影。因此，国家必须积极进行政策干涉，以确保林业生态工程生态效能的发挥。有必要树立这样的基本态度：把林业生态工程生态效能视为公共财产，而公共财产的供给由国家或者地方公共团体及其他政府机关来承担。就是说必须把林业生态工程看作全社会的财产，并制定和推行与此相应的政策。

为使外部经济内部化，通常的做法是采取财政补贴和征税方法。即对具有外部经济效果的企业给予补贴，使得原来不给企业带来市场经济利益的外部经济效果能为企业带来利益。这样，个体生产条件和社会生产条件就一致了。另外，对带来外部经济作用的企业征税，使过去没算入该企业的外部经济造成的社会费用转化为该企业成本，这样可能使个体生产条件接近社会生产条件。

如何确保林业生态工程生态效能，原理上与上述情况相同，但必须考虑下述办法：把外部效果内部化，即根据市场经济机构，把不能给林业生态工程所有者带来经济利益的各种生态效能的社会效益与林业生态工程所有者的个体利益联系起来，使生态效能能为林业生态工程建设带来经济利益。补贴是典型的方法，但又并不只限于补贴，此外还要广泛采用贷款、税收等多种辅助措施，这样才符合林业生态工程经营的实际情况。

## 9.2 林业生态工程效益评价方法

### 9.2.1 林业生态工程生态效益的评价

1．生态效益评价内容

生态效益是指改善生态环境的效益，通常包括：

（1）改善土壤的理化性质和生物生态环境。

在一定深度内（主要在表土层 0 ~ 30 cm），提高了土壤含水量和氮、磷、钾、有机质的含量，促进了团粒结构的形成，增加了土壤孔隙率，减少了土壤容重，提高了田间持水能力和抗御自然灾害（特别是干旱）的能力。

（2）改善和改良水质。

减少小流域和区域的水质污染源（农药、化肥和土壤养分随降雨和径流的流失），改善和改良水质变化。

（3）增加地面的植被覆盖度。

通过实施水土保持林草措施，使得原有林草地面积有所增加。

（4）改善小气候。

在一定小范围内（特别在农田防护林网内），减少了风暴日数，减少了风速风力，改善地面温度、湿度，减轻了霜冻灾害等。

（5）改善大气质量。

通过实施水土保持措施后，对局部或较大范围内的生态环境质量体现了良性改变效应。生态效益的计算，通常分为改善农业生产基本条件，增加林草覆盖，改善人类生存环境，保护和改善生物多样性等效应。

2．生态效益评价指标

（1）涵养水源指标。

林业生态工程具有重要的涵养水源功能，其指标包括：

① 截留量（$t/hm^2$），该指标为降雨过程中由地上植被和活地被物截留的降水量。

② 土壤（包括死地植被）贮水增加量（$t/hm^2$），由于林业生态工程的建设，使土壤和死地被物持水量的增加量。

③ 地表径流减少量［$t/(hm^2 \cdot a)$］，由于林业生态工程的建设，一定区域内地表径流的减少量，该指标反映了土壤入渗和渗透能力。

④ 土壤入渗率（mm/h），该指标反映地表水转化为土壤水或地下径流的能力。

⑤ 洪枯比该指标反映流域内森林减缓洪峰的能力，即洪水期的水位与枯水期的水位之比。

（2）水土保持指标。

水土保持是林业生态工程的最主要功能之一，其指标包括：

①土壤侵蚀模数减少量［$t/(hm^2 \cdot a)$，$m^3/(hm^2 \cdot a)$］，该指标反映减轻土壤侵蚀的能力。

② 土壤营养元素流失减少量（$kg/hm^2$）该指标主要指氮、磷、钾（包括速效养分和全量）的流失。

③ 减少江河下游河床的淤积量［$m^3/(hm^2 \cdot a)$］，该指标反映林业生态工程减轻水土流失危害的能力。

④ 河渠等坍塌减少量［$m^3/(hm^2 \cdot a)$］，该指标反映林业生态工程（河流防护）的防护工程和减轻水土流失危害的功能。

⑤ 土壤抗冲性该指标指土壤抵抗径流和风等侵蚀力机械破坏作用的能力，用抗冲指数表示。

⑥土壤抗蚀性，该指标指土壤抵抗雨滴打击和径流悬浮的能力，可用水稳定性指数表示。

⑦ 径流系数（%），该指标为年平均地表径流深（mm）与年平均降水量（mm）之比。

⑧ 侵蚀速率（a），该指标为有效土层厚度（mm）与每年侵蚀深度（mm/a）的比值，是反映土壤潜在危险程度的指标。

⑨ 输移比（%），该指标为流域输沙量与侵蚀量之比，其值越大说明森林的水土流失越严重。

（3）提高土壤肥力指标。

由于林业生态工程防止水土流失的功能，可提高土壤肥力，其指标包括：

① 土壤有机质的增加量［kg/（h·a）］，该指标反映林业工程对土壤肥力状况的改善作用。

② 土壤含水量的增加（%，t/$hm^2$）该指标反映在干旱半干旱地区对土壤蓄水保墒能力的增强功能。

③ 土壤营养元素的增加量（kg/$hm^2$），该指标主要反映氮、磷、钾等土壤肥力指标的提高。

④ 土壤容重的降低（%），该指标反映林业工程对土壤物理性状的改善功能，容重较低时表明了土壤有良好的物理性状。

⑤ 土壤空隙度（%），该指标包括毛管空隙度、非毛管空隙度和总空隙度，与土壤容重有密切的关系。

⑥ 土壤团聚体的增加（%），该指标反映林业工程对土壤结构的改良效果，土壤团聚体越发达，土壤结构越良好，土壤就有良好的通气、透水和保肥能力。

⑦ 土壤酶活性的增加，该指标反映土壤的肥力变化，间接反映了植被恢复过程中群落的演替和植被的恢复程度。

⑧ 土壤呼吸强度（$CO_2$mg/g），该指标反映了土壤通气透水性能和微生物活动能力的强弱。

⑨ 土壤微生物的增加量（个/g），该指标反映对土壤微生物活动能力的增强功能。

⑩ 地下水位的降低（m），林业生态工程一般具有降低地下水位的作用，该指标可反映对湿地或地下水位较高地区土壤的改良效果。

（4）防风护田和固沙指标。

防护林带和片林等林业生态工程均具有防风固沙功能，其指标包括：

① 农作物增产量［kg/（$hm^2$·a）］，由于林业生态工程改善小气候、预防病虫害的功能，可增加农作物产量。

② 稳定沙源，避免流沙吞没农田的数量（$hm^2$/a），该指标反映林业生态工程的防风固沙功能。

③ 对灾害风风速的降低率（%）或每年减少灾害日的天数（d/a），防护林带具有直接的防风功能，成片林地也由于增加空气下垫面的粗糙度，增加空气乱流，有利于降低风速。

④ 干热风减少的天数（d/a），由于林业生态工程降低风速、增加空气湿度的功能，可减少旱热风的发生。

⑤ 林带疏透度（%），该指标表示林带疏密程度和透风程度的指标，可用林带纵

断面透光空隙总面积与林带纵断面积之比来表示。

（5）调节气候指标。

林业生态工程由于具有降低风速、调节气温、增加空气湿度等功能，能明显调节小气候，其指标包括：

① 蒸散量增加量（$t/hm^2$），林地的蒸散量对于增加低湿地区的空气湿度具有明显的效果，所以蒸散量增加量是反映林业生态工程调节小气候的重要指标。

② 春秋增温（°C）或无霜期延长天数（d/a），该指标反映林业生态工程调节气温的作用。

③ 高温天气（>35 °C）减少的天数（d/a），该指标同样反映了林业生态工程调节气温的作用。

④ 地温上升或下降的幅度（°C），林业生态工程不同能调节气温，由于增加地面覆盖，减少太阳宣射和阻止地面热辐射，可调节地温。

⑤ 空气相对湿度（%）的增减，该指标反映林业生态工程增加空气湿度的作用。

（6）改善大气质量指标。

林业生态工程具有吸收 $CO_2$、释放 $O_2$、净化空气、吸收有害气体等功能，能改善大气质量，其指标包括：

① 释放氧气量［$t/(hm^2 \cdot a)$］，该指标反映林业生态工程释放 $O_2$ 的能力。

② 二氧化碳吸收量［$t/(hm^2 \cdot a)$］，该指标反映林业生态工程固放 $CO_2$ 的能力。

③ 对二氧化硫或其他有毒气体的吸收量［$kg/(hm^2 \cdot a)$］，该指标反映林业生态工程吸收有害气体的能力。

④ 滞留灰尘量［$t/(hm^2 \cdot a)$］，该指标反映林木吸附悬浮颗粒物的能力。

⑤ 负离子增加量［$kg/(hm^2 \cdot a)$］，该指标反映林业生态工程释放负离子的能力。

⑥ 杀菌素-芬多精增加量［$kg/(hm^2 \cdot a)$］，该指标反映林业生态工程产生杀菌素等挥发性物质能力。

（7）提高土地自然生产力指标。

由于林业生态工程防治水土流失的显著功能，可明显提高土地生产力，其指标包括：

① 总生物量增加值［$t/(hm^2 \cdot a)$］，该指标指林业生态工程自身及其防护范围内生态系统的总生物量增加量。

② 光合生产力提高量［$t/(hm^2 \cdot a)$］，该指标指林业生态工程自身及其防护范围内生态系统光合产物的增加量。

③ 生物量转化率（%），该指标指次级生产力与初级生产力的比值。其中，初级生产力指植物的生物量，次级生产力指转化为动物机体的生物量。

④ 病虫害减少率（%），林业生态工程可为病虫害的天敌提供栖息场所，对预防病虫害有重要作用，该指标反映了预防病虫害的能力。

⑤ 害虫天敌的种群数量增加率（%），该指标反映了林业生态工程预防虫害的基础功能，主要指鸟类、有益昆虫等。

⑥ 生物多样性增加该指标包括植物、野生动物、鸟类等种类的组成成分和数量的变化。

（8）森林分布均衡度。

森林分布均衡度可由式（9.1）表示。

$$E = 1 - \frac{\sum_{i=1}^{n} \left| A - B_i \right|}{n \times A} \tag{9.1}$$

式中 $E$——森林分布均衡度；

$A$——总覆盖率；

$B_i$——第 $i$ 个统计小区的覆盖率。

当 $E = 1$ 时，表明森林分布最均匀，最有利于环境功能的提高；当 $E = 0$ 时，表明森林分布最不均匀，最不利于环境能力的提高。

### 9.2.2 林业生态工程经济效益的评价

经济效益分直接经济效益和间接经济效益。

1．直接经济效益

林业生态工程直接产生的产品及其相应的产值，如林地、活立木、灌木增产枝条，经济林增产果品，种草增产饲草等。各类产品未经加工转化时的产量和产值，都是直接经济效益。

2．间接经济效益

上述各类产品，经加工转化后，提高了的产值为间接经济效益，如果品加工成饮料、果酱、果脯，枝条加工成筐、篮、工艺品、纤维板，饲草养畜后出畜产品等。

实施水土保持措施后为社会带来的物质财富或对项目区或国民经济所创出的物质财富，它含有物质数量增加（增产）和社会价值增加（增收）。

经济效益计算时，通常分为直接经济效益（有实物产出的效益）和间接经济效益。前者指粮食、果品、牧草等种植业的原产品（初级产品）等增加的效益，后者指初级产品加工转化后所衍生的效益。

### 9.2.3 林业生态工程社会效益的评价

社会效益是林业生态环境效益的一部分，由于它比生态效益更难于在货币尺度上加以定量评价，因而人们对其认识也不统一，无论项目社会功能的设立，还是相关指标的选择，都有待进一步研究。这里，采用张建国等（1994）的观点，将社会效益分成以下几个方面：

1．社会进步指数

林业生态工程的社会效益对社会进步的影响，通常并不是直接和决定性的因素，有些影响往往很少且不易察觉，具有间接和隐藏的特点。社会进步是一个复杂而内涵又丰富的概念，可用社会进步系数 $I$ 表示，它是以下5个反映社会进步的主要指标的连乘积。

$$I=E\times L\times W\times B\times J \tag{9.2}$$

式中　$E$——人均受教育年数（a）；

$L$——人均期望寿命（a）；

$W$——人口城镇化比重（%）；

$B$——计划生育率（%）；

$J$——劳动人口就业率（%）。

2．增加就业人口数

该指标指评价区内以森林资源为基础的一切相关从业人员。

3．健康水平提高

该指标可由地方病患者减少人数乘一个调整系数（一般为0.2～0.4，表明林业生态工程的社会效益作用）来反映。

4．精神满足程度

该指标可通过对人们观感抽样调查，来反映森林景观改善的美学价值。

5．生活质量的改善

该指标可由人均居住面积变化来反映。

6．社会结构优化

（1）区域产业结构变化，由第一、二、三产业结构比例来反映。

（2）区域农业结构变化，由农、林、牧、副、渔各业的比例来反映。

（3）区域消费结构变化，可由恩格尔系数反映。

7．犯罪率减少（%）

应当指出，在具体计量评价时，有些指标作用微弱甚至根本就没有意义，可舍之不计量；有些指标不够详细或没有设立，则应酌情补充。总之，应按评价的具体目的、要求，当地的林情和社会经济特点，对以上指标加以适当的增减取舍。

### 9.2.4 林业生态工程综合效益评价

1．评价内容

林业生态工程综合效益评价是一项极为复杂的系统工程。它涉及面广、评价的内容多，并且不同类型林业生态工程综合效益也具有不同特征（表 9.1）。但总体来看，林业生态工程综合效益评价主要包括效益监测、效益评价指标和指标体系的建立、效益评价方法、手段和技术等多个方面。

表 9.1　主要林业生态工程类型综合效益特征

| 类　型 | 分布区域 | 生态经济效益 | 效益周期 | 实　例 |
|---|---|---|---|---|
| 防护林生态工程 | 生态环境脆弱带 | 宏观调节气候，发挥间接经济效益 | 长 | "三北"防护林体系建设工程 |
| 水源涵养林生态工程 | 水土易流失区域 | 保持水土，稳定农田生态系统 | 长 | 长江中上游防护林体系建设工程 |
| 农用林生态工程 | 农作区 | 生态和经济效益并重 | 中 | 华北农桐间作工程 |
| 绿化林生态工程 | 居住区 | 净化空气，美化环境，经济效益处于次要地位 | 长中短 | 城镇或城市绿化林 |
| 经济林生态工程 | 低山丘陵、农田、村落 | 经济效益处于主导地位 | 中短 | 温带地区梨树、苹果林间作茶树 |

注：引自彭培好《林业生态工程效益评价的软系统方法论及其应用》，2003。

2．评价方法

（1）水文生态效益。

林业生态工程通过森林生态系统中不同层次对降水的截留、蒸散、吸渗作用，减弱了地表径流速度，增加了土壤拦蓄量，同时改善了土壤结构和物理性质，提高了土壤的抗冲、抗蚀性能，加之植物的根系作用，综合表现为涵养水源、保土减沙和改善水质等效益。

① 植被冠层截留降水。该方法分别在各种林分的内外选择有代表性的标准木和空地作为长期观测对象。在所取得的标准木和林外空地放置雨量槽或雨量筒，测定每次降水量、降雨强度和降雨过程。林冠截留量/近似地表达为

$$I = P_{林内} - P_{林外} \tag{9.3}$$

式中　$I$——林冠截留量；

$P_{林内}$——林内降水量；

$P_{林外}$——林外降水量。

② 枯枝落叶层水文生态作用该方法包括枯枝落叶层蓄积动态（在林分内设置标准地沿对角线机械分布样方，收集其上枯落物，烘干后测得现存蓄积量，并随时间变化测定其分解率和分解量），枯落物抗冲试验研究（水槽法）以及枯枝落叶层阻延径流速

度的相关方法。

③ 林地土壤入渗。该方法包括土壤水分运动参数的测定、野外入渗过程的测定(如单环水头法、双环入渗法)，室内入渗过程的测定及土壤饱和导水率的测定。

④ 坡面径流与泥沙。根据观测地区植被的典型性和实验的对比性，选择实验标准地，布设坡面径流小区，观测每次产流产沙量和过程，分析计算场暴雨坡面产流产沙量，并和对照小区进行比较。

⑤ 小流域径流与泥沙。在实验小流域的出口断面设置各种量水堰（槽），布设自记水位计记录每次降雨产流过程，并配合使用流速仪法、浮标法和体积法进行流量测验。

泥沙取样有自动和人工两种方法。通常是间隔一定的时间或水位进行取样，然后过滤、烘干、称重，求得其泥沙含量，进而推算一场暴雨输沙总量和过程。

⑥ 水质效应。目前，在欧洲各国关于森林与水质的关系研究较少，国内的研究多集中于河沙含量的研究，而关于森林对水化学性质影响的研究处于摸索阶段。关于林业生态工程对水质效应目前大多数采用定位取样分析实验的方法，按国家颁布标准进行水样分析。分析内容一般包括 pH 值、电导率、游离 $CO_2$、侵蚀性 $CO_2$、$Ca^{2+}$，$Mg^{2+}$、$K^+$、$Na^+$、$Cl^-$、$SO_4^{2-}$，$CO_3^{2-}$，$HSO_3^-$、$NH_2^-$、$NO_2^-$、$NO_3^-$、$Fe^{3+}$、$P_2O_5$、Si、离子总量、矿化度、总硬度、化学耗氧量、泥沙含量等。

（2）涵养水源效益。

国内外研究涵养水源效益的方法有两种：一是森林区域水量平衡方法；二是根据森林土壤的蓄水能力和森林区域的径流量计算森林涵养水源量。

① 根据水量平衡法计算森林涵养水源总量。

森林年水源涵养量=森林年总降水量－森林年总蒸散量

森林年降水量＝区域年降水量×区域森林覆盖率

森林年蒸散量＝森林年降水量×70%

② 根据森林土壤的蓄水能力和区域径流量计算森林涵养水源量。

森林涵养水源量=林冠截流的降水量+枯枝落叶层的降水容量+森林土壤的降水储量

森林土壤的降水储量=森林地域面积×土壤深度×非毛管孔隙度

（3）土壤改良效益。

林业生态工程具有明显的改良土壤效益。主要表现在以下几个方面：

① 对土壤理化性质的改良作用采用土壤剖面调查和土样化验的方法。先挖土壤剖面，进行土壤调查，填写土壤剖面调查记录表，并按要求采土样。然后则是土壤物理性质和化学性质的测定。

土壤理化性质的测定：包括土壤密度、孔隙度、土壤质地、水稳定性团粒结构。具体的测定方法可参照《土壤理化分析》（中国科学院南京土壤研究所，1978）和《土壤农业化学常规分析方法》（中国土壤学会农业化学专业委员会，1983）。

土壤化学性质的测定：包括全氮、全磷、全钾、有机质、水解氮、氨态氮、速效磷、缓效钾、速效钾、$CaCO_3$、pH 值。微量元素包括锰、铜、锌、铁、硼、铝。具体的测定方法、步骤可依据上述两书的方法。

② 土壤抗蚀抗冲实验根据不同类型防护林的分布，在实验区布设若干研究样地。在样地内分成 0 ~ 20 cm、20 ~ 40 cm、40 ~ 60 cm，3 个层次采集土壤剖面。样品带回室内，风干备用。同时，在现场测定有关土壤物理和力学性质。

土壤抗蚀性测定：通过测定土壤团聚体在静水中的分散速度，以比较土壤的抗蚀性能大小，并用水稳性指数“$K$”表示。有机质含量较高的土壤，其水稳性指数较高，抗蚀性较强；反之则小。

土壤抗冲性测定：用一定坡度、一定雨强下，冲刷土所需的时间来表示土壤抗冲性能的强弱，即用 As（Anti-scourability）表示。As 值越大，土壤的抗冲性越强。

③ 土壤抗剪作用。土壤抗剪作用的研究目前一般采用应变控制式三轴剪切仪。

试验原理：采用应变控制式三轴剪切仪，选用固结不排水方法剪切。选用 0.5 kg/cm$^2$、1.0 kg/cm$^2$、1.5 kg/cm$^2$、2.0 kg/cm$^2$ 四级周围压力，测算出最大主应力差（$\delta_1-\delta_2$），根据库仑-摩尔强度理论，用图解法求出成步值。即通过试验测绘一组极限应力圆，并作这组圆的公切线，得试样的极限抗剪强度包线。该线与核轴的夹角内摩擦角为$\psi$，在纵轴上的截距为凝聚力 $C$。

试验方法：采用承筒按预定的初始体积密度和含根率制备试样，然后使试样静置一定时间。试验时将试样装在压力室内，试样体积为 96 cm$^3$，对试样施加各项平等的周围压力。按规定的速率对试样施加附加的轴向压力，使试样受剪，直至剪破。在剪切过程中同时测记试样的轴向压缩量，计算出相应的轴向应变$\delta_2$，并绘制在该周压$\delta_3$作用下的主应力差$[(\delta_1-\delta_2)/2]$与轴向应变的关系曲线，以该曲线上峰值作为该级周压作用下的极限应力圆的直径。

④ 防护林根系固土作用。国外关于林木根系固土作用的研究已经有几十年的历史。早期的研究多借用农业上作物抗风倒的研究方法，即侧向或垂直向上整体拉拔对树木整体的侧向抗拉力或垂直抗拔力影响的研究，然后进行林木固土的整体评价。与此同时，为了克服野外实地测定易受的各种限制，一些学者借助室内实验，研制了各种模型，从理论上对根系的固土作用加以解释。

就野外实地测定来说，目前尚无系统的测定方法。在吸取国外对根系固土研究经验的基础上，提出了我国现有条件下研究林木根系固土作用的方法。

林木根系对土体的固持作用从根本上讲就是将土体网络固定，使其不发生滑动或移动。如果在有林生长的斜坡上，根系分布范围内的土体发生移（滑）动，那么横穿滑动面的根系必然受力，对滑动体产生拉力。这种拉力的方向正好与土体滑动的方向相反，所以是抗滑力的组成部分，有利于保持斜坡上土体的稳定。

土体的滑动是一种剪切（过程）。用原位直接剪切法测定林木根系的固土作用（同样条件下测定无植物生长的空闲地对照点土体的抗剪强度）是符合实际的。对于乔木根系，由于牵引设备的限制，尚不能用剪切的方法研究其固土作用，因此可以采用单根抽拉法，即平行于坡面进行抽拉，找出每一个根的抗拉力（即对土体的固持力）。从理论上讲，某一面积所有单根抗抽拉力之和就是该面积上根系总的固持力。

（4）改善小气候效益。

在各类防护林林种中，对于小气候的改善效益，则应选农田防护林和水土保持林。

对于农田林网气候效益的研究，我国和国外的学者曾有过许多论著。其中研究方法最多的是从林带背风面（包括迎风面）不同树高倍数处的各类气象因子与旷野的比较，而且大多数是从单因子着手。

水土保持林体系小气候效益则主要体现在水土保持林体系对区域小气候的影响上。包括太阳辐射、气温、湿度、风速、风向、气压、云量、日照状况、土壤温度、树体温度和土壤湿度等方面。

小气候效益研究首先是选择不同的典型天气（包括晴天、多云和阴天等）进行小气候观测，同空旷地进行对比，进而计算各防护林体系的小气候效益。

各气象要素的观测方法与气象站气象要素的观测相同。

（5）农田防护林对农田农作物的增产效益。

农田防护林农作物增产率的计算公式如下

$$r = \frac{S - S_0}{S_0} \times 100\% \tag{9.4}$$

式中　$r$——相对增产或减产率，正值为增产率，负值为减产率；

$S$——有林带保护农田（简称网格农田）的平均单位面积产量，简称网格产量；

$S_0$——无林带保护农田（对照农田）的平均单位面积产量，简称对照产量。

$S$ 的测算方法：根据网格农田面积的大小，选出几十个或更多样方。样方大体上平均布设在网格中间部位，在林带附近设密些。根据实测记录绘出林网作物产量等值线平面图，再根据此图按不同产量的面积进行加权平均，求出平均产量。

（6）综合效益评价。

国外比较有代表性的林业生态工程综合效益评价方法有以下几种：

① 政策性评估。该评估方法是森林主管部门根据经验对所辖区内的森林做出最佳判断而赋予的价值，其典型的方法有美国的阿特奎逊法和德国的普罗丹法。

② 生产性评估。该评估方法是从生产者的角度出发，森林游憩的价值至少应该等于开发、经营和管理游憩区投入的成本，其典型方法有直接成本法和平均成本法。

③ 消费性评估。该评估方法从消费者的角度出发，森林游憩的价值至少应该等于游客游憩时的花费，其典型方法是游憩消费法。

④ 替代性评估。该评估方法以“其他经营活动”的收益作为森林游憩的价值，其典型方法有机会成本法和市场价值法。

⑤ 间接性评估。该评估方法根据游客支出的费用资料求出“游憩商品”的消费者剩余，并以消费者剩余作为森林的游憩价值，其典型方法有旅行费用法。

⑥ 直接性评估。该评估方法直接询问游客或公众对“游憩商品”的自愿支付价格，其典型方法有条件价值法（随机评估法）。

⑦ 旅行费用法和条件价值法。该评估方法是目前世界上最流行的两种森林游憩经济价值评估方法。但旅游费用法只能评价森林游憩的利用价值。

⑧ 随机评估法（条件评估法）。该评估方法既可评价森林游憩的利用价值又可评价它的非利用价值。

（7）林业生态工程经济效益。

系统地评价林业生态工程的经济效益，不仅对国家的国民经济宏观决策起着重要作用，而且对地区的区域性国民经济技术发展具有十分重要的意义。这方面的研究工作，既是一项具有主要理论价值的基础性研究工作，也是一项具有深刻实践意义的应用性研究工作。

经济效益的统计量一般有以下 4 种：

① 净现值。净现值是从总量的角度反映林业生态工程防护林建设从整地造林到评价年限整个周期的经济效益的大小。它是将各年所发生的各项现金的收入与支出，通通折算为现值。也就是将从整地造林到评价年限不同年份的投资、费用和效益的值，以标准贴现率折算为基准年的收入现值总和与费用现值总和，二者之差即为净现值。

净现值指标可以使人一目了然地知道林业生态工程建设从整地造林到评价年份为止的整个周期的经济效益的大小，同时也考虑了资金的时间基准和土地的机会成本等因素的影响，因此，能够比较真实客观地反映林业生态工程效益的好坏。

② 内部收益率。又称内部报酬率，是衡量林业生态工程经济效益最重要的指标。就其内涵而言，是指能收益与费用的现值代数和为零的特定贴现率。它反映从整体造林到评价年限时投资的回收的年平均利润率，也就是投资林业生态工程项目的实际盈利率，是用来比较林业生态工程盈利水平的一种相对衡量指标。这一指标着眼于资金利用的好坏，也就是投入的资金每年能回收多少（利润率）。

③ 现值回收期。就是用投资费用现值总额与利润现值总额计算的投资回收期。它表明林业生态工程建设的投入，从每年获得的利润中收回来的年限，它着眼于尽早收回投资，但在时间上只算至按现值将投入本金收回为止，本金收回后的情况不再考虑。

其具体计算方法，就是将一次或几次的投资金额和各年的盈利额，用贴现法统一折算为基准年的现值，当投资费用现值总额等于利润现值总额时，其年限即为现值回收期。

④ 益本比。又称利润成本比，这一指标反映林业生态工程建设评价年限内的收入现值总和与现值费用总和的比率，它对于政府有关林业生态工程建设尤为重要。由于国家建设林业生态工程往往是从社会、经济、生态各方面的发展需要而投资的，这就需要从整个国民经济的角度去进行评价，而益本比恰恰能反映这方面的内容。

林业生态工程经济效益的评价，涉及林学、生态学、气象学、土壤学、造林学、技术经济学、地学、系统工程等许多学科，其中常用的方法如下：

① 相关分析法。通过相关分析法，判断林业生态工程建设对当地经济发展的作用。相关分析主要包括两个方面：一是林业生态工程建设与复合农业的相关分析；二是林业内部各林种与林业产值的相关分析。

② 农村快速评估法（RRA）和参与评估法（PRA）。通过此法获取调查资料，参与

层次分析法对心态调查结果进行分析，从林业生态工程建设经营者的角度考察其经济效益。

③ 林木资源核算法。以林木资源再生产过程为主要对象进行全面核算，系统地反映林木资源产业的经济运行过程、经济联系和经济规律，从而有助于从总体上全面评价林业经济效益。

④ 投入产出技术。编制营林生产过程中的各种投入与产出之间的内在联系并加以分析，以揭示营林投入与营林产出之间的内在规律性，并对营林生产进行预测和优化。

⑤ 参与可行性研究法。从技术与经济投入分析成本效益，分析经济上的可行性。

## 9.3 林业生态工程综合效益评价指标体系

森林系统及其评价指标系统是一个复杂的软系统。要使环境资源得到持续稳定发展，不仅要求林业产业自身持续稳定发展，而且还要为整个人类社会和经济的持续发展创造条件，因此选择评价指标和评价标准时，既要能体现森林本身的发生、发展规律，还要体现其对生态、经济、社会环境的保护、增益和调节功能，同时为政府确定整个林业产业在国民经济中的作用和地位，制定林业发展规划与宏观决策等提供科学依据和准确数据信息，因此评价指标必须有典型性、代表性和系统性。

国外林业生态工程综合效益评价指标体系多参照森林持续利用的标准与指标体系。自从 1992 年联合国环境与发展大会后，对森林持续利用的标准与指标体系已展开了国际性广泛的研讨和协调行动，一些国家制定了国家级标准与指标，少数国家如丹麦已经开展了示范区的实验性研究。目前国际上主要的森林可持续经营指标与标准如下：

① 1991 年，国际热带木材组织（HTO）针对热带天然林可持续经营提出国家级 5 个标准、27 个指标，森林经营单位级 6 个标准、23 个指标。

② 1993 年，《蒙特利尔行动纲要》提出了温带与北方森林保护与可持续经营 63 个指标，其中包括森林生态、经济以及社会效益的保持与加强指标。

③ 1994 年，赫尔辛基行动通过了一个含 6 个标准、27 个指标的标准体系，并将它作为欧盟国家在联合国环境与发展委员会指导下的有一定约束性的框架文件。

④ 1995 年，亚马孙行动针对拉丁美洲亚马孙热带雨林国家提出了森林可持续经营指标体系，分 3 个方面，即国家水平的 41 个指标，经营单位水平的 23 个指标，为全球服务水平的 7 个指标。

⑤ 1996 年，国际林业研究中心（CIFOR）在调查研究的基础上，为热带森林可持续经营试验示范项目提出了一个标准与指标体系，共包括 33 个指标，有较强的实用性。另外，还有政府间森林工作组（IWCF）、印度-英联邦活动、森林管理委员会（FSC）、森林和可持续发展的世界委员会（WSFSD）、国际林业研究中心在 1994 年 12 月开展了森林可持续经营的国际对话，组织了在加拿大、印度尼西亚、巴西和非洲的森林可持续经营标准与指标的实施示范。近东地区 1996 年 10 月 15—17 日在开罗举行的“近东可持续森林管理标准和指标专家会议”确定了一套适合本地区的标准和指标，并已经逐渐开始应用。

### 9.3.1 评价指标体系建立的原则和方法

1. 评价指标建立的原则

（1）系统性。评价指标和标准不仅要反映森林的发生发展规律，而且还要反映对区域功能的促进，即森林系统与环境、社会经济系统的整体性和协调性。

（2）独立性。各评价指标和相应标准应相互独立。

（3）可比性。指评价指标和标准应有明确的内涵和可度量性。

（4）真实性。指评价指标能反映事物的本质特征。

（5）实用性。指评价指标应操作简便，评价方法易于掌握。

2. 评价指标体系建立的方法

森林效益评价指标系统属于复杂软系统范畴，要多种方法相结合才能比较客观地进行评价，常用的系统分析评价方法有软系统方法（SSM）、综合集成法（SIM）、定性中的广义归纳法和系统工程（SE）等，结合森林效益评价指标体系，每一种分析评价方法有其优缺点：① SSM 法是一个已感知的期待改善问题的开始，未包括问题的发现与形成这一前期阶段。SSM 目标在于探索与改进问题，其变革现实部分比较笼统。② SIM 法也如此，但它难于掌握解决问题的“度”，其研究结论通常缺乏量的规定与可操作性；但它能得到有针对性的对策或行动方案，使 SSM 中失去笼统的变革部分具体而可操作，对剩下的难于结构化的问题也可用 SSM 法改进。③ SE 工程偏于硬系统，解决良性结构问题。因此，只有把 SSM、SIM、SE 和定性研究 4 种方法有机地结合起来，逻辑上才得到完善，也才能覆盖各种系统。这些方法本身的特点是互补的，因定性研究长于发现问题，提出问题和开发概念，SSM 法有可能使整个问题或其部分结构化后成为目标明确的良结构系统，从而用 SE 求得问题的解决；再由定性研究—SSM—SIM—SE，定量研究色彩越来越浓，对专家经验体系的利用越来越弱。因此，在进行森林效益评价时，应该把 SSM、SIM、定性研究和 SE 等 4 种方法有机融合起来，形成软系统归纳集成法（SSMII），作为评价指标体系建立的方法和软件支撑。SSMII 的逻辑程序由 4 个相互关联部分组成。

（1）任务目标分析阶段。

接受了解决目标不明确、结构模糊的复杂软系统问题后，要通过对系统的环境、功能、组成要素、结构与运行、输入与输出、历史与现状等进行调研与分析，来构想问题情境，挑选专家与样本（或典型）。基本上采用广义归纳方法，以专家会议或咨询形式，形成对研究问题明白的、公认的表述形式系统（以后可以再修正）。通过结构化分析分别转入第 2 或第 4 步。

（2）用 SSM 处理不良结构问题使其科学化阶段。

在问题系统更新以后，或者再用 SSM 改进问题提法，或者再作结构化分析并分别转入第 3 或第 4 步。

（3）用 SIM 处理半结构化问题。

尽管对这种问题的全部我们不一定能把握，但总可以找到供行动决策的（当时当地）相对满意方案。

（4）用 SE 处理不良结构问题。

一般可求得这部分问题的最优解。

要说明的是第 2、3、4 步都需要对解决问题的认识与行动方案，要通过数据模拟结果的效益评价与风险（或可靠性）分析，并通过专家组的审议，满意后才能付诸行动，否则要返回重新用 SSM 定义问题或者再进行更基础的抽象归纳，以修正原问题系统。

### 3．评价指标的筛选与权重确定方法

评价指标筛选是根据 KJ 法、Delphi 法、会内会外法。用专家咨询表的定量信息和定性信息进行统计分析，如果有 1/3 以上的专家认为某项指标一般或不重要，该指标被淘汰，此外，对于权重很小的指标，并入相近指标中。经过 4 轮专家咨询，直到 70% 以上的专家认同，才列入指标体系，形成评价指标。

评价指标权重确定方法主要有 Delphi 法、AHP 法、AHP-Delphi 法、把握度-梯度法和最大稳-最大方差法。首先请专家填写 3 种咨询表格。第一种咨询表请专家对每一待定指标按很重要、重要、一般、不重要 4 个等级填写；第二种表请专家直接综合该指标的权重（对紧上指标）；第三种由专家按递阶层次结构对每一个上级指标，按其所辖的下级指标两两比较其重要程度，用 5 等 9 级法得出判断矩阵。

课题组尽量利用已积累的各评价单元的选定指标的观测数据，得出单元评价数据矩阵 $\boldsymbol{X}_{n\times m}$。同时课题组的专家们对各评价单元给出模糊评价判断矩阵 $\boldsymbol{R}$。在设计生态林业工程效益评价指标体系咨询表时，实际上是要求专家们按四大防护林分别填写咨询表与分类整理单元评价数据矩阵 $\boldsymbol{X}$。

对第一种与第二种咨询表以 Delphi 法处理（进行 3 轮），必要时也可按会内会外法加快处理。前者用于确定一条指标是否被淘汰。后者可得出要保留的第 $j$ 条指标的权重为 $DW_j$，$DW$ 可能与地区分类有关。

对第二种咨询表以 3 种群组 AHP 法处理，即① 对数最小二乘意义下的群组 AHP 法；② AHP-Delphi 组合法；③ 把握度、梯度特征向量法。此 3 种方法求得的指标权重，往往仍有差异，故需由课题组使用会内会外法将三者综合为指标的 AHP 权。

对专家们给出的评价单元意见表，处理后得出单元模糊评价矩阵比。使用 Fuzzy 单纯形调优运算以求各指标的模糊权重 $FW_j$（$j=1, 2, \cdots, m$）。

对观测统计得出的几个单元，$m$ 个指标数据矩阵 $\boldsymbol{X}$，我们仍首先使用主成分法来求出第一成分各分量，即从 $\boldsymbol{X}$（或经过规范化）求得其相关系统矩阵 $\boldsymbol{R}$，再求出其特征值与相应特征向量（应归一化）。这第一主成分的分量表示为 $PW_j$（$j=1, 2, \cdots, m$）。

使用主成分法虽有前面指出的问题，但由它求得的各主成分，实际提供了森林评价体系中 B 级与 A 级指标（已有综合性）的设置是否与观测数据相协调的信息。如果专家们（通过会内会外法）认为两者是协调的，还应把各主成分向量适当加权综合为

$P$（主成分权向量）。如果专家们认为两者很不协调，而原设定的递阶层次结构指标（主要是 B 层）也合理，我们则使用上段的最大稳-最大方差法来求出各指标权重，记为 $HPW_j$（$j=1，2，\cdots，m$）。

上述四类权重估计，Delphi 权与 AHP 权主要基于专家群体的经验，主成分权取决于观测数据的科学性，Fuzzy 权则与专家及观测值均有关，课题组在仔细分析 4 种权之间的异同（采用 K.J.法开会讨论）后，认定了其间差异可以接受，并规定第 $j$（基原）指标权重 $= 0.5DW_j + 0.25AW_j + 0.25PW_j$（或 $HPW_j$）。

### 9.3.2 效益评价指标体系建立

通过搜集国内外防护林效益研究方面的文献，认真分析蒙特利尔行动纲要、尔辛基行动、亚马孙行动、国际热带木材组织等的标准和指标，国内"长江中上游防护林体系生态经济效益评价技术研究""黄土高原水土保持林体系综合效益研究"等文献，结合四大防护林体系的环境背景特征，及我国防护林建设的目的和区域社会经济状况，尽可能多地搜集评价指标，采取"宁多勿缺"的原则，并按生态、经济、社会三大效益作为标准，形成第一轮、第二轮、第三轮评价指标后，以第三轮评价指标为基础，根据我国四大生态林业工程建设状况和各区的生态、经济特点，按照 SSMII 法的要求，在我国"三北"、太行、沿海、长江四大片，各邀请 11～12 名专家和高层管理人员，请他们对全国和各区的指标进行重要性表态和指标两两比较。最终确定效益评价指标体系，对于指标的重要性表态，分别按全国和各区域进行，主要确定指标是否被保留，尤其是 B 级指标和 C 级指标。对于通过上述方法确定删除的指标，课题组采用会内会外法再次决定是否保留。由此，B 级指标保持 13 个不变，C 级指标由 81 个压缩为 51 个，由此形成第四轮评价指标体系（图 9.1）。

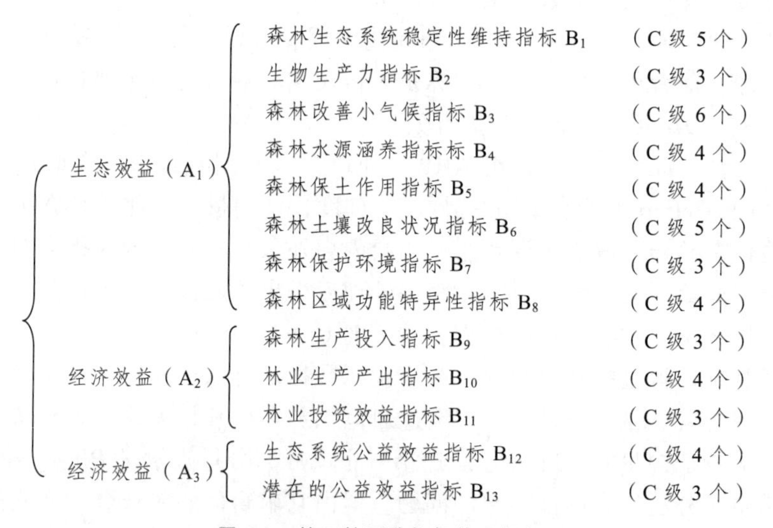


图 9.1 第四轮评价指标体系框架

（引自彭培好，2003）

### 9.3.3　综合效益评价指标的确定

效益评价的首要工作是建立一套能客观、准确、全面并定量化反映效益的评价指标或指标体系。到目前为止，世界上还没有一个能被广泛接受的效益评价指标体系。要成功地提出一整套综合效益指标体系，必须选择定性与定量相结合的原则和方法。首先由专家组群研究指标体系的具体构成。依据水土保持林体系综合效益评价的目的，选取各项评价指标。评价指标应意义明确，能较好地反映水土保持林体系的特征，符合生态经济理论和系统分析原理。周学安等指出，效益指标的确定应对应于其总效益与诸多分效益，可以由 4 级指标组成体系。I 级指标为总指标，称聚合指标（总效益指标）；H 级指标为分类指标，又称性质指标（分效益指标）；1D 级指标为具体指标，又称体现指标（准效益指标）；IV 级指标为结构指标，又称效益构成指标（也即计算效益的基础指标）。其次，分析指标体系中各项要素之间的相互作用和相互联系，提出它们在综合体系中的相对地位和相对影响，也就是所占的权重。近几年来，随着线性代数、模糊数学、集合论和电子计算机的应用，人们确定权重的方法正在从定性和主观判断向定量和客观判断的方向逐步发展。目前常用的方法有，专家评估法（特尔菲法）、频数统计分析法、等效益替代法、指标值法、因子分析法、相对系数法、模糊逆方程法和成分分析法等。最后，在不同层次上，综合成具有横向维、竖向维和指标维的三维综合效益指标体系。

### 9.3.4　综合效益评估模型的建立

评估模型建立的主要程序为：第一，应对林分进行详尽的可利用功能的调查，即了解该片森林可被利用的功能种类；第二，研究估测每种可利用功能可能达到利用的程度，是利用得很充分，还是只限于一般性利用，或是利用水平暂时还不理想；第三，给不同的利用程度确定量化比重，如设充分利用为 100%，一般利用为 50%，暂时还不理想为 20%；第四，设计林分利用功能的计算模型，即评估模型。建立评估模型，一方面可以进一步验证用指标比较方法进行评价的优越性，另一方面又可以对不宜于或难于用指标比较方法进行评价的方案进行优化处理。评估模型建立的关键性问题为：确定效益评价的统一尺度；确定在此尺度下的计量指标体系；将不同性质的效益内容用适当方法，在统一尺度中加以衡量。

## 本章小结

本章介绍了林业生态工程效益的概念、林业生态工程效益评价指标体系的建立和林业生态工程效益评价方法。林业生态工程效益目前还没有统一的概念，本章仅根据水土保持效益的概念进行初步定义。林业生态工程效益包括生态效益、社会效益和经济效益，生态效益指水源涵养、对土壤、水文和水质、小气候的改善程度，社会效益指社会进步指数、生活质量的改善等反映社会发展的情况，经济效益包括直接经济效益和间接经济效益。林业生态工程效益评价指标体系根据生态效益、经济效益和生态效益分别确定。

## 思考题

QUIZ

1. 什么是生态工程？什么是林业生态工程？
2. 森林具有哪些生态功能？
3. 我国目前实施的林业生态工程有哪些？各有哪些特点？
4. 林业生态工程包括哪些具体类型？各种类型的林业生态工程分别承担什么生态功能？
5. 什么叫水源涵养作用？
6. 应从哪些方面考虑山丘区林业生态工程的配置模式？
7. 森林培育应包括哪些技术体系？
8. 干旱地区林业生态工程建设的限制性因素是什么？关键性解决技术有哪些？
9. 集水系统主要有哪些类型？微区域集水系统的结构和功能有什么特点？

# 参考文献

[1] 蔡利祥. 欧洲三国生物质能源利用状况与启发[J]. 林业调查规划，2007（3）：110-113.
[2] 曹新孙. 农田防护林学[M]. 北京：中国林业出版社，1983.
[3] 曾淑珍，吴延旭，谢晓敏，等. 生物质能源树种的研究进展[J]. 经济林研究，2008（4）：113-117.
[4] 常学礼，赵爱芬，李胜功. 生态脆弱带的等级与尺度特征[J]. 中国沙漠，1999，19（2）：115-119.
[5] 陈代喜，莫泽莲. 浅谈杉木合理的造林密度[J]. 广西林业科学，2001，30（2）：62-67.
[6] 陈太山，任恒祺. 防护林经济效果指标体系和计量方法的探讨[J]. 北京林学院学报，1984（2）：36.
[7] 杜天彪. 护牧饲料林［J］. 山西林业科技，1979（1）：26-28.
[8] 付昆，赵志伟. 论林业生态工程生态效益的经济计量[J]. 甘肃农业，2005（5）：14.
[9] 高岚，李伟. 林木生物质能源的发展和我国能源林建设[J]. 生物质化学工程，2006（S1）：287-297.
[10] 高尚武，马文元. 中国主要能源树种[M]. 北京：中国林业出版社，1990.
[11] 高志义. 水土保持林学[M]. 北京：中国林业出版社，1996.
[12] 高志义. 中国防护林工程和防护林学发展[J]. 防护林科技，1997.
[13] 关百钧. 世界森林能源现状与发展趋势[J]. 世界林业研究. 2000（6）：2-7.
[14] 郭荫槐，项英达，王崇山，等. 薪炭林类型及营造技术研究[J]. 沈阳农业大学学报，1993（4）：65-69.
[15] 国家林业局. 退耕还林技术模式[M]. 北京：中国林业出版社，2001.
[16] 韩蕊莲，景维杰，侯庆春，等. 黄土高原人工整地与抗旱造林技术研究进展[J]. 西北植物学报，2003，23（8）：1331-1335.
[17] 胡松杰. 西藏农业概论[M]. 成都：四川科学出版社，1995.
[18] 黄宝灵，吕成群，蒙锤钗，等. 不同造林密度对尾叶按生长、产量及材性影响的研究[J]. 林业科学，2000. 36（1）：81-90.
[19] 姜国清，赵学诗，肖斌，等. 麻栎薪炭林的经营[J]. 安徽林业科技，2005（4）：33-34.
[20] 蒋剑春. 生物质热化学转化行为特性和工程化研究[D]. 北京：中国林业科学研究院，2003.
[21] 蒋屏，董福平. 河道生态治理工程[M]. 北京：中国水利电力出版社，2003.
[22] 蒋有绪. 国际森林可持续经营的标准与指标体系研制的进展[J]. 世界林业研究，1997（2）：9-14.
[23] 康树珍，贾黎明，彭祚登，等. 燃料能源林树种选育及培育技术研究进展[J]. 世界林业研究，2007（3）：29-35.

[24] 康树珍. 不同立地几种主要能源树种栽植密度的初步研究[D]. 北京：北京林业大学，2007.
[25] 兰传亮，美国引进杨树无性系的苗期生长与能源性状[D]. 南京：南京林业大学，2008.
[26] 雷孝章，王金锡，彭培好，等. 中国生态林业工程效益评价指标体系[J]. 自然资源学报，1999. 14（2）：175-182.
[27] 李博. 生态学[M]. 北京：高等教育出版社，2000.
[28] 李广毅，高国雄，尹忠东. 国内外关于防护林体系结构研究动态综述[J]. 水土保持研究，1995.
[29] 李吉跃. 抗旱节水造林技术及其应用[M]. 北京：中国林业出版社，2011.
[30] 李京京，庄幸. 我国新能源和可再生能源政策及未来发展趋势分析[J]. 中国能源. 2001（4）：2-5.
[31] 李世东，沈国舫，翟明普，等. 退耕还林重点工程县立地分类定量化研究[J]. 北京林业大学学报. 2005（6）：13-17.
[32] 李育才. 面向21世纪的林业发展战略[M]. 北京：中国林业出版社，1996.
[33] 中国可持续发展林业战略研究项目组. 中国林业可持续发展战略研究总论[M]. 北京：中国林业出版社，2002.
[34] 李育才. 中国的退耕还林工程[M]. 北京：中国林业出版社，2008.
[35] 李云. 我国林业生物质能源林基地建设问题的思考与前瞻[J]. 林业资源管理. 2008（3）：14-17，22.
[36] 刘豹，顾培亮，张世英. 系统工程概论[M]. 北京：机械工业出版社，1987.
[37] 刘超. 循环经济与林业可持续发展研究[J]. 林业经济问题 2005（5）：257-264.
[38] 陈守常. 森林健康理论与实践[J]. 四川林业科技，2005，26（6）：14-16.
[39] 刘勇，支玲，邢红. 林业生态工程综合效益后评价工作研究进展[J]. 世界林业研究，2007，20（6）：1-5.
[40] 刘增文，李雅素. 黄土残塬区侵蚀沟道分类研究[J]. 中国水土保持，2003（9）：28-30.
[41] 彭培好. 林业生态工程效益评价的软系统方法论及其应用[D]. 中国博士学位论文全文数据库，2004.
[42] 钱耀明. 树木容器育苗[M]. 北京：中国林业出版社，1982.
[43] 秦国金，朱开宪，艾刚新，等. 运用系统工程划分森林立地类型[J]. 林业科学，2003，39（5）：52-60.
[44] 饶良懿，朱金兆. 防护林空间配置研究进展[J]. 中国水土保持科学，2005，3（2）：102-106.
[45] 任勇，高志义. 中国生态经济型防护林体系发展的必然性[J]. 北京林业大学学报，1995.
[46] 邵则夏. 林牧结合，相互促进的好形式：谈平原护牧林的营造[J]. 新疆林业，1986（2）：23-25.
[47] 沈国舫林学概论[M]. 北京：中国林业出版社，1988.
[48] 沈国舫森林培育学[M]. 北京：中国林业出版社，2001.

[49] 沈慧，姜凤岐. 水土保持林效益评价研究综述[J]. 应用生态学报，1999，10（4）：492-496.
[50] 史敏华. 石灰岩山地水土保持林的树种选择[J]. 防护林科技，2002（1）：9-12.
[51] 舒裕国. 薪炭林[M]. 北京：中国林业出版社，1985.
[52] 水利部. 水土保持综合治理技术规范：GB/T 16453. 5—2008[S]. 北京：中国标准出版社，2009.
[53] 宋立新，滕晓峰，朱新印，等. 薪炭林经营管理技术的研究[J]. 农村能源，1994（4）：27-28.
[54] 宋兆民. 我国防护林体系的发展与研究[M]. 防护林科技，1998.
[55] 孙保平. 荒漠化防治工程学［M］. 北京：中国林业出版社，2000.
[56] 孙洪祥. 干旱区造林学[M]. 北京：中国林业出版社，1991.
[57] 陆元昌. 近自然森林经营的理论与实践[M]. 北京：科学出版社，2006.
[58] 孙鸿烈，张荣祖. 中国生态环境建设地带性原理与实践[M]. 北京：科学出版社，2004.
[59] 孙立达，朱金兆. 水土保持林体系综合效益研究与评价[M]. 北京：中国科学技术出版社，1995.
[60] 孙时轩. 林木育苗技术[M]. 北京：金盾出版社，2002.
[61] 孙时轩. 林木种苗手册（上册）[M]. 北京：中国林业出版社，1985.
[62] 唐克丽. 中国水土保持[M]. 北京：科学出版社，2004.
[63] 陶建平，张炜银. 我国天然林资源保护及其研究概况[J]. 世界林业研究. 2002（6）：62-69.
[64] 王百田，贺康宁. 节水抗旱造林[M]. 北京：中国林业出版社，2004.
[65] 王百田. 林业生态工程学[M]. 北京：中国林业出版社，2004.
[66] 王斌瑞，王百田. 黄土高原径流林业[M]. 北京：中国林业出版社，1996.
[67] 王礼先，解明曙. 山地防护林水土保持水文生态效益及其信息系统研究[M]. 北京：中国林业出版社，1997.
[68] 王礼先，王斌瑞，等. 林业生态工程学[M]. 北京：中国林业出版社，2000.
[69] 王礼先，朱金兆. 水土保持学[M]. 北京：中国林业出版社，2005.
[70] 王礼先. 林业生态工程学[M]. 北京：中国林业出版社，1998.
[71] 王礼先. 林业生态工程技术[M]. 郑州：河南科学技术出版社，2000.
[72] 王小平，陆元昌，秦永胜. 北京近自然林经营技术指南[M]. 北京：中国林业出版社，2008.
[73] 王彦辉，肖文发，张星耀. 森林健康监测与评价的国内外现状和发展趋势[J]. 林业科学. 2007（7）：78-85.
[74] 王治国. 林业生态工程学：林草植被建设理论与实践[M]. 北京：中国林业出版社，1999.
[75] 文剑平，计文瑛，张壬午. 试论我国典型生态脆弱带生态环境的治理与保护[J]. 农业环境保护，1993，12（3）：131-133.
[76] 肖笃宁，李秀珍，高峻，等. 景观生态学[M]. 北京：科学出版社，2003.
[77] 徐英宝，罗成就. 薪炭林营造技术[M]. 广州：广东科学技术出版社，1987.

[78] 杨斌，石培贤，刘淑明. 柳树农田防护林造林效果及遮荫作用研究[J]. 水土保持通报，2008.
[79] 杨玉坡. 长江中上游防护林体系综合效益评价指标体系的初步研究[J]. 四川林业科技（增刊），1993，13.
[80] 杨玉坡. 长江上游防护林研究[M]. 北京：科学出版社，1993.
[81] 尹志芳. 拉萨河谷灌丛草原与农田水热平衡及植被水分利用特征[J]. 地理学报，2009.
[82] 余新晓. 水源保护林[M]. 北京：中国林业出版社，2000.
[83] 袁振宏，吴创之，马隆龙，等. 生物质能利用原理与技术[M]. 北京：化学工业出版社，2008.
[84] 张彩虹，张兰. 透视我国油料能源林产业[J]. 中国林业产业，2008（10）：50-53.
[85] 张河辉， 赵宗哲. 美国防护林发展概述[J]. 国外林业，1990.
[86] 张慧，李龙祥. 浅谈村屯四旁绿化的技术措施[J]. 科技信息，2010.
[87] 张建国（森林效益与福建省林业基地建设课题组）. 林业经营综合效益评价研究[J]. 林业资源管理，1994（4）：70-73.
[88] 张建国，彭祚登. 中国薪炭林培育技术[J]. 生物质化学工程，2006（1）：78-88.
[89] 张廓玉，等. 西北地区抗旱造林实用技术[M]. 北京：中国林业出版社，2002.
[90] 张廓玉. 怎样营造护牧林[J]. 山西林业科技，1987（1）：44-45.
[91] 张佩昌. 试论天然林保护工程[J]. 林业科学，1999（2）：127-134.
[92] 张瑞林，鲍希田，宋凯，等. 牧场防护林营造技术试验初报［J］. 内蒙古林业科技，1982（1）：10，12-20
[93] 张水松，陈长发，何寿庆，等. 杉木林间伐强度自然稀疏与结构规律研究[J]. 林业科学，2006（3）：55-62.
[94] 赵跃龙，刘燕华. 中国脆弱生态环境分布及其与贫困的关系[J]. 人文地理，1996，11（2）：1-8.
[95] 赵垦田，杨小林，张昆林. 高级森林培育学[M]. 拉萨：西藏藏文古籍出版社，2013.
[96] 赵宗哲. 农田防护林学[M]. 北京：中国林业出版社，1993.
[97] 治沙造林编委会. 治沙造林学[M]. 北京：中国林业出版社，1981.
[98] 甄文超，王秀英. 气象学与农业气象学基础[M]. 北京：气象出版社，2006.
[99] 中国科学院青藏高原综合考察队. 西藏植物志[M]. 北京：科学出版社，1983.
[100] 中国树木志编委会. 中国主要树种造林技术[M]. 北京：中国林业出版社，1981.
[101] 周国林. 国际森林可持续经营的新进展[J]. 林业科技管理，1993（3）：29-32.
[102] 周民，李元奎. 薪炭林及其经营措施[J]. 安徽林业，2004（5）：23.
[103] 周庆生. 生态经济型防护林体系效益评价原则和指标体系[J]. 林业经济，1993，（6）：54.
[104] 朱教君，姜凤岐，范志平，等. 林带空间配置与布局优化研究[N]. 应用生态学报，2003：14.
[105] 朱金兆. 中国黄土高原治山技术研究[M]. 北京：中国林业出版社，2001.
[106] 邹桂霞，李华东，孙清华，等. “三北”地区河滩地杨树人工林生长特性研究[J]. 防护林科技，2002（2）：12-13.